U0020803

悅讀的需要，出版的方向

盲視效應

Blindsight

目錄

各界讚譽

「本書細膩地檢視頂尖品牌如何潛入我們的大腦，盤據我們的心頭。作者巧妙地融合了神經科學、心理學和有趣的故事，讀來妙趣橫生，欲罷不能，掩卷時收穫滿滿。」

——里奇・卡爾加德（Rich Karlgaard）／《富比士》（*Forbes*）發行人

「本書文筆優美，引人入勝，彷彿是一場行銷詭計的幕後之旅，讓我們一窺那些試圖哄騙、影響、吸引消費者的詭計究竟是如何運作的……它教我們如何成為更精明的消費者，做明智的決定，變得更快樂、更富有、更健康。」

——亞當・奧特（Adam Alter）／《紐約時報》暢銷書《粉紅色牢房效應》（*Adam Alter*）和《欲罷不能》（*Irresistible*）的作者

「在鮮豔的色彩、琅琅上口的廣告歌曲和巧妙的廣告置入之間，隱藏著影響人心的心理學。這本書揭露消費世界的隱藏面，以及它如何影響我們的想法、情感、消費習慣。」

——肯迪斯・吉布森（Kendis Gibson）／榮獲艾美獎（Emmy Award）的美國有線電視新聞頻道（MSNBC）記者

「本書巧妙地融合了故事與科學，深入洞悉品牌如何驅動消費者的行為。那背後的複雜動態令人大開眼界。這是一本不容錯過的好書，它會讓你重新檢視周圍的資訊及每個購買決定。」

——艾比蓋兒・蘇絲曼（Abigail Sussman）／芝加哥大學布斯商學院（University of Chicago Booth School of Business）行銷學副教授

「為什麼臉書吸引你的關注，《星際大戰》擄獲世世代代影迷的心，飲料廠商有辦法把數十億瓶的瓶裝水賣給家有自來水的消費者？古曼與強森為你揭開這些現象背後的科學。」

——德魯・雅各比—桑戈爾（Drew Jacoby-Senghor）／加州大學柏克萊分校哈斯商學院（University of California-Berkeley, Haas School of Business）管理學助理教授

「這是一本令人大開眼界的好書，讓人看到消費世界中每個決定與選擇背後的潛藏力量。本書引用認知心理學、神經科學、決策科學的科學證據，使內容變得生動有趣，平易近人。如果你想瞭解決策背後的驅動力，想在購物上變得更加精明，想要改進消費習慣，那就閱讀這本書吧！」

——趙佳英（Jiaying Zhao）／英屬哥倫比亞大學（University of British Columbia）心理學副教授

「強森與古曼巧妙地把科學、商業和說故事結合在一起，幫我們瞭解塑造決策與經驗的無形力量。過程中，他們揭露了消費主義與現實認知的緊密結合，因此寫出這本難能可貴的好書，豐富我們對日常生活的瞭解。如果你想更認識周遭的世界及塑造世界的心理力量，這是一本必讀的好書。」

——布萊克・舍溫（Blake Sherwin）／劍橋大學（University of Cambridge）應用數學與理論物理學的助理教授

「本書節奏明快，內容巧妙，引人入勝，不是普通的『行銷操作指南』。它帶我們瞭解品牌如何利用根深柢固的信念及人類自圓其說的本能來創造偏好。強森與古曼把翔實的科學穿插在精彩的故事中，並以現代的例子佐證，讓消費者、行銷者、品牌或對神經科學感到好奇的讀者有反覆深思的題材，也為大家提供茶餘飯後的有趣話題。」

——凱洛・卡魯巴（Carol Caruba）／Highwire 公關公司負責人

「本書兼具科學與故事性，改變了我們看待自己身為『消費者』的方式。整本書有如一段引人入勝的旅程，探索行銷影響力的科學及行銷如何影響我們看待周遭世界的方式。」

——茱蒂・范（Judy Fan）／加州大學聖地牙哥分校的心理學助理教授

「這是一本令人耳目一新又及時的好書，它會讓你重新檢視行銷偷偷影響你的方式，你再也不會以同樣的方式思考你的消費生活了。」

——雪柔・波爾頓（Sheryle Bolton）／連續創業家

「在本書中，強森與古曼帶大家瞭解行銷的神經科學。這本書在科學研究與當今行銷策略的有效性之間，建立了充滿創意又富有洞察力的關連，並在幽默與嚴謹之間拿捏完美的平衡。這本書可以讓你更瞭解自己，無論是身為消費者，還是身為一般人。」

——娜塔莉・寇多瓦（Natalia Córdova）／耶魯大學（Yale University）心理學講師

「這本書是幫大家瞭解心理學與神經科學之間驚人互動關係的理想方式。看似簡單的人類直覺概念，就是以那些互動關係為基礎。強森與古曼巧妙地把寓教於樂的故事與嚴謹的科學概念結合在一起，讓行銷者與消費者瞭解為什麼我們會購買某些東西。」

——詹姆斯・紐威爾（James Newell）／航海家資本公司（Voyager Capital）常務董事

追尋行銷背後的本質，從揭開大腦運作的黑盒子開始

江仕超／品牌行銷匯創辦人

你是否曾經運用色彩吸引眼球關注？

你是否曾經透過名人贏得市場聲量？

你是否曾經運用情懷達到社群共鳴？

但你是否思考過這些行為背後的運作模式呢？如果你跟我一樣好奇這些行為背後的心理，

那透過這本書你將找到更深層的原理與機制。本書由商業行為與神經學專業背景交融而成，讓我們看見從市場行銷（marketing）到大腦運作原理。如果物理的本質是追求事物運作的道理，那行銷追求的本質可能就是人性的運作。這本書正是帶領我們前往這條道路上探究。

舉個例子，隨著商業市場的變化，我們已經意識到流域的留量經營愈來愈重要。所以，我們看見許多中小企業主、創作者等透過社團與直播的模式來與粉絲交心，進而提昇品牌忠誠度、黏著度。然而，這一段交心的過程，大腦是怎麼運作的？從書中得知，科學家證實，溝通是說話者把圖像與想法植入聆聽者腦中的能力，而在大腦的層面中，溝通是講者與聆聽者之間的神經耦合。本書提供很多這類的說明，相信當我們更理解大腦運作機制的同時，將能在實際應用上更有效益。

另外，我個人非常喜歡本書提到的消費公式「愉悅－痛苦＝購買」，清楚點出讓消費者感受足夠的愉悅感，並且感知到消費後的心情能大過生活所面臨的痛點，就能達到購買的目的。而這背後的原因來自於，大腦愉悅區域的活動強度大於痛苦，就可能刺激購買意願。除此之外，讀者將會在本書中看見許多行銷背後的運作道理，滿足我們探求消費世界規則的好奇心。

在臺灣，常有人說：行銷是虛的。這句話的背後，顯示對市場行銷有很多的誤解。透過本書，你將發現行銷引發後續的消費行為，這現象在消費者上都有其對應的大腦運作機制。最後，希望能因為此書讓更多人明白，市場行銷是一個充滿藝術、心理和科學的應用學問。

愛是盲目的，與消費者談一場戀愛吧！

曹智雄／DDG品牌顧問執行總監

「品牌是什麼？」

這是二〇〇七年，在美國剛完成研究所學位的我，帶著熱騰騰的作品集，在那年下著初雪的紐約參加一場面試，當時的一位面試官丟給我的問題。

「品牌跟人一樣，是有感情、有個性的，經營品牌就是讓他的人設鮮明，並對消費者產生意義與連結。」

當時經驗尚淺的我憑著直覺給了這樣的答案。不知是否因為這個答案，我拿到了那份工作與簽證，也正式踏進品牌行銷與顧問的行業。而這個答案就這樣陪著我十多年，至今我依然深信，成功的品牌，都是能夠個性鮮明、具有信念、對顧客的生活帶來意義的人。

閱讀《盲視效應》一書，再次讓我感受到，品牌與消費者的關係，其實就像人與人的戀愛一樣。有刻意營造的愉悅體驗、有承諾的給予、有味道的記憶、有視覺的聯想；需要同理心，也需要結合安心感與出其不意的新鮮感。有時候，我們以為是我們選擇了戀愛的對象，但若根據書中提到佛洛伊德的觀點：我們選的的東西，從來不是我們真正挑選的！在我們自以為擁有決策權的消費過程中，其實許多時候，身為消費者的我們，是「盲目」愛上品牌帶給我們的信念！

本書從神經學與心理學的視角，搭配許多有趣的實驗與品牌行銷案例，讓身為消費者的讀者，可以洞悉自己決策背後的不理性因素，更理性地看待自己的選擇與行為；也幫助品牌與行銷從業者，更進一步看清自己的決策對於品牌、消費者甚至社會所帶來的影響力。

臺灣許多企業都認為自己的產品性能優秀，價格便宜，以為識貨的顧客自然應該選擇自家的商品，而這也創造了臺灣企業總是只能以「性價比」作為市場競爭的優勢。這背後的代價，就是為「高產能、低產值」的生產線所付出的長工時與縮限的薪資漲幅空間。過去品牌與行銷的觀念不被這類企業主所認同，多半來自「不真實的包裝」的迷思，錯誤地認為品牌、行銷與設計都僅是美化與包裝的騙術。

而此書提出的各種實驗與觀察，正恰好提供了這些行銷與設計背後的科學脈絡，也提供讀著一個重新思考「品牌是什麼？」的機會。而答案或許正如書中所說的「品牌之所以重要，是因為信念很重要」，在網路資訊透明的時代中，品牌，跟人一樣，唯有信念清楚，言行一致，才能讓消費者心甘情願與之談一場「盲目」的戀愛。

你所不知道的品牌科學

陳偉志／Labsology法博思品牌顧問管理總監

身為一個品牌顧問，同時也身負教育客戶品牌概念的工作。我們最常跟客戶講一句話：「品牌不是Logo，品牌是消費者腦中的印象。」這句話雖簡短，但完整述說了一般大眾對於品牌容易產生的錯誤認知，也簡單扼要地說明了品牌的真實本質。

品牌不是Logo，Logo只是消費者腦中品牌印象的載體，如同我們的名字一般，就算換了，給人的印象卻不會改變。品牌是消費者腦中的印象，也說明著品牌與消費者的「大腦」運作息息相關。因此，如何透過品牌行銷溝通，將品牌想要傳達的訊息寫進消費者的大腦，對於品牌來說是至關重要的。

從我們的經驗觀察，大多數人在操作品牌時，會認為只要是有梗的行銷文案、美美的視覺設計，能吸引消費者的注意力，就是成功的品牌行銷操作。如此想法，或許對於一個沒有品牌（no brand）的銷售行為是成立的，但若期望正確累積消費者的品牌印象，或許是過度簡化且不易達成。

品牌不只需要創意，也需要科學，有了科學，才能有效率地建立消費者的品牌印象。過去，品牌運用創意，博取消費者的注意力。近年來，因為心理學與神經科學的蓬勃發展，品牌能夠運用這些實驗結果，更有效地建立消費者的品牌認知，甚至影響消費者的購買決策行為。如書中提到的峰終效應，就是我們在協助客戶優化顧客體驗時很常運用的，而語意網路更是瞭解與建構消費者品牌聯想的重要思維。

但是，在對人類大腦運作更熟悉之際，品牌也更能夠對消費者進行心智上的操作，甚至對其生活產生負面的影響，因此，作者也提出行銷在道德面向的議題進行討論。的確，只要有資訊或知識落差，道德議題就會產生，不只在神經科學蓬勃發展的現在，過去亦同，且會永遠存在。雖然如此，但你可以透過更瞭解自己的大腦運作方式，盡量掌握你的決策行為，這也是作者希望讀者能夠獲得的知識。

除了讓消費者能夠透過《盲視效應》瞭解自己如何受到品牌行銷操作，瞭解消費者行為更是品牌操作者的首要任務。如果沒有用心瞭解，透過科學化的方式建構品牌，有效打造消費者的品牌認知，那又怎麼能夠抱怨我們的品牌乏人問津呢？

你我皆有盲視？

謝伯讓／臺灣大學心理系副教授、《大腦簡史》與《都是大腦搞的鬼》作者

一九六五年，英國的心理學家懷斯克朗（Laurance Weiskrantz）透過手術切除了一隻名叫海倫的猴子腦中的「初級視覺皮質」（Primary visual cortex，大腦皮質中第一個接收到視網膜訊號的區域）。在手術之後的頭兩年，沒有明顯跡象顯示牠看得見東西，這種因為視覺皮質受損而看不見的現象，我們稱為皮質盲（cortical blindness）。

兩年過後，懷斯克朗的博士班研究生韓佛瑞（Nicholas Humphrey，現為劍橋大學心理學家）對猴子海倫進行研究，竟有了意外的發現。有一次，韓佛瑞拿著蘋果在牠面前搖晃，沒想到原

本目光呆滯放空的海倫，竟然會開始盯著蘋果看，並試圖想要伸手抓取。

這個發現讓韓佛瑞感到非常驚奇，於是說服懷斯克朗，對海倫展開長達七年的訓練計畫。在這七年之中，韓佛瑞時常帶著海倫到處走動和訓練，而牠的行為應對也變得愈來愈好！海倫最驚人的表現，就是可以在布滿障礙物的室內移動自如並自己撿起食物。一般不知情的旁觀者看到海倫的行為，根本不知道牠其實是沒有初始視覺皮質的皮質盲！

一九七四年，懷斯克朗的團隊更進一步發現，原來人類也會有皮質盲。他們發現有一位眼睛完好的病人，但在罹患腫瘤並切除視覺腦區後，就看不見任何東西（沒有任何視覺經驗）。不過當科學家強迫他猜測眼前的事物特徵（例如位置或顏色）時，他猜對的機率竟然遠高於隨機值！

二〇〇四年，瑞士也有一名男子因為視覺腦區中風而失去視覺，同樣也是眼睛沒有受損，但由於視覺腦區無法再正常運作而失去任何視覺經驗。當科學家要他盲目猜測前方螢幕上臉孔的情緒是快樂或生氣時，他猜對的正確率竟然高達近百分之七十。在另一個實驗中，科學家讓他獨自走過一道長廊，並要求他盡量閃開長廊上的障礙物，結果他也成功完成任務！

這種沒有視覺意識，但是又能夠處理並猜對眼前資訊的現象，就稱做盲視（blindsight）。

現在，關鍵的問題來了，盲視現象只會出現於皮質盲的猴子或病人？還是也會出現在你我身上？《盲視效應》這本書，將透過科學與商業實例告訴你，其實你我身上可能也存在類似的盲視效應，而且甚至早已被應用在日常行銷之中。現在，就讓我們一起來看看這一場行銷與消費之間的心理攻防大戰！

謹獻給馬琳（Marlene）與聖雅各（Santiago），
感謝他們的無盡支持與鼓勵；
也獻給我的父母，感謝他們總是鼓勵我寫作。——強森

謹獻給我的母親露比．古曼（Ruby Ghuman），
感謝她給予我無盡的愛、支持與正面激勵。——古曼

前言 盲視的威力

二〇一〇年，一系列實驗震撼科學界。一位名叫T.N.的受試者走過一條約十八公尺長的走廊，那條走廊上散布著盒子、櫥櫃、椅子，但他完全沒碰到任何東西[1]。很容易，對吧？問題是T.N.是法定盲*，即神經學家所謂「失明」的人。

失明的人雖看不見，但他們仍會處理視覺資訊。你讓失明的人坐在電腦前，並在螢幕上閃現一組圓點（研究人員做過這樣的研究），他會堅稱他看不到螢幕，也看不到那些圓點。然而，如果你有足夠的耐心鼓勵他，請他配合一下猜猜看，他的猜測可能出奇地精準。

*在美國，所謂「法定盲」是用來界定接受政府福利的資格。其定義是優眼（better eye）的視力經矯正後（如使用眼鏡）仍在二十／二百（換算後約為臺灣的標準〇・一）以下，或中心視野（field of vision）低於二十度。

這怎麼可能呢？

原來，大腦中的視覺資訊處理很複雜，涉及多個大腦區域的多個步驟。雖然多數失明是眼睛受傷或缺陷造成的（即視覺資訊不會進入大腦），但有些失明就像T. N.一樣，是大腦某處的損傷造成的。所以，大腦的其他區域仍會處理來自眼睛的殘留資訊，讓盲人依然可以對刺激產生反應（例如繞過障礙物），儘管他從未意識到大腦處理了那些視覺資訊。

換句話說，大腦接收的資訊是那個人沒意識接收到的。

這種現象不只發生在盲人身上。**每個人**的大腦隨時都在接收自己沒意識到的資訊。盲視不單只是讓我們窺探大腦如何產生視覺的迷人管道，也讓我們有機會洞悉我們與消費世界的關係。

盲人走過布滿障礙的走廊時，他們不知道**為什麼**每次遇到物體，會突然覺得自己應該向右或向左走。這種反應是直覺的，超出他們的意識範圍。我們在消費世界中穿梭時也是如此。

身為消費者，「要不要買」這個決定，會受到周遭的廣告、網站上「購買」鍵的放置方式及包裝設計的影響。我們對那些影響因素往往渾然不覺。我們不見得知道自己**為什麼**想買某個品牌的牙膏，只知道自己想買。

這就是本書想帶大家瞭解的事。我們在書中揭露了消費世界背後打的算盤及設計背後的祕密。你看到的品牌標識、在動態訊息上滑過的廣告、在電視上看到的廣告和每天使用的手機應用程式（app）等——這些只是消費世界最外面、最明顯的一層。底下還有更深的一層，那是專業人士精心設計的，以便好好利用大腦的特殊結構，在我們渾然不知或未經我們同意下影響我們。

像T. N.那種盲視是一種神經心理疾病，而這本書所介紹的，則是另一種截然不同的盲視：看見消費世界中我們視而不見的事物。我們想幫你看穿廣告看板，不僅看到表面印的資訊，也看到其他潛藏的意圖（what），讓你知道那圖像如何影響你的大腦（how）及為什麼最終會讓你想要買下它所宣傳的商品（why）。

準備啟程

想像一下，你在消費的神經科學領域裡穿梭，彷彿駕著飛機在空中遨翔。飛機代表你的大腦，那是一部複雜的機器，根據一套規則與限制運作。飛機周邊的風是消費世界，那裡有各種品牌與行銷不斷地牽動著大腦，來回拉扯著我們的想法與欲望。

飛機上的人是你，又或者，更確切地說，是你的意識。問題是，你是飛行員，還是乘客？

你扮演的角色，取決於你對飛機與風的瞭解。飛行員擁有相關知識，可以安全地駕駛飛機到他想去的地方。相較之下，乘客則對飛機與風一無所知——這也是大腦和消費世界互動的方式——任憑飛機與風的擺布。

從這個意義上來說，這本書談的就是如何掌控飛行，教你瞭解飛機與風，也瞭解大腦及行銷如何影響大腦，以便駕馭當今消費世界的不定風向。

縮小知識落差

我們認為瞭解你的消費行為不僅有益，也有必要。但有必要現在就瞭解嗎？嗯……這麼說吧。

如今的品牌比你更瞭解你自己！

瞭解你的大腦與消費世界的關係，不止你在意，還有很多人比你更在意。智慧型裝置上記錄的每次點擊、每次螢幕滑動、每次心跳，都讓品牌更瞭解怎麼從你的身上撈錢。消費者與品牌之間的知識落差日益拉大。

瞭解這些脈絡後，別擔心，這本書是為你——消費者及任何決心縮小上述落差的人而寫的。

在後續的十二章中，我們將揭開大腦與消費世界之間的深刻互動。在行銷的脈絡中，我們說明記憶與體驗、快樂與痛苦、情感與邏輯、感知與現實、注意力、決策、成癮、新奇、討喜度、同理心、溝通、講故事和潛意識資訊的神經科學。

表面上，你會學習到大腦是如何運作的，並瞭解如何針對大腦做設計。但剝開表層，你會看到更清晰的自我形象：更瞭解你的心理，因為它反映在你的消費行為上。

想成為飛行員，需要同時精通風與飛機。想在消費世界裡看見視而不見的事物，需要同時精通行銷與大腦。這也是本書有兩位作者的原因，它結合了強森的神經學專長與古曼的行銷專長，帶大家洞悉消費科學的隱形世界。

你像《駭客任務》（The Matrix）中的尼奧（Neo）那樣，準備好去看兔子洞有多深了嗎？跟我們來吧。

歡迎你翻開這本書！

這個記號代表補充內容——我們在內文中提到的商標、影片、平面廣告及其他的視覺效果等，都可以上網取得，詳細請至：www.popneuro.com/blindsight-material

吃菜單

行銷伎倆如何矇騙我們的舌頭

想像一下，你是某個烹飪節目的評審，眼前有五盤看起來很美味的肝醬（pâté），每盤都有精心裝飾，而且搭配進口餅乾，看起來都很讚，你逐一品嚐了每一盤。接著，主持人給你下面的任務：「找出那五盤肝醬中，哪一盤是狗食。」

這不是烹飪節目，而是真人實事。二〇〇九年，一項研究就是這樣測試受試者[1]，研究標題很直截了當：〈人能區分肝醬與狗食嗎？〉。其中四盤是人類的食物，包括昂貴的頂級鵝肝醬。其中一盤是罐頭狗糧，經過食物處理機攪拌，讓它的外觀與黏稠度跟肝醬一樣。每盤肉的色調略有不同，但除此之外，外觀是相同的。結果呢？沒有人能分辨哪一盤是狗食。

如果媽媽遞給你一罐狗糧，對你說：「吃吧，這個味道跟鵝肝醬差不多，但價格遠低於鵝肝醬。」你會納悶她是不是瘋了。但是，有人把狗糧塑造成肝醬時，你的舌頭根本分不出來。這裡值得強調一點，那項研究的受試者**試圖**區分哪盤是狗食，但吃不出來。你可以想像，今天要是換成是一家餐廳，裡面都是毫無戒心的客人，你再怎樣惡搞，也不會有人發現！

懷疑者可能會說，你也許可以騙外行人相信狗食是肝醬，但騙不倒真正的美食家。好！區分狗食與肝醬的實驗確實還沒在美食專家的身上做過，但有人曾對葡萄酒做過類似的實驗。

侍酒師可說是辨識葡萄酒的專家，他們經過多年的閱讀、品酒、飲食和測試（即正規的葡萄酒教育），才獲得正式認證，所以味覺特別靈敏。喝一口，就能分辨是什麼酒、使用什麼葡萄品種、來自哪個國家及製作的年分。

波爾多大學（University of Bordeaux）的弗雷德里克．布羅謝（Frederic Brochet）做了一個調皮的實驗[2]，結果顯示即使是味覺過人的侍酒師，也很容易誤判。他提供兩種不同的葡萄酒給侍酒師，一種是紅酒，另一種是白酒，並請他們評論。侍酒師不知道的是，那杯紅酒和那杯白酒其實完全一樣，只是其中一杯為白酒添加紅色食用色素。結果，侍酒師不僅覺得兩杯酒嚐起來完全不同，還認為那杯「紅色」的酒含有紅酒的成分。侍酒師品嚐白酒後，表示酒裡有「蜂蜜」與「柑橘」的味道；品嚐紅酒後，則說那杯酒有「覆盆子」與「紅木」的味道，明明舌頭嚐到的是一樣的酒。所以，吃狗食的受試者也不必太難過，反正專家也被騙了。

這些研究結果除了介紹一種幫高級餐廳削減成本的新方法以外（開玩笑的！），也突顯出我們體驗世界的方式：我們品嚐到的味道，遠比我們看到的還要複雜。

我們不是直接體驗我們吃下的食物。食物觸及舌頭的客觀感覺與大腦的最終體驗之間，有很大的落差。誠如已故的知名哲學家艾倫．沃茨（Alan Watts）所說的：「我們吃的是菜單，不是食物。」換句話說，我們的體驗總是有落差——我們是體驗內心描述的世界，而不是世界本身。

在神經科學中，這種落差證明了我們的感知並不可靠：我們沒有——或無法體驗世界的真實樣貌。不過，在行銷中，這種落差代表某種全然不同的東西——機會。行銷人員可以趁機微調、影響和徹底改變消費者對現實的內心體驗。行銷人員在說服消費者的過程中，如果能改變現實，使現實對自己有利，那是最好不過的了。

在最基本的層面上，行銷是透過其他的感官調整消費者的某種感官體驗，例如餐廳不僅設計菜色，也會花心思在音樂、裝飾等細節上。在比較深的層面上，行銷會改變消費者對消費物品的看法——當你相信狗糧是肝醬時，才有可能覺得它嚐起來很美味。在最極端的情況下，行銷可能使這些改變觀感的信念深深烙印在腦海中，讓品牌徹底進駐大腦，落地生根。

行銷之所以會有這些機會可趁，是因為人類大腦是以非常奇怪的方式，因應外在的客觀現實與內在的主觀感知之間的落差。多年來，品牌紛紛以巧妙的方式利用那些落差——在過程中徹底改變我們對現實的體驗。**客觀**現實與**主觀**感知之間的落差是行銷人員盡情發揮的遊樂場。為了更瞭解那個落差及填補落差的方式，我們需要先深入瞭解大腦如何建構我們的日常體驗。

臆測遊戲：心智模型

我們的大腦不是直接體驗現實，而是為現實建構一個模型，神經學家稱之為「心智模型」（mental model）。大腦無時無刻都在建構模型。每次你吃下一口食物時，你不是在體驗食物，而是大腦對於「吃那個食物的體驗**應該**是什麼樣子」所做的最佳臆測。舌頭的感覺促成此心智模型，但很多其他的東西也可以促成這個模型。雖然大腦會盡可能精確地複製現實，但是就像前面的狗食及葡萄酒的例子，這些模型絕非完美無暇。

心智模式很容易受到許多因素的影響，你想要「糾正」它們，即使不是不可能，也非常困難，因為我們永遠無法比較心智模型與現實，看是哪裡出錯了。因此，一個品牌或企業影響我們的心智模型時，它也直接影響了我們對現實的體驗。

例如，心智模型容易接受暗示，餐廳便很擅長利用這點。我們進入餐廳坐下來，就會在無意間接收周遭的感官刺激：餐廳的環境、背景音樂、餐具和地點——所有的一切。這些東西都會從根本影響大腦創造出來的心智模型。同樣的一頓飯，在廢棄的倉庫裡吃跟在破敗的宴會廳裡吃，味道完全不同。

由於心智模型一直在運作，我們從來沒意識到它的發生或運作方式。但瞭解大腦如何建構這些心理模型——尤其是如何為味覺建構心智模型——是瞭解它們在消費世界中如何調整及改變的關鍵。

首先要知道的是，在建構模型時，大腦對待所有的感官並非一視同仁，而是優先考慮強烈的感覺。味覺非常弱（所以很容易受到影響）、視覺是最強的。我們怎麼知道是這樣呢？視覺占用大腦皮質的體積最多，約三分之一的大腦是用來處理及詮釋視覺資訊。視覺與其他的感官競爭時，總是脫穎而出。

你看視覺與聽覺（第二強烈的感官）的直接競爭，就會明白這點。大腦就像一個偏心的交通警察：視覺資料與聽覺資料同時抵達十字路口時，大腦每次都讓視覺先過！

在現實世界中，視覺與聽覺的競爭是這樣運作的：你想像一段影片，影片中有一個男人不斷地講「巴」這個字。你聽到影片清晰地傳出「巴、巴、巴、巴」的聲音。現在，想像另一段影片，片中同一人不斷地講「發」這個字。你聽到影片清晰地傳出「發、發、發、發」的聲音。最後，你想像第一段音訊剪輯覆蓋在第二段影片上，你會看到片中那個人的嘴型是「發」，但聽到的聲音卻是「巴」。我們的心智模型究竟會先接收哪種資料呢：是音訊，還是影像？每次都是影像優先。即使客觀地說我們聽到的聲音是「巴」，心智模型還是從視覺領域獲得提示，最終我們聽到的是「發」。

這種現象已重複驗證數十次，被稱為「麥格克效應」（McGurk effect）[3、4]。

這也難怪視覺對大腦建構的味覺模型（人類最弱、最不發達的感覺）有很大的影響。最近，更多的研究證實了葡萄酒測試的結果[5、6]，但有一個關鍵的差別：

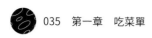

那些研究不是以食用色素改色，而是用擴增實境（augmented reality, AR）把白酒變紅。儘管顏色變化是數位的，受試者是從擴增實境的鏡頭看到葡萄酒，但結果一樣：「紅色」葡萄酒「嚐起來」有漿果、暗色香料等紅色食物的味道，儘管實物根本沒變。這感覺就像英國影集《黑鏡》（*Black Mirror*）裡所述：改變虛擬世界中食物的顏色，會改變我們在現實世界中對食物的觀感。

其他的顏色則可能讓人毫無胃口。在一項實驗中，日本兵庫縣立大學的研究人員研究了顏色對喝湯量的影響[7]。他們分成幾組受試者讓他們喝湯，乘湯的碗、湯的原料和溫度等皆相同，只有一項細微的變化：顏色差異。他們使用無味的食用色素測試大家對不同顏色的反應。

結果令人驚訝。相較於其他顏色，藍色色素的負面影響最大：不僅降低受試者的食慾，也讓他們覺得湯比較不好喝、不順口。此外，藍湯所引發的焦慮也最多，滿意度最低。換句話說，受試者對湯不滿意，只是因為湯是藍的。

前述的實驗中，受試者是吃已知的食物時被騙。肝醬與葡萄酒是受試者熟悉的食物，他們知道這些食物該有什麼味道。但藍湯不一樣，受試者沒有預設的標準，可是依然被藍湯的觀感所影響。那是因為他們對藍色食物的定義，影響了他們為藍湯建構的心智模型。

無論我們對藍色食物所抱持的偏見是源自演化還是生活經驗，大腦潛意識就認為藍色食物可能不安全，因為藍色不是天然存在於健康食物中。當我們在食品界看到藍色時（例如變質的肉），通常是不好的徵兆。

誠如已故的喜劇演員喬治．卡林（George Carlin）所言：

紅色是覆盆子、櫻桃、草莓。橘色是柳橙。黃色是檸檬。綠色是萊姆。棕色是肉……**但沒有藍色的食物！**別提藍莓了，我們都知道藍莓是紫色。那藍乳酪呢？也不是。藍乳酪只是白乳酪上長了一堆黴菌[8]。

喝湯的人可能不明白藍色是導致食物變得可疑的原因。但大腦在他們不知不覺中，利用這種潛意識，扭曲他們對於喝湯體驗的心智模型。

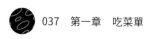

信以為真

強烈的感官會影響較弱的感官，由此可見，心智模型並不完美，很容易受到影響。但那只是開始，信念（我們相信自己正在吃什麼）對心智模式的影響更大。

想像你在米其林三星餐廳，享用一盤肉，搭配梅洛（Merlot）葡萄酒。那盤肉很棒，煮得熟透，美味極了——至少在服務員過來問你喜不喜歡那道「馬臉」香腸以前，你是這麼覺得。你一聽到馬臉兩字，下一口的味道可能就不同了。換句話說，你相信「自己正在吃馬肉」，這個想法影響你對這道菜的心智模型，進而影響你對這道菜的味覺觀感——即使同一道菜的前後兩口之間只差那麼一句話！你吃前一口時，還不知道那是馬肉。吃下一口、知道那是馬肉後，不知怎的，嚐起來就不同了[9]。

雖然吃馬肉在許多歐洲與亞洲國家很常見，但在美國，多多少少算是禁忌。馬肉本身並不難吃，但你是否覺得馬肉好吃，則看你對馬肉的態度而定。你相信你在吃什麼，會影響你的心智模型，進而影響品嚐食物的體驗。

在《黑色追緝令》（*Pulp Fiction*）的續集中，朱爾（山繆．傑克森飾演）談到這點。他連嘗試吃一口豬肉都不肯，只因為他覺得豬是很髒的動物：「豬肉可能嚐起來像南瓜派，但我不會知道，因為我不吃那種骯髒的垃圾。」想像朱爾大快朵頤他認為是牛腩的食物，吃到一半才有人告訴他那是手撕猪肉，他可能會「抓狂，卯起來大開殺戒」。

信念會強化心智模型，對消費世界的影響非常深遠。商品上的「有機」標示，會影響你吃那包東西的感覺[10]。消費者覺得火雞包裝上有家喻戶曉的品牌標誌時，吃起來比無品牌的普通包裝更美味[11]。信念是我們建構心智模型的重要部分，深深左右我們的消費體驗。

懷疑者可能會說，信念的效果只是表象。也就是說，我們只是**告訴**自己，裝在精緻杯子裡的咖啡比較好喝，或可靠的品牌推出的火雞比較美味。懷疑者認為，咬一口貼上「有機」標籤的蘋果，和吃一顆真正有機的蘋果，感覺是不一樣的。

這種主張並非毫無道理，卻站不住腳。葡萄酒是很棒的測試工具。無數的研究顯示，人只要**相信**自己喝的是昂貴的葡萄酒，就覺得那杯葡萄酒比較好喝。但有一項開創性的研究不僅讓受試者自己表明品嚐葡萄酒的感受，還直接觀察他的大腦。由史丹佛大學（Stanford University）的巴巴·希夫（Baba Shiv）所帶領的研究團隊，使用功能性磁振造影（functional magnetic resonance imaging, fMRI）觀察受試者品嚐兩杯葡萄酒時的大腦愉悅中心，即大腦深處的依核（nucleus accumbens）[12]。研究人員告訴受試者，其中一杯葡萄酒很貴，另一杯葡萄酒很便宜。研究團隊發現，當他們告訴受試者喝的是昂貴的葡萄酒時，受試者大腦愉悅中心的神經元便活躍了起來。當他們告知受試者喝的是廉價葡萄酒呢？毫無反應。當然，兩杯都是出自同一瓶酒。

這項研究顯示信念對心智模型的影響有多深，及那些心智模型如何影響我們的觀感。這不是欺騙，我們不是刻意欺騙自己。在大腦可衡量的神經科學層面上，昂貴的葡萄酒確實嚐起來更美味。大腦的核心以兩種全然不同的方式體驗一件相同的事情，只因為自我強加的信念不同。這並不是說你更喜歡貴的葡萄酒，而是你真的**覺得**貴的比較好喝。你知道它很貴，如此建構出來的心智模型影響你的味覺。心智模型不是附加在體驗上的東西，而是體驗本身。

信念如何塑造心智模型

前面提到，信念對心智模型的影響，比個別的感官資訊更大。但品牌不會只用「有機」或「肉牛」之類的簡單信念，他們也會為自己及產品創造複雜又持久的信念，以便對大腦的基本結構產生持久的影響。創造這種信念需要大腦的認真整合。為了說明這如何做到，我們需要先退一步瞭解大腦是如何整理資訊。

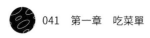

大腦在一個相互連接的巨大網絡中整理、儲存資料，神經科學家稱作「語意網路」（semantic network）。知識與概念不是孤立儲存，而是相互關聯——也就是存在相關條目的網絡中。每當你想起一件事時，也會聯想到與它相關的其他事情。例如，你想到「樹」這個字時，可能很自然地聯想到「蘋果」；想到「門」時，可能很自然地聯想到「鑰匙」[13]。

這些知識網儲存在大腦的顳葉中。此大腦區域受損的人，會罹患一種名叫「辨別缺陷症」（agnosia）的疾病，他們的視覺與聽覺都沒問題，但無法把看到或聽到的東西和它的名稱連起來[14]。例如，你拿一個消防車模型給失認症的患者看，他可以精確地描述它的所有特徵（外觀、質感和發出的聲音等），但就是講不出來那個東西的**名稱**；換句話說，他們無法把感官資訊與意義連在一起。

由於大腦是以井然有序的網絡儲存知識，不同類別的知識可能遭到選擇性的損害。例如，假設你顳葉的某個部位受損，可能想不起來**生物**的名稱，但依然記得**非生物**的名稱[15]。

顳葉中神經網絡的關聯不是天生，而是日積月累習得。「樹」會讓我們自動地聯想到「葉」，因為它們常在同一句話中出現。同樣地，情感與其他的抽象概念也可以透過經驗，與感官輸入或不同的抽象概念連在一起。我們會自然地把警笛聲與警車或消防車聯想在一起，但也會聯想到恐懼與警覺的感受。這些情感連結也是存在顳葉中。

大腦能夠學習這些關聯，是因為大腦先天就是尋找型態（pattern）的機器。神經科學家稱之為「統計學習」（statistical learning），大腦可以輕鬆自動地偵測周圍的型態。久而久之，一再出現的型態就變成了聯想。不過，創造聯想的「流程」，與聯想本身不同，似乎是與生俱來的。八個月大的嬰兒能從自然話語中辨識聲音型態，那種能力為語言學習奠下關鍵的基礎[16]。人類有驚人的記錄型態，我們擅長在無意間把環境中的統計資料轉化為知識。由於聯想對於建構知識很重要，因此它們對心智模型的影響也特別大。

品牌是以信念為基礎的心智模型

我們先暫停一下，問個問題。品牌究竟是什麼？你問神經學家這個問題，他會把品牌定義為一套聯想。**品牌塑造**就是一種聯想設計。

以可口可樂為例。它是全球排名第一的餐飲品牌，也是全球整體排名第五的品牌，僅次於蘋果（Apple）、Google、亞馬遜（Amazon）和微軟（Microsoft）[17]。考慮到消費者對其他四個品牌產品的依賴度，看到可口可樂高居第五名令人有點驚訝。想想以下的場景：

場景1：沒有可樂的生活。

場景2：沒有 Google 搜尋引擎的生活。

哪一種情況比較痛苦？當然是第二種。Google 搜尋功能讓我們的生活變得無比輕鬆。無論這點是好是壞，現代社會要是少了Google搜尋，生活會變得比較辛苦。但是沒有可樂呢？應該還好吧。如果可口可樂今天是一家資源貧乏的新創企業，基於它那乏善可陳的特質應該會失敗。一瓶可樂的效用很小——考慮到它對健康的影響，也許還有負面效用。

「可樂」本身是棕色的碳酸糖水。總之，少了品牌，它就只是棕色的碳酸糖水而已。但「可口可樂」這個品牌完全是另一回事。

可口可樂每年在廣告與品牌上花費數十億美元。為什麼？地球上幾乎沒有人沒聽過可口可樂。他們之所以花那麼多錢打廣告，不單只是為了知名度，也是為了買心理聯想，那在語意網路中有如位於黃金路段的房地產。

或者，換句話說，可口可樂花費數十億美元在「聯想設計」上，而且不僅僅是隨便的聯想。可口可樂公司花數十億美元把可口可樂與**快樂**連結在一起。你如何向大眾銷售汽水？把產品和大眾想要的東西連在一起：快樂。可口可樂成功地把糖水與快樂連在一起，因此創造出二千億美元的價值。

在日常的消費世界中，我們很難把影響品牌消費的因素——例如跟某個抽象概念（快樂）的關連——孤立出來。你喝一口可口可樂時，不會在潛意識中把百分之二十五的觀感歸因於你對飲料本身的感官體驗，並把百分之七十五歸因於你對該品牌的抽象聯想。相反地，你只有一個一致的心智模型——一種渾然一體的無縫體驗，這也是可口可樂最擅長創造的，使他們的品牌更加引人注目。

可口可樂是怎麼做到的？透過聯想設計，精心塑造它們在顯葉的位置。每年透過廣告及其他數位與線下行銷活動，在聯想設計上花費四十億美元。這一切都是為了一個共同的目標：讓你的大腦記住「可口可樂＝快樂」，這樣一來，下次你想喝東西時，這種聯想就會告訴你該選什麼飲料。可口可樂沿用最久的標語（目前為止已經紅十年了！）告訴我們：「暢爽開懷」（Open Happiness）。難怪百事可樂總是追不上可口可樂，因為快樂是很難競爭的。

顯然，可口可樂的品牌塑造深深影響我們喝飲料時的味覺。但是，一個品牌如此深入人心時，我們可能量化這個品牌對觀感的影響程度嗎？在現實世界中是不可能的，因為那是渾然一體的無縫體驗。但是在受控的環境下，有些實驗可以把品牌及產品分別對心智模型的建構有多少貢獻分隔開來。其中最著名的例子是「百事挑戰」（Pepsi Challenge）。

百事挑戰是百事公司於一九七五年推出的一項長期行銷活動，靈感來自行銷團隊的一項觀察：當消費者不知道他們喝的是百事可樂時，他們覺得百事可樂比可口可樂好喝。雖然如今大家把百事挑戰視為一種廣告策略，它的結果確實是以最高的實驗標準取得，他們費盡心思確保所有的相關變數都獲得控制。兩種飲料必須同時間倒出來並以同溫度上桌。所有的測試都是隨機、雙盲，並由與百事可樂無關的獨立評審主持。實驗的精密度媲美臨床藥物測試。

一九九〇年代，百事可樂的亞太區行銷總監S. I.李（S. I. Lee）描述百事可樂的想法：「我們知道我們的產品確實比較好喝，所以才會以此作為宣傳主題[18]。」當時，百事可樂的銷量遠遠落後於可口可樂，因此，做這種廣為宣傳的正式測試，對他們沒什麼損失。

沒想到，實驗結果出奇地一致。受試者知道自己喝的品牌時，百分之八十的人喜歡可口可樂，僅百分之二十的人喜歡百事可樂。然而，隱藏品牌資訊時，盲測者對百事可樂與可口可樂的支持度是五十三比四十七。行銷團隊大肆宣傳這個實驗結果，並迅速把實驗推廣到同時販售兩品牌的每個地區。單就口味來說，百事可樂是獲得較多受試者的青睞。

不過，百事可樂的主要行銷戰果卻是出自一個出乎意料的來源：可口可樂的鐵粉。可口可樂的死忠支持者深信可口可樂比較好喝，而且非常確定他們可以辨識不同品牌的差別。這些可口可樂的死忠鐵粉最後變成這次宣傳活動的一大焦點。研究人員先問他們，他們最喜歡可口可樂的哪一點，幾乎所有的鐵粉都說是味道。然而，實驗結果顯示，他們並不像他們說的那樣喜歡可口可樂的味道。只有當他們認為自己在喝可口可樂時，才喜歡可口可樂。品牌藉由影響鐵粉為可樂建構的心智模型，完成大部分的品嚐任務。

可口可樂在碳酸飲料市場占主要優勢，因為它的名字已經深深烙印在消費者大腦的語意網路。光是想到可口可樂，就足以深深活化大腦。

百事挑戰的原始行銷活動啟發一套功能性磁振造影實驗。科學家趁受試者喝可口可樂時，觀察他們的大腦[19]。研究人員事先告訴他們喝的是可口可樂；至於另一組對照組，只對他們說是一種可樂，未指明是哪一牌。相較於對照組，可口可樂組的大腦許多區域活動增加了，尤其是顳葉——也就是語義與情感聯想的區域。所以，就像喝昂貴的葡萄酒一樣，消費者並沒有告訴自己可口可樂比較好喝，而是因為聯想設計發揮了效用，使他們真的覺得可口可樂比較好喝。我們可以從大腦中清楚看到，可樂的聯想被啟動了！

於是，這又讓我們回頭看到神經科學家對品牌的定義：聯想設計，也就是讓觀眾一再地接觸產品想要傳達的訊息。當這種品牌建構（branding）有足夠的一致性且重複的次數夠多時，就會把聯想烙印在腦海中，改變大腦語意網路的根本結構。就像你小時候經常看到「樹」與「葉」一起使用，因此學會把它們聯想在一起。同樣地，以一貫的廣告不斷地洗腦，你也會學會把可口可樂與快樂聯想在一起。語意網路告訴我們產品的心智模型，那心智模型與我們對產品的觀感是相同的。這種聯想已經烙印在顳葉。可口可樂其實是在你的腦海中租用黃金路段，只不過每次你買一杯可口可樂，是你付錢給它，而不是它付錢給你。擔心嗎？別擔心，只要「喝杯可樂，笑一笑*」（Have a Coke and a Smile）就行了。

從盲視到盲點

我們已經討論了有關味覺的心智模型，因為在所有的感官中，味覺最容易看到心智模型的靈活性及品牌如何塑造它們。由於味覺是人類最弱的感覺，大腦可以更自由地發揮。也就是說，我們進食的心智模型比較容易受到信念的影響，例如餐廳的精緻度、可樂的品牌、蘋果表面貼的有機標籤所引發的信念。

不過，即便是視覺（人類最主要、最可靠的感覺），也會受到信念的影響。大腦不斷為我們看到的東西建構心智模式，跟著我們的一舉一動建構周遭的世界。最典型的例子就是感知盲點（perceptual blind spot）的存在。

大腦觀看外界的方式，是處理視網膜接收到的視覺資訊。視網膜是由每隻眼睛後面數百萬個負責接收外界光線的細胞所組成。它透過視神經，把這些視覺訊息發送到大腦的其他部分

*這句其實是一九八〇年代的廣告標語，中文譯成「可口可樂添歡笑」。

以便處理。然而，在每隻眼睛的視神經與視網膜的交界處，其實沒有任何視網膜細胞——這表示每隻眼睛都有一個盲點，那裡收不到外界的資訊。這個盲點極小，位於視野中心十五度的地方。

你可以利用下面示範的方式，看到自己的盲點。

你可能從來沒注意到這個盲點的存在。當然，原因之一是我們有兩隻眼睛——即使一眼看不見，另一眼也會看見。但我們閉上一隻眼時，不會看到一團黑色

❶ 以右手拿起這張圖，放在眼睛的前方，約離一支手臂的距離。
❷ 用左手遮住左眼。
❸ 右眼看著X，聚焦在X上，但也看那個圓點。
❹ 慢慢地把這張圖拉近你的臉，眼睛依然聚焦在X上。你把那張圖移向臉時，圓點會消失，接著又出現了。（如果沒有出現這個效果，請再試一次。這次以更慢的速度把圖案移向你的臉，移動速度大約是之前的一半或更慢。）這可能需要一點練習，但一旦抓到適切的距離，那個圓點會完全消失。恭喜！你找到你的盲點了！

空盪的空間。那是因為大腦無時無刻都在建構心智模型，幫我們「填補」我們期待看到的事物。

為了填補我們的盲點，大腦會根據其他的感官資料或內部信念臆測現實，而且它的臆測非常驚人。試想：我們竟然一輩子都沒意識到盲點的存在。

我們的盲點也說明心智模式的建構有多頻繁。那不是大腦偶一為之的事（例如在模稜兩可的情況下，處理矛盾的訊號，像是吃看起來很高級的狗食或看到某人嘴型講「巴」，卻聽到「發」的聲音），而是**無時無刻**都在進行。

當然，這種模型建構遠遠超越了味覺、視覺或其他感覺。大腦不斷為完整的現實體驗建構模型，包含所有的複雜性與細節。現實的心智模型就像味覺的心智模型一樣，也非常容易受到影響。

所以，可口可樂不是唯一一家努力把品牌烙印在我們腦中的公司。很多品牌都努力在我們的心中變成某些抽象、激勵概念的同義詞。BMW把它的產品與完美連結在一起；福特汽車（Ford Motors）把它的產品和堅固可靠連結在一起；蘋果把它的產品和時尚簡約連結在一起。

可樂娜（Corona）把它的啤酒和海灘上的放鬆連結在一起。品牌系統化地改變我們對一家公司的信念，因此從根本改變我們對產品的體驗。這也是為什麼知名企業明明已經家喻戶曉，每年仍持續在廣告上花費數十億美元的原因。品牌建構不單只為了提高知名度，而是為了把品牌與貼切的屬性連結，深深地烙印在消費者的腦海中。

Nike 就是一個很好的例子。這個品牌把自己與希臘神話中的勝利女神結合在一起，努力成為同名女神的化身。因此，在情感與心理上，穿上 Nike 的鞋子，**感覺**與穿一般的品牌不一樣，那感覺遠遠超過鞋子本身給人的實體感。我們為 Nike 的鞋子體驗所建構的心智模型，不僅為我們帶來感官數據，也帶來潛在的品牌知識。我們是在日積月累下，逐漸把 Nike 和潛在的品牌知識聯想在一起。

紅牛（Red Bull）也有類似的效果，它讓消費者把紅牛和「極限能量」（extreme energy）聯想在一起。那表示該品牌不僅影響我們的**味覺**，也影響我們的**感覺**。對照研究顯示（類似「百事挑戰」，但換成能量飲料），消費者非常信任紅牛品牌。在二〇一七年的一項實驗中[20]，一百五十四位巴黎男性被隨機分成三組。每個受試者都拿到相同的雞尾酒（由伏特加、果汁和紅牛飲料調製而成），但研究人員告訴他們，三組的飲料各不相同。他們告訴第一組，那一杯是「伏特加雞尾酒」；告訴第二組，那是「果汁雞尾酒」；告訴第三組，那是「伏特加紅牛」。相較於其他兩組，知道自己喝紅牛的第三組受試者表示，他們覺得喝醉的感覺更明顯，也展現出風險較高的行為，接觸女性時更有信心。所以，真正讓你感覺「如虎添翼」，是你與品牌的連結，而不是飲料本身。

這種品牌效果所使用的原理，和醫學界幾十年前就知道的一種現象如出一轍：安慰劑效應。只要服用糖丸的人**相信**那是藥物，貼有藥物標籤的糖丸往往和真藥一樣有效。這正是各大品牌在做的事：把糖丸貼上藥物的標籤。只不過這裡的糖丸是他們的產品，而藥效是他們精心塑造的抽象情感與概念。

最近使用功能性磁振造影的研究發現，那些對安慰劑產生藥效反應的人，大腦出現和真藥一樣的活動。可見安慰劑效應與任何生物製劑一樣真實[21、22]。分子生物學家凱薩琳・霍爾（Kathryn Hall）專門研究安慰劑效應的生理反應，二〇一八年她告訴《紐約時報》（*The New York Times*）：「多年來，我們一直以為安慰劑效應是發揮想像力的結果。現在透過功能性磁振造影，可以確實看到讓人服用糖丸時，他的大腦會出現反應[23]。」就像希夫的葡萄酒研究一樣，信念影響我們為體驗建構的心智模型，甚至深達大腦的本能與生理反應。

如果你受到引導，進而相信你選的鞋子品牌會讓你成為更好的籃球員，別人憑什麼推翻你的想法呢？我們稱之為安慰劑效應、信心或自我應驗預言——正所謂「信久成真」。希望自己「像喬丹一樣」的運動員，穿上喬丹鞋後，可能真的表現得更好一點，這純粹是因為該品牌把自己與卓越的運動力連結在一起所產生的信念。事實上，對照實驗已經發現，如果你受到引導，相信你開球是用 Nike 的高爾夫球木桿，你會比使用一般的木桿揮得更用力、打得更精準——儘管實驗用的木桿都是一樣的[24]。

同樣的道理也適用在各大品牌的產品。昂貴的化妝品品牌花費數百萬美元，將品牌與美麗和自信連在一起，因為如果買家相信那是真的，他們實際使用該產品的體驗會反映此聯想。昂貴的名牌服飾把品牌與時尚、酷炫和自信等特質結合在一起，讓穿上該品牌服飾的人產生那些感覺。歸根究柢，品牌之所以重要，是因為信念很重要。

品牌使用「心占率」（mind share）這個術語比喻一個品牌相較於競爭對手，在消費者心中所占的分量。但那些大品牌知道，心占率不只是比喻，而是實際攻占心房（心智）。一個品牌可以在消費者的大腦中直接凌駕競爭對手，就像可口可樂對百事可樂那樣。

當品牌產生聯想時，其實是在大腦的語意網路中創造持久的變化。我們先暫停一下，花點時間融會貫通這句話。品牌聯想不是短暫、虛無縹緲的概念。它們是真的占據你大腦中的空間，變成顳葉神經元之間的連結。即使不是實際建構現實，也會深深影響我們的現實體驗。

我們透過感官體驗生活。當我們看到、聽到、聞到、摸到或嚐到東西時，大腦會接收這些客觀的原始資料作為輸入（input）。然後，把那些資料與我們對世界的現有信念結合在一起，創造出一個內在的主觀模型。這個模型不是表面的，而是取代感知。感知現實（perception reality）就是現實。

我們從來沒意識到心智模型的建構流程——即大腦接受客觀資料及產生主觀經驗之間發生了什麼。對行銷人員來說，我們「沒有意識」到這點，正是他們的機會所在。品牌藉由調整觀感和灌輸信念，把品牌深深烙印在消費者的大腦中，支配這個模型建構的流程——進而徹底改變我們對現實的感知。

這些都是智人（*Homo sapiens*）獨有的特質。你覺得你的狗對食物的體驗，會因為食物上有沒有「愛寶」（Alpo）這個商標而不同嗎？不可能。但人類是奇妙的生物。我們對世界的體驗很複雜，而且很容易受到影響。無論如何，我們吃的是菜單，而不是食物。品牌可能不會餵我們吃狗食，但即使他們真的端出狗食，我們可能也分辨不出來。

2

定錨

相對性的神經科學

下圖中央哪一個方塊比較深？

顯然是上面那一半，對吧？

再猜猜看！其實上面方塊與下面方塊的灰色調完全一樣。你用手指蓋住中間的接縫時，會發現那兩半是完全相同的。

乍看之下兩者不同，是因為「心理定錨」（mental anchoring）效應。大腦會自動地處理與參考點相對的輸入。在這個例子中，圖像的背景是參考點，它有如一個錨，指引你的大腦處理與它相對的方塊色調：方塊相對於淺色背景時，顯得比較暗；方塊相對於暗色背景時，顯得比較淺。儘管兩個方塊傳送

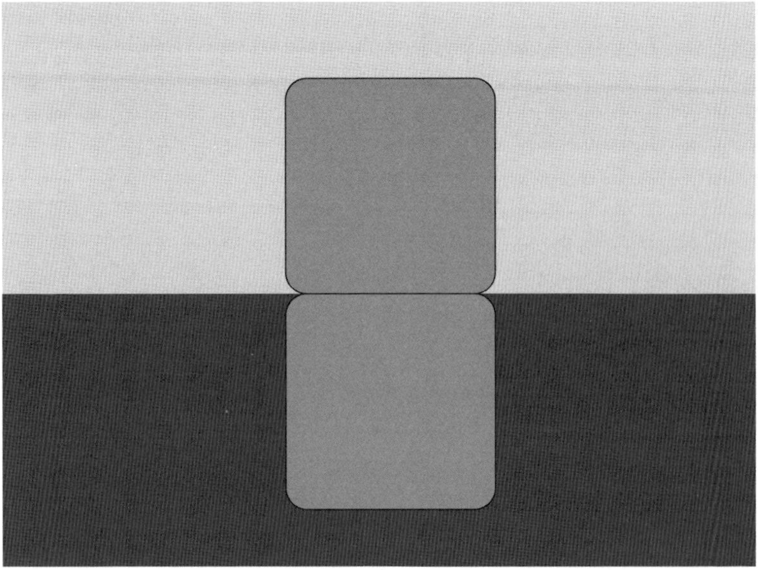

同樣的顏色波長到你的眼睛，卻因背景定錨不同，看起來色調不同。定錨會改變認知，也會影響注意力與價值觀。

世界很複雜，是無數永不停歇的資訊流，大腦不可能關注所有的資訊量。為了處理大量的訊息，大腦會抄捷徑。最大的捷徑就是定錨。定錨幫我們把注意力導向當下最有可能是重要的事，遠離那些可能不重要的事。

定錨無處不在，從我們看到的圖像到聽到的聲音，都有定錨的蹤影。一個普通的白點在黑色背景的定錨下，最為明顯。如果你是在城市裡長大，你已經習慣夜晚的街道噪音：汽車呼嘯而過，行人的步行聲，甚至偶爾響起的警鈴聲。這種常見的城市噪音是你的聽覺定錨。你第一次到鄉間露營時，反而會覺得夜晚靜得出奇。你會注意到那寂靜的狀態，因為它是如此迥異。在鄉間成長的人則恰恰相反，寂靜的夜晚是他們的定錨，他們會覺得你習以為常的城市夜間噪音震耳欲聾。

定錨是用來凸顯前景的心智背景。前景可以是任何東西，從灰色的正方形到一輛新車，什麼都可以。即使是「成功」這種抽象的前景，大腦處理它也是相對於一個定錨。身為公司的副總裁，如果是從經理的職位升上來，那感覺很棒，你可能會開香檳慶祝。但如果你是從總裁降職為副總裁呢？你不會為這種事情開香檳，那是全然不同的生活事件。

大腦對前景的觀感，取決於定錨。問題是，我們幾乎都不會意識到定錨的存在，更不可能知道定錨對我們行為的影響。

品牌就是利用這點幫自己牟利。我們接觸消費世界時（例如評估某個產品是否值那個價格），我們會覺得自己是看絕對的價值。但實際上，我們是相對於一個定錨判斷價值，但那個定錨可能是品牌設定的。品牌之所以創造定錨，有兩個根本的原因：吸引消費者的注意力，改變消費者對價值的觀感。

大腦隨時隨地都在找定錨，每個品牌都是下錨的專家。接下來，我們集中注意力開始觀察，看他們是怎麼下錨的。

注意力定錨

關注某個東西的衝動，通常來自兩方面：我們的內心或外在。以術語來講，分別是「內生」（endogenous）與「外生」（exogenous）。你拿著購物清單購物時，是使用「內生注意力」。你的目標是找到清單上的物品，你注意的是**內在**指引（endogenous 中的 endo 是指「來自內部」）。但是，想像一下，當你去購物中心消磨時間，隨處逛逛。這種情況下，你沒有內部目標，所注意的是**外在**指引，也就是「外生注意力」。

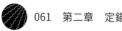

品牌喜歡在環境中使用定錨挾持我們的外生注意力。例如，電視廣告的音量比電視節目的音量大。廣告看板的顏色鮮豔，與單調的背景色彩形成鮮明的對比。驅動外生注意力的關鍵，在於利用你自然關注的事物：改變。

在簡單的視覺層面上，大腦本來就比較容易關注對比強烈的事物——黑白、黃紅對比等。線條與輪廓也可以創造出強烈的對比。事實上，大腦有獨特的系統會優先處理對比強烈的資訊[1]。一項針對剛出生的嬰兒所做的研究顯示，他們都喜歡對比強烈的刺激[2、3]。追蹤成人

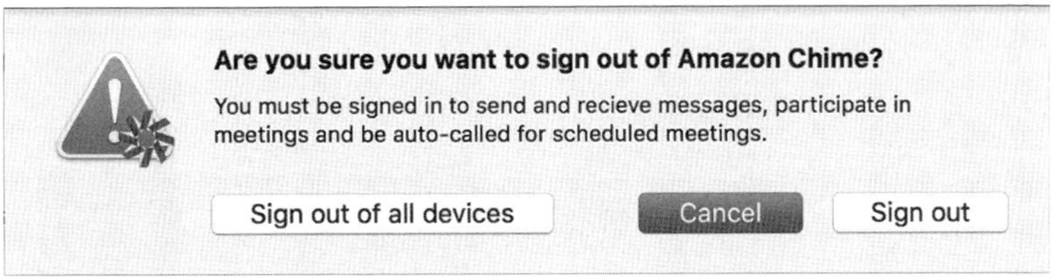

你確定你要登出 Amazon Chime 嗎？

眼球的研究發現，對比強烈的區域能以百分之八十五的準確率預測人們的視線[4]。

使用者經驗設計師知道大腦容易被對比吸引，所以會巧妙地把對比融入設計中。以「登出」畫面為例，讓用戶持續掛在臉書（Facebook）上，對臉書最有利，不然它要如何收集我們的資料呢？所以，為了避免用戶登出臉書，他們使用對比設計吸引用戶點選「取消」那個登出按鈕。

上圖的例子是來自亞馬遜的商務會議平臺Chime，它使用對比設計吸引你按下他們希望你挑的選項。淺色背景是定錨，藍色按鈕放在淺色背景上很顯眼，比白色按鈕更引人關注。

研究發現，涉及緊急的購買決定時，光是產品外觀的顯著性——也就是醒目性，從對比強烈的視覺特徵中（例如輪廓、邊緣、顏色對比）脫穎而出——就足以大舉提升它獲選的機率[5]。換句話說，在產品的外觀與周遭環境之間創造出最鮮明的對比，可以提升買家挑中它的可能性。

想像一下，你非常渴，當下對價格、品牌和容量毫不在意。你會從一堆冷藏飲料瓶中挑哪一瓶呢？如果挪威頂級礦泉水芙絲（VOSS）就在冰箱裡，它肯定會從一排排外觀相似的競爭對手中脫穎而出。這正是芙絲公司設計瓶子時的意圖，那瓶子看起來像蘋果所設計——以玻璃打造，瓶身細長，線條對比鮮明，輪廓清晰。在一群胖胖的塑膠瓶之間（你的視覺定錨），芙絲抓住你的注意力。

當你賣俄羅斯的水（即伏特加）時，攸關的利益更大了。當你喝膩波波夫伏特加（Popov）後，會覺得伏特加幾乎是無味的。伏特加與威士忌或梅斯卡爾酒*（mezcal）不同，口味不是影響消費者挑選伏特加品牌的重要因素。在一項非常徹底的神經行銷學研究中[6]，行銷人員調查哪個牌子的伏特加瓶子設計最能吸引外生注意力。結果顯示，絕對伏特加（Absolut）、巔峰伏特加（Pinnacle）、思維卡伏特加（Svedka）這三個牌子在貨架上獲得的關注最多。抱

*龍舌蘭酒的一種。

歉，文青們：蒂朵思伏特加（Tito's）受到的關注最少。它需要更多的對比！運用對比吸引消費者的注意，而且不止限於視覺。在新聞界，抓住觀眾的注意力變得愈來愈重要，吸引讀者點進一篇文章需要概念上的對比。為《浮華世界》（*Vanity Fair*）、《Kinfolk》、《赫芬頓郵報》（*Huffington Post*）撰稿的紐約記者凱蒂．卡勞蒂（Katie Calautti）指出，吸引注意力日益重要。她接受筆者的電話訪談時表示：「新聞界充滿了雜訊與拉拉雜雜的閒扯，所以你必須做點不同的事情才能脫穎而出。讀者的時間與注意力比以往受到更多的限制。你想傳達報導的主旨，但陳述的方式要**簡潔**、**與眾不同**[7]。」媒體為了爭搶讀者的注意力，無所不用其極：在其他的條件不變下，你的下標愈是標新立異，讀者愈有可能點進你的報導一探究竟。

尋找型態

第一章提過，大腦無時無刻都在尋找型態。我們在下意識不斷地學習環境中的型態。人的一生中，大腦會把許多型態加以內化。這些型態提供了背景（定錨），引導我們注意可能很重要但違背常理的現象。

這種定錨在演化上很合理。生存不需要吸收及體驗周遭百分之百的環境。事實上，隨時注意每個細節，反而會降低我們生存的機率。生存有賴快速行動，人類的大腦已經演化到只要處理足夠的感官資訊，讓我們能夠迅速採取行動就好。我以前吃過這種漿果嗎？還是這是新的漿果，可能有毒？你不需要細看漿果裡的每種色素，只要注意它是否符合既有的安全食用型態就好了。學習型態有助於節省時間與精力。

事實上，大腦太喜歡型態了，那導致我們**不喜歡**真正的統計隨機性。iTunes 剛推出「隨機播放」功能時，收到許多憤怒的電郵。顧客寫信投訴那項功能故障，因為他們對著「超級男孩」（*NSYNC）的專輯按下「隨機播放」鈕時，歌曲有時會按順序播放。顧客覺得有種被騙的感覺。隨機演算法怎麼會連續播放三首歌的順序跟專輯上的順序一樣呢？隨機應該是7、11、3，而不是1、2、3，對吧？然而，真正的隨機挑歌是指，目前播放的歌曲結束後，每首歌接著播放的機率都一樣。有時那是指7、11、13，但有時則是1、2、3。

iTunes 為了回應顧客的投訴，改變隨機演算法，避免按專輯順序播放的排序。新的演算法對人類而言比較隨機，儘管客觀上不是那麼隨機。Spotify 為隨機播放歌單挑選最佳方法時，也有類似的經驗[8]。Spotify的演算法開發者馬蒂亞斯・彼得・喬翰森（Mattias Peter Johansson）一語道盡問題所在：「問題是，真正的隨機，大家感覺起來並不隨機。我們以一種新的演算法更新隨機播放功能，好讓大家感覺更隨機[9]。」人類真是奇怪的生物。

特立獨行

「特立獨行」這句話常套用在品牌建構上，也一語道盡了大腦注意力系統的簡單性。心理定錨是其他品牌的一致走向，也就是型態。為了吸引大腦關注，你必須另闢蹊徑。

品牌很擅長以特立獨行的方式吸引消費者關注。其中一種做法是利用現有的聯想，以現有的聯想作為預設的錨。品牌只要打破定錨聯想，一直在尋找型態的大腦就會察覺到突然的變化，並把注意力轉向它。

有人叫你想像一輛外國跑車時，你會想到什麼顏色的跑車？可能是紅色或亮黃色。如果你是汽車品牌，正要推出某款新跑車，你如何在一群紅色跑車中脫穎而出？對日產汽車（Nissan）

來說，答案是推出橘色的350Z。具體來說，是亮橘色。在一群紅色跑車中，350Z的特立獨行抓住大家的目光。多年來，向女性銷售商品的業者一直是以粉紅色彰顯女性化的特質。愈多的品牌這樣做，粉紅色的定錨效果愈明顯。你如何打破那個把女性化與粉紅色連在一起的定錨效果，從競爭中脫穎而出呢？簡單的答案是挑選不同的顏色——珠寶品牌蒂芙尼（Tiffany）就是這麼做。而且，蒂芙尼不止挑選不同的顏色而已，它又更進一步以一樣的方式一再地打破現有的聯想，最後創造出一種新的聯想。這就是「蒂芙尼藍」（Tiffany Blue）效果如此強大的原因：它突破了一群粉紅商品，久而久之，便與女性化產生連結。

你在特立獨行方面只要下的功夫夠多，就可以達到打破型態的終極結果：驚喜。二〇〇六年底，英國的吉百利巧克力（Cadbury Chocolate）陷入一場公關風暴。沙門氏菌爆發，導致四十多人感染，重創品牌形象。公關團隊展開初步行動為公司止血後，接著開始急切地尋找重振這個經典品牌的方法。吉百利的自救第一招就下重本，推出一個爆紅的廣告。那支廣告的開場是一隻大猩猩的臉部特寫，看不到背景。唯一的聲音是菲爾．柯林斯（Phil Collins）的歌曲〈In the Air Tonight〉。這首歌一開始是一段逐漸增強的音樂，搭配著也許是流行音樂史上最著名的鼓聲。隨著音樂的主旋律暫時退下，鏡頭慢慢拉遠，顯示那隻大猩猩其實是鼓手，正耐心地等著音樂變強，他要卯起來打鼓。想像一下，你在會議上聽到有人提議這個廣告腳本：「鮑伯，我想到一個走出沙門氏菌夢魘的方法了。我只需要菲爾．柯林斯和一套大猩猩裝[10]。」

這招奏效了。那支廣告在 YouTube 上很快就累積五十萬次以上的點擊[11]。吉百利巧克力不僅獲得大家的關注，那支廣告也收到一面倒的消費者好評[12]，銷售額也大幅上升。

型態會讓人產生預期，它的作用就像錨一樣。你看到夠多的門把上寫著「拉」以後，你會預期開門需要拉開。你看過夠多的擊掌以後，當別人舉起右手並把掌心朝向你時，你會知道你應該擊掌回應。打破這些預期會產生一種非常特殊的感覺：驚喜。事實上，「違背預期」正是神經科學家為「驚喜」所下的定義。吉百利在這個廣告中所做的，是以「鼓手與人類」這個現有連結作為定錨，並把它打破，為觀眾製造驚喜。在現實世界中，大猩猩不是鼓手，所以我們看到大猩猩打鼓時（違背預期的廣告），驚訝感引起我們的關注。

不過，這個廣告最有趣的地方在於它的「一次性」。重複看幾次以後，大猩猩的吸引力就消失了，續集效應驟減。為什麼呢？因為最初驚喜的注意力價值轉瞬即逝。大猩猩打鼓只會帶給你一次驚喜，不久，你會開始學習新的型態，感知與這個新錨有關的事物。畢竟，上一次當，學一次乖；上兩次當，是自己活該。

違背預期

神經科學家已深入研究過違背預期。使用腦波圖（Electroencephalography, EEG）機器，可以測量與驚訝有關的大腦活動變化。這種測量稱為 N400，之所以這樣命名，是因為你聽到令人驚訝的妙語後約四百毫秒，大腦會在腦波圖上記下那個驚訝時刻。

N400 的反應，主要與語言驚訝有關[13]。一般來說，每個字都會引起一個 N400 反應，但單字愈不常見，其 N400 反應的振幅愈大。例如，superfluous 這種罕見單字所產生的 N400 反應會比 **chapter** 這種常見單字的反應大得多。

然而，N400 反應的奇妙之處在於，上下文的錨點很重要。雖然每個字本身都會產生 N400 振幅，但振幅會根據單字在上下文中的使用情況而大幅改變。以「I long to marry my one and only true ＿＿」（我渴望娶我唯一的真＿＿）這句話為例，如果這句話是以 love（愛）結尾，你不會感到驚訝。然而，如果句末那個字是 elephant（象），你會很驚訝，它在 N400 量表上的分數會很高。雖然「象」這個詞本身並不罕見，但是在此句子的上下文中卻出人意料。

許多腦波圖研究記錄了這種現象[14]。單字與上下文的錨點之間愈是格格不入，N400 反應的振幅愈大——那表示愈驚訝。上下文本身就是一個錨點，它創造出來的預期可能會實現，也可能會違背。違背預期時，你會情不自禁地注意它。

喜劇演員先天就很懂這個道理，或許沒有人比安東尼・傑瑟尼克（Anthony Jeselnik）更善於運用此工具了。傑瑟尼克是精通 N400 的搞笑專家，專講「違背預期」的笑話。他的搞笑公式很簡單，但令人難以抗拒。他先用言詞勾勒出一個情境，把聽眾引導到一個方向，最後再冷不防地爆出出人意料的笑哏。從哪裡可以看出他掌握驚訝的技巧已經出神入化了呢？即使聽眾很快就看穿他的搞笑公式，但他們永遠不知道何時他會冷不防地再爆出笑哏。即使觀眾非常注意他怎麼運用驚訝與誤導的手法，他還是可以在一個多小時的表演中讓觀眾驚喜連連。

以下是幾個例子，但搞笑的時機不像傑瑟尼克抓得那麼精準，看你能不能預測到笑點。

- 我爸很棒，他養了五個男孩，全靠自己一手扶養，而且我們這幾個兒子都不知道。
- 我們剛剛才知道弟弟對花生嚴重過敏，但我還是覺得我爸媽反應過度了——他們逮到我偷吃一小包航空公司送的花生米，竟然把我趕出弟弟的葬禮。
- 我在非洲養了一個孩子，供他衣服、上學、接種疫苗，每天只要花七十五美分。那筆錢相較於把他送到非洲的花費，根本是九牛一毛。

大品牌當然不會錯過這種刻意違背預期的效果。以二〇一八年IHOP餐廳的宣傳噱頭為例。這家美國的早餐連鎖店宣布他們要把店名從IHOP（International House of Pancakes，國際鬆餅屋）改為IHOB（International House of Burgers，國際漢堡屋），簡直是惡搞。改名的舉動引發大量的關注，而且可用數位指標加以量化：一天內社群媒體提及這家餐廳的次數就增加百分之六千四百七十七，大幅提升品牌知名度。此外，在揭曉此次廣告祕密之前的那一週，#IHOP與#IHOB這兩個標籤累積了逾二．九七億次的曝光次數[15]。最後他們揭曉，這次改名是假的，而這樣做是為了在新產品「漢堡」推出時，吸引消費者注意。

漢堡本身不是令人驚訝的刺激。在正常的上下文脈絡中，burger 這個單字不會讓人產生 N400 反應。但在 I H O 的背景下，以 pancake 作為錨點呢？激發了巨大的 N400 反應，大舉吸引了消費者的目光。

內生注意力：注意閃亮的事物

從廣告看板到華麗包裝，再到特立獨行的廣告，都是使用定錨吸引消費者的關注。但其實，消費者的外生注意力很有限。身為消費者，你頂多只能注意到幾個方向。當競爭者不斷想把你的顧客吸走時，公司如何守住顧客呢？這時品牌就派上用場了。

強大的品牌——讓你死心塌地一再光顧的品牌——有辦法吸引**內生**注意力。內生注意力是來自內在，是你帶著購物清單購物，而不是漫無目的地閒逛。品牌就是藉由登上你的購物清單驅動內生注意力：

買（卡夫）起司通心麵
買（多力多滋）玉米片

假設你非常喜歡某牌瓶裝水，例如達沙尼（Dasani）。你購買的當下，是以內生模式搜尋瓶裝水，你會直接尋找 Dasani。品牌如果已經烙印在你的腦海中，公司就不需要從外部吸引你的注意力。

內生注意力的有趣之處在於，這也是一種避免競爭對手搶走外生注意力的方法。你愈喜歡達沙尼，就愈不可能看到其他選項。你完全**看不見**達沙尼的競爭對手——這是達沙尼的一大勝利。

對一個品牌來說，處於內生模式會削弱明顯稜角、色彩和對比的吸睛效果。還記得前面提過一項研究嗎？追蹤成人眼球的研究發現，對比強烈的區域可用來預測人眼在看哪裡，準確率達百分之八十五。那是處於瀏覽（外生）模式。一旦給與受試者一個目標，預測的準確率就會驟降至百分之四十。也就是說，在內生模式下，那些吸引注意力的視覺技巧就變得不太有效。

這似乎是一個值得慶祝的時刻。畢竟，內生模式似乎可以抵消之前那些吸睛招數的效果。但先別高興得太早，我們花點時間思考一下。當大腦從瀏覽模式（外生注意力）轉為目標導向模式（內生注意力）時，大腦看到的東西確實減少了，不過這時大腦是處於選擇性的盲視狀態。

哈佛大學（Harvard University）的研究員丹尼爾．西蒙斯（Daniel Simons）做了一項研究[16]，你可以說那就是在研究「盲視」。此實驗的設計很巧妙：一個人假扮成遊客，拿著地圖走向一個陌生人問路。那個陌生人看著地圖時，兩個搬運工搬著一幅畫走過，遊客與其中一個搬運工交換了位置。那個新來的遊客繼續和那位陌生人說話，但陌生人不知道那個遊客已經換人了[17]！

西蒙斯做的另一項經典研究，也證明我們很容易被注意力蒙蔽[18]。如果你還不熟悉這點，在繼續閱讀之前，你應該親自試一試[19]。

在這項研究中，研究人員讓受試者看一段影片。影片中有一群人，來回地傳一顆球。研究人員請受試者計算那顆球總共傳了幾次。當研究人員把受試者的外生注意力導向那顆球時，受試者完全沒注意到有一個人假扮成大猩猩穿過那群人之間。當我們的注意力被外力轉向地圖或傳球之類的事情時，大腦是盲目的。錨點夠強大時，就足以讓我們看不見別的事物，即便是大猩猩。不要忽視這點的重要性。如果可以向精靈許願，每家公司的最大願望莫過於讓顧客完全看不見競爭對手的存在。但公司不需要靠精靈就能做到這點，消費者的品牌忠誠度可以使大腦進入目標導向的內生模式。回想一下第一章，品牌如何從根本改變我們的認知；它也可以從根本改變我們的注意力，使我們只注意到它。

從關注到價值

回到最初的起點：大腦就像一艘船，總是在尋找可以下錨停泊的地方，因為大腦是使用錨點處理及瞭解世界。大腦對錨點的依賴，是我們產生驚訝、觀感和注意力的關鍵。但錨點不僅可以扭曲注意力，也可以扭曲我們的價值觀。

為了瞭解這點，我們需要先瞭解數字對我們的奇妙影響。你丟一些數字讓大腦處理，定錨效應會馬上加速運轉。每次有數字出現時，大腦就會以那些數字作為價值的錨點。定錨效應使我們很容易相信視覺幻象，也容易受到數字的影響。

知名的行為學家丹尼爾．康納曼（Daniel Kahneman）做了一項研究，他讓受試者旋轉一個類似益智節目的轉盤，上面的每一格都隨機寫著一到一〇〇的數字。每次旋轉後，他問受試者一些不可能答出來的數字問題，目的是要他們瞎猜。例如，「辛巴威人出過國的比例是多少？」或「蒙大拿州波茲曼（Bozeman）的平均氣溫是多少？」有趣的是，他們的回答多多少少都與他們旋轉出來的數字有關。如果他們轉出來的數字較高，就更有可能回答比較大的估計值，反之亦然。儘管受試者知道他們轉到的數字是隨機的，跟他們回答的問題無關，但那個數字依然有定錨效應，影響他們的回答。

以下的情況，攸關的利益又更大了。當那些錨點是一筆錢時，會明顯影響我們願意支付的金額。在舊金山的探索博物館（Exploratorium Museum）外的現實實驗中，研究人員問路人是否願意捐錢救助最近遭漏油波及的野生動物。多數人是西岸的好心人，他們願意捐點錢贊助：

平均是六十四美元。但是，當研究人員提出一個微妙的數字錨點時（刻意問路人願不願意捐某個金額），他們的回答明顯扭曲了。當研究人員說五美元時，大家的平均捐款金額縮減至二十美元。當定錨價格是四百美元時，大家的平均捐款金額飆升至一百四十三美元！

同樣地，當家具用品連鎖店威廉斯-索諾瑪（Williams-Sonoma）把一臺標價四百二十九美元的麵包機放在一臺標價二百七十九美元的麵包機旁邊時，不出所料，那臺四百二十九美元的麵包機賣不出去。不過，那臺低價機種的銷量則多了一倍。當你對麵包機一無所知，只看到一台二百七十九美元的機器時，你不知道該不該買。心想二百七十九美元合理嗎？划算嗎？太貴嗎？根本無從判斷。但是，把它放在四百二十九美元的麵包機旁邊時，大腦就不再迷惑了。四百二十九美元就像一個錨，讓二百七十九美元的機種有了比較的依據。在那個錨旁邊[8]，二百七十九美元的機種似乎很划算。我們在菜單上也可以看到類似的效果。如果把昂貴的主菜排在前面，可能沒有人會點它，但相較之下，其他的菜顯得便宜很多，因此更有吸引力。

大腦很容易受到數字錨點的影響，公司甚至不需要把產品擺在更貴的替代方案旁邊，就可以讓我們覺得那個產品的訂價很划算。速食店的廣告中常看到業者自豪地推出「超值一美元菜單」。這樣做很有道理：因為一美元的漢堡真的很划算。競爭對手推銷一美元的漢堡時，你賣四美元的漢堡才叫不合理。但是卡樂星（Carl's Jr.）就是這樣做，而且還成功了。同業競相降價之際，卡樂星推出「六美元漢堡」，售價訂為四美元。產品名稱就是價值的錨點，它告訴你，你在其他地方得付六美元。它訂價四美元，會讓你有「賺到了」的感覺。卡樂星改變顧客的錨點。

這讓我們不得不談到MSRP。什麼是MSRP？它是manufacturer's suggested retail price（建議售價）的縮寫。你可能已經知道它是什麼，但你不知道建議售價的心理影響。建議售價是我們價值觀念的錨點。亞馬遜一直運用建議售價錨定價值。他們自豪地顯示商品的原始售價（高得多）。例如，看到一套博士（Bose）降噪耳機的建議零售價三百美元，旁邊放著亞馬遜的售價一百五十美元，會讓人覺得很划算——儘管多數網路零售商的售價也一樣，或很接近亞馬遜的售價。

數字限制作為腦中的定錨，也會鼓勵購買。如果一家超市在農產區掛出一個大牌子，上面寫著「每人限購十五顆」，你的大腦會把那個數字視為最重要的決定依據。研究人員以罐頭湯進行此測試時發現，告知消費者「限購四罐」時，他們更有可能買四罐，而不是買兩罐[9]。

我們前面看到，品牌為了吸引我們關注，在我們的腦海中創造或找到一種一致的模式，然後再反其道而行。他們對價格也是如此。以梅西百貨（Macy's）為例，它就是以此策略聞名。該公司以「無折扣期」，搭配為期較短但一致的「折扣期」。例如，你走進梅西百貨，看到一件標價七百美元的拉夫勞倫（Ralph Lauren）西裝。這是大腦定錨那套西裝價值的參考點。一個月後的總統日*週末，你再次走進店裡，同樣的西裝是以折扣價四百美元銷售。由於定價是七百美元，四百美元聽起來就很划算，儘管每個重大節慶梅西百貨都會打類似的折扣。

老海軍（Old Navy）在這方面又更進一步，它隨時都在打折。想想看，你哪次路過老海軍門市沒看到櫥窗上寫著「大特惠」？老海軍的售價一定是定價的折扣價，但消費者仍持續受到定錨效果的影響。

有些人批評梅西百貨和老海軍的定價根本是假的。潘尼百貨（JCPenney）原本也這樣運作，營收中不到百分之一是以全價銷售的商品。後來，該公司聽到外界的批評，決定放棄一年到頭

*每年二月的第三個星期一即為「總統日」，也稱做「華盛頓誕辰紀念日」。

都在打折及虛假的建議售價，變成天天提供低價商品。

結果呢？慘不忍睹。營收蒸發了近十億美元！潘尼百貨改採「公平合理」的定價後，那年度的營收大跌了九．八五億美元。事實證明，顧客**喜歡**打折的價格，他們的大腦需要不真實的膨脹價格作為參考，以便合理化自己的購買。潘尼百貨的執行長羅恩．詹森（Ron Johnson）曾是塔吉特百貨（Target）「平價時尚」設計及蘋果「天才吧」的幕後推手，是知名的零售業操盤大師，卻為此黯然下臺。潘尼公司在他下臺後，恢復打折促銷的手法，結果呢？營收回升了。

這裡值得我們默哀片刻。一家歷史悠久的美國企業做了一件真正高尚的事情，承認建議售價是假的。他們為每件商品只設定一個價格，而且此價格比之前的折扣價還低。理論上，這樣做完全合理——減少雜訊，幫顧客節省更多。但此模式卻帶來失敗，讓我們看到定錨機制對大腦的影響有多深。定錨的影響之大，連客觀來講對顧客有利的價格策略也遭到顧客的拒絕，只因為消費者想要假的價格。不過，這裡還是要向詹森先生致意。

恰恰好偏誤

如果大腦在尋找數字錨點時，看到三種價格選擇，而不是兩種呢？那會怎樣？這時大腦會產生一種「恰恰好偏誤」（goldilocks bias）：有三種選擇的情況下，我們通常會選不多不少的中間選項。

行銷人員常故意把他們希望消費者挑選的東西設為中間選項。你會選十八美元的十二盎司牛排、二十二美元的十四盎司牛排還是二十六美元的十六盎司牛排呢？多數人會選十四盎司。我們怎麼知道消費者挑十四盎司的牛排不是因為它本身的優點呢？因為當那個選項變成最低選項時（即變成十四、十六、十八盎司三種選項時），十六盎司會變成多數人的選擇。選項的「適中感」是影響選擇的關鍵要素。

BuyAutoParts.com 是最早在網上銷售汽車零件的公司之一，本書的共同作者古曼在該公司擔任行銷長期間，網站把這種價格策略運用得很成功。網站上的零件都有三種選擇供消費者挑選，並按價格順序排列：整新品（或稱福利品，原廠重新整理後再度販售）、無品牌的全新品、有品牌的全新品。百分之八十以上的銷售是屬於中間選項：無品牌的全新品。在這個例子中，中間選項特別有吸引力，因為一般購物者不是汽車零件的專家。他們知道他們需要散熱器，但不知道如何區分好壞。行為經濟學家將此現象描述為「在極度不確定性下運作」：在缺乏其他資訊的引導下，剛剛好偏誤有更強的定錨效果。

收益遞減

定錨的影響也會導致收益遞減，尤其是涉及金錢的時候。金錢愈多，似乎愈沒有價值。你對一張百元美鈔的價值觀感，會隨著你擁有的錢增加而下降。如果你破產了，百元美鈔會變得非常重要。如果你是全球首富傑夫．貝佐斯（Jeff Bezos），百元美鈔幾乎不值得你彎腰撿起。你銀行戶頭裡的錢，就像一個心理定錨，它會降低新收益的心理加權值。每增加一美元，對你來說，意義愈來愈少。

這個道理也適用在你現有財富之外的錨點。品牌可以在購買經驗中創造一個錨點，以扭曲你對所花的錢產生的價值感。一個典型的例子是附加定價。花一百美元買一支數位筆，感覺好像很貴。但如果你剛剛花了兩千美元買一臺微軟的 Surface Pro 筆記型電腦，再多花一百美元就感覺沒那麼貴了。

德國豪華車廠特別擅長這點。以BMW為例，假設你升遷了，想買一輛六萬八千美元的 BMW M3 犒賞自己，那是不錯的選擇。如果你不怕接到超速的罰單，想豁出去買輛大紅色的車子（最容易吸引警車注意的顏色），就必須乖乖掏出錢來。沒錯，BMW敢按車體的顏色收不同的價格！你只要多付五百五十美元，就可以擁有大紅色的M3。但BMW又沒有提供「無色」這個預設選項，這招實在很賊。

BMW敢這樣做，是因為他們知道你一定會乖乖掏錢。如果你想要無線充電及藍牙功能，要再多付五百美元。如果要接上蘋果裝置，要再付三百美元（沒錯！）。加熱方向盤，再加兩百美元；後視鏡蓋，再加一千一百美元；水箱罩上黑漆，再加四百三十美元……根本沒完沒了。為什麼？因為你既然已經花了近七萬美元買一輛車，再加幾百美元又算得了什麼？買車或買房時，也很容易被高價位的錨點扭曲你對價值的觀感。因為相較之下，其他的一切都顯得微不足道。

涉及價值的計算時，計算不是在真空中進行。相反地，我們對價值的觀感是固定在一個參照點上：一個錨點。有時那個參考點是最近購買的價格，有時是一組選擇，有時是附近某個隨機的數字。這一章給我們的啟示是，大腦先天不會找一個物品的客觀價值，它會去找一個數字來作為評價的標準，無論那個數字多麼無關緊要。

從數字到驚訝，這類錨點之所以存在，是因為我們需要它們。如今生活中的資訊多到我們難以完全接收，以前的泥土路上是偶爾出現路標，現在的馬路上充滿汽車、行人、自行車道、滑板者、紅綠燈、斑馬線、街道標誌、停放的汽車、停車計時器、消防栓和路肩，路旁的建築有門窗、塗鴉和招牌。如果沒有像錨點這樣的捷徑，讓大腦優先考慮一些資訊，我們可能很難出門。

消費世界更是五花八門，令人目不暇給，充滿廣告看板、電視廣告、廣播廣告、社群媒體廣告、聳動的標題和網紅代言等。難怪我們注意力持續的時間愈來愈短。當生活充斥著這些雜訊時，品牌更有動機針對大腦「愛找錨點」這個特質來做設計，不然他們要如何吸引消費者關注呢？在混亂的現代環境中，過度刺激又勞累的大腦甚至更樂於藉故排除其他的選擇，或依賴方便的定錨數字。

法國哲學家西蒙．韋伊（Simone Weil）說得好：「關注是最珍貴、最純粹的慷慨之舉。」瞭解定錨效應的運作，讓我們對自己最寶貴的資源有了新的認識。與其放任品牌奪走我們的注意力，我們至少可以讓品牌**付出該有的代價**。

3

塑造時刻

經驗與記憶之間的行銷機會

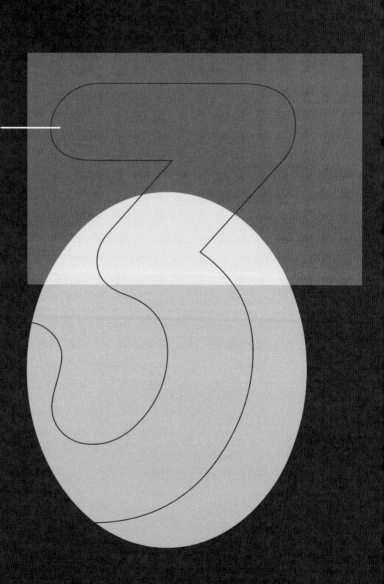

在英國東海岸的威蘭河畔（Welland River），有個名叫斯伯丁（Spalding）的小鎮。遠在羅馬時期，這片土地曾是古老的鹽廠。如今你可以搭乘渡輪沿河而下，參觀著名的斯伯丁花車遊行（Spalding Flower Parade），那遊行是為了慶祝該鎮生產的鬱金香。

斯伯丁也是蜜雪兒・菲爾波茲（Michelle Philpots）的家鄉，她的人生就像這個小鎮一樣獨特。一九九四年，她體驗了許多員工遇過的經歷：遭到解僱。具體來說，她之所以遭到解僱，是因為公司發現她一再列印同一張紙。有人問她是怎麼回事，她說她知道她必須列印那一頁，但卻不記得她已經印過了。她卡在一個永無止境的迴圈中。

蜜雪兒之前發生兩場嚴重的車禍，兩場車禍相隔四年，但兩次都造成頭部創傷。蜜雪兒遭到解僱後，醫生診斷出她因頭部受創而罹患癲癇，記憶力持續惡化，數年後終於惡化到極點。如今，她只記得一九九四年以前的事，每天早上醒來，她只記得自己是二十幾歲的女人（本書撰寫之際，她已五十四歲），認為《黑色追緝令》是新銳導演昆汀・塔倫提諾（Quentin Tarantino）執導的新電影。蜜雪兒仍記得丈夫伊恩，因為他們是在一九九四年以前認識，但她不記得自己嫁給他了，因為他們是在一九九七年結婚。

每天，蜜雪兒的記憶都會消失。如果你覺得這聽起來很像電影《我的失憶女友》（*50 First Dates*）的劇情，沒錯，確實如此。蜜雪兒與茱兒・芭莉摩（Drew Barrymore）飾演的露西有同樣的狀況。露西每天都是第一次認識男友亨利〔亞當・桑德勒（Adan Sandler）飾演〕，並用日記提醒自己記得亨利。有一次，露西和亨利分手，她刪除日記中提到亨利的部分，藉此抹除對他的記憶。

後來事情的演變，有點令人毛骨悚然。露西主動住進一家成人照護診所，每天都在那裡畫畫。她專心畫了幾週後，沒想到卻畫出亨利的肖像，她根本不記得自己認識這個人，但顯然她也沒有真正遺忘他。她對亨利的潛意識記憶，找到了一種驅動她行為的方法。

像蜜雪兒及露西這種病人，患有神經學家所謂的順向失憶症（anterograde amnesia）。那是某種大腦損傷造成，損傷的部位是海馬迴及附近的內側顳葉。而針對這類失憶症患者所做的研究，讓我們得以一窺人類記憶的奧祕。

記憶是什麼？

直覺上，記憶像是一件事物。但我們所知的記憶，其實是一組獨特的神經科學現象。當你去博物館時，大腦負責從經驗中擷取知識的區域（語義記憶）與負責記住博物館之旅的區域（事件記憶）不同。在維基百科上研究一座城市的事實（外顯記憶）和搬到一座新城市後慢慢產生的熟悉感（內隱記憶）也不同。學習一項實體技能又是另一種不同形式的記憶（程序記憶）。假設你正在練習草書或手寫筆記，即使日後你忘了練習的情境，但隨著時間經過，你還是會愈練愈好。

如果要我們為記憶下一個定義，囊括上述各種不同的類型，那應該是這樣：**記憶是大腦試圖把我們與過去連在一起**。

所有的行銷人員，不管他們是否意識到，其實都是在做記憶的生意。世界上最驚人、最扣人心弦的三十二秒電視廣告，如果在廣告結束後，觀眾馬上忘得一乾二淨，那支廣告根本毫無意義。設計精彩的店內體驗，如果在消費者離開後就忘光了，那也毫無意義。我們談論一個品牌時，其實是指一群記憶，那群記憶裡包含與那家公司或產品有關的一切體驗及相關知識。

對品牌來說，把經驗化為記憶，並有效地擷取那些記憶非常重要。為了讓經驗與我們相連，我們需要把經驗變成記憶的一部分——也就是我們過去的一部分。後面會看到，大腦試圖透過記憶把我們與過去連在一起的方式有系統性偏誤——即使不是老是出錯，但通常也不太精確。

這裡有很多細節值得細探。所以，記憶是本書中唯一連跨兩章的主題。這章主要是談記憶編碼，也就是我們如何把經驗轉化為記憶。下一章則是談我們如何回想起編碼的記憶。

記憶編碼

一個事件要變成記憶，必須先編碼。**編碼**（encoding）是神經學家用來形容大腦把一個事件轉化為一種印象（impression）的流程。**編碼**是動詞，**印象**是因此產生的名詞。印象是有形的物質，在靠近大腦中心的海馬迴集合，隨後再廣泛地整合到大腦最外面的大區域：皮質。一段經驗若要轉變成記憶，它必須確實改變大腦。

我們經歷的每件事，不見得都會讓我們留下印象。如果你有一次美妙的經驗，卻什麼也不記得——可能是因為你喝太多酒了——那件事真的發生過嗎？當然發生過。但因為酒精打斷了整合流程，它沒讓大腦留下任何印象。

沒有印象就沒有記憶。蜜雪兒不記得一九九四年以後的任何事情，因為她的大腦沒有把一九九四年以後的事情加以編碼。她生活中的事件都沒有編碼，是因為大腦中負責編碼的區域受損了。

對品牌來說，一場廣告活動的成敗，是看它讓消費者留下的印象而定。誠如前述，如果消費者看過廣告後毫無印象，那這個廣告就一無是處，它無法以任何方式影響你未來的行為。所以，品牌是在做創造印象的生意——或者，套用神經學家的說法，他們是在做編碼的生意。不過，這件事很棘手，因為把事件轉化為印象一點都不單純。

精明的品牌很擅長創造經驗。他們創造的經驗不僅可以優化事件本身，也可以優化衍生的記憶。事件的某些特徵可以「促進」編碼，從而在大腦中留下更深刻的印象。使用一種或多種印象強化的技巧，可以讓人留下更深刻的記憶，進而實現品牌的目標。

印象強化技巧①：注意力

一個人在事件中的精神狀態，對於大腦是否把該事件編碼成記憶非常重要。一件事情如果沒有獲得關注，我們對那件事的記憶就不太可能持久。因此，第一個強化編碼的技巧是注意力。在第二章中，我們看到逮住及留住注意力的方式——注意力系統只關心相對於錨點的突然變化。但注意力不僅僅是瞬間的體驗，也是形成外顯記憶的關鍵第一步。

注意力不是全有或全無的東西，不是處於完全專注或完全忽視這兩個極端，而是存在一個連續面上，而且常有分心狀態。想想演唱會或表演之類的活動，應該有不少觀眾拿出智慧型手機出來錄影。透過使用錄影體驗事件，意味著我們不只關注眼前的事件，也關注手機、鏡頭的定位和螢幕上的記錄。我們是多工並行。

二〇一八年，普林斯頓大學的戴安娜．塔米爾教授（Diana Tamir）與同事的共同研究指出[1]，當我們把演唱會錄下來時，對該活動的記憶其實比直接觀賞演唱會還差。一項類似的研究分析拍攝靜態照片的記憶[2、3]，同樣也發現當事者對照片中的活動記憶較少。為什麼呢？因為我們透過鏡頭體驗世界時（無論是靜止的照片或動態的影像），會抽離一些原本可以專注在眼前活動上的注意力，導致減少編碼。諷刺的是，我們用來保存數位化經驗副本的工具，反而削弱我們記憶經驗的能力。

在這種情境中，行動科技其實為行銷人員帶來好壞參半的結果。一方面，它讓那些內容在社群媒體上廣為傳播。但另一方面，消費者錄下那些內容時，也削弱了他對實際體驗的記憶，弱化了體驗留下的印象。

注意力對編碼的影響，是置入性廣告套用在電玩上比套用在電影上效果更好的原因。看電影時，觀眾是被動的，他們只是在看戲中角色經歷的事件。但電玩的玩家是主動參與遊戲，密切注意遊戲中那個自己的化身。這種專注力會產生比較深刻的編碼——包括公司花錢置入遊戲的產品。

印象強化技巧②：阻力

注意力是一種廣泛的現象。第二章提過，注意力會自然而然地受到強烈的視覺反差及違背預期的刺激所吸引。更進一步地說，某些類型的刺激不僅會吸引注意力，還會迫使注意力進入更深的狀態。這些誘發阻力的刺激，會讓我們更仔細地思考自己所看到的內容。當這些內容有點難以處理時，就會驅使我們更全神貫注地把它弄懂。所以當我們深入思考某件事時，大腦會更徹底地編碼，記得更牢。

字體可以巧妙地說明這點。卡內基美隆大學（Carnegie Mellon University）的丹尼爾・歐本海默教授（Daniel Oppenheimer）讓兩組受試者看同一篇故事，但分別以兩種字體寫成。一個版本的字體是由簡潔好讀的印刷字母所組成，另一個版本的字體是由比較難讀的不規則字母所組成。接著，他測試兩組受試者對故事的理解度。結果，使用難讀字體的組別（也就是閱讀阻力較大）對故事的記憶比使用簡單字體的組別多[4]。

我們在體驗中愈專注，編碼的記憶愈深刻。換句話說，記憶不是憑空產生的，是需要花心思投入、好好動腦的。

值得注意的是，如果你想創造最深刻的記憶，你不能直接把難度拉到最大。因為難度太高時，大腦會直接放棄，幾乎記不住任何東西。成功的編碼必須在簡單與困難之間拿捏平衡。字體必須對大腦產生剛剛好的阻力：足以讓大腦集中注意力，但不至於難到讓大腦放棄嘗試。有趣的是，皇家墨爾本理工大學（Royal Melbourne Institute of Technology, RIMT）的一個團隊開發出一套難度剛剛好的字體，他們稱之為 Sans Forgetica（意思是「不忘」）。他們的實驗室證據顯示，閱讀以 Sans Forgetica 字體寫出來的資訊，比其他字體更容易記住[5、6]。Sans Forgetica 字體之所以能夠增強記憶，是因為它在注意力中抓到完美的平衡，歐本海默稱之為「有益的難度」（desired difficulty）。

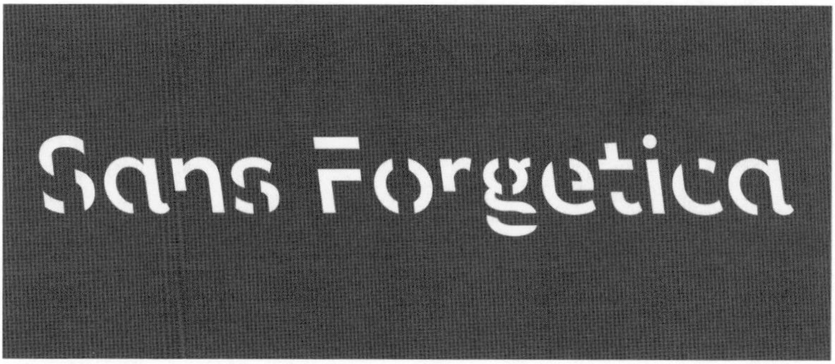

資料來源：https://sansforgetica.rmit/

二〇一八年，漢堡王（Burger King）推出一個活動，目的是吸引大家關注他們的手機應用程式。漢堡王以一美分的價格販售它的招牌華堡，但條件是，顧客必須先開車或走路到離它約一百八十公尺內的麥當勞（McDonald's）拍下照片，並上傳到漢堡王的應用程式。這次宣傳活動不僅成功抓住大家的注意力，也因為在過程中創造阻力（要求顧客到競爭對手那邊拍照），而把大家對漢堡王品牌的記憶更深刻地編碼。如果漢堡王直接把一美分的漢堡賣給下載應用程式的顧客，那阻力太小。因此漢堡王藉由增加任務，創造出一個難度不高的阻力，並透過編碼加深了記憶。

印象強化技巧③：情感激發

情感就像強力膠，把注意力與記憶黏在一起。大腦很容易優先考量情感經驗[7]。無論好壞，如果某件事重要到足以喚起情感，大腦就會認為它很重要，應該記住。大腦之所以優先處理情感記憶，可能是因為這在演化過程中很重要。充滿情感的記憶，例如遭到動物追趕或吃了野果而生病等，都是值得記住以提高存活率的生活教訓。情感告訴大腦哪些事件應該貼上「重要！」的標籤，以促進編碼，強化印象。

我們會優先記憶經驗，也會優先記憶簡單的刺激（例如簡訊）、充滿情感的經驗（例如車禍）比無聊平凡的經驗（例如開車安全抵達某地）更難忘。在編碼及回憶時，充滿情感的字眼（例如愛、恨或快樂），比中性字眼（例如桌子、錢或高速公路）更精確[8]。這也難怪，行銷在多元情境中常用情感字眼吸引關注（及促成最終記憶），例如廣告看板、橫幅廣告和搜尋結果[9]。

情感不止影響我們關注體驗的程度，也影響我們關注的焦點，進而影響我們記住的內容。換言之，情感影響我們關注的方式。實驗發現，我們處於負面情感時，比較關注細節；處於正面情感時，比較關注大局[10]。想像你剛結束一場不太順利的面試，你可能會反覆思考面試的細節，心想你該說什麼及不該說什麼。相反地，如果面試過程很順利，你比較可能把這段經歷視為一個整體來考量。

印象強化技巧④：音樂

下一個強化記憶的利器是眾所熟悉的音樂。音樂對大腦有深遠的影響，音樂記憶是最持久的記憶形式之一。音樂有一種不可思議的力量，可以深入記憶，幾乎蟄伏在記憶中。即使你已經多年沒聽過一首歌，下次再聽時，它的旋律與歌詞也會立刻浮現在你的腦海中。

關於音樂記憶的持久性，最引人注目的例子是觀察癡呆症患者。阿茲海默症的患者到了後期雖然認不出家人及熟悉物件，卻依然能辨識熟悉的歌曲。有些病人雖然失去話語能力，卻依然能夠唱歌。

音樂記憶的獨特力量，多年來令研究人員困惑不解。但音樂記憶之所以如此堅不可摧，一個可能原因是，音樂是由大腦幾個不同區域所編碼。雖然這主要是涉及聽覺區域，但也涉及了負責圖像與情感的區域[12]。因為音樂記憶分布在大腦多個區域，刺激其中任一區都可能激發對音樂的記憶。這可能也是癡呆症患者的音樂記憶如此持久的原因。如果大腦的一個區域受損，其他健康的區域仍可彌補，充當「備援」。

任何曾經在沖澡時突然被「Call me, maybe?」（一首熱門歌曲的歌名與歌詞）這句話打斷思緒的人，都知道一首歌在腦海中揮之不去的感覺。雖然美國音樂讓人朗朗上口，但這種現象其實在各種文化中都很常見。法國人稱為「musique entêtante」（揮之不去的音樂），義大利人稱之為「canzone tormentone」（流行歌）。在英語中，這種歌俗稱為洗腦歌。洗腦歌不像其他形式的聽覺記憶，因為它們未經我們的同意，就持續在腦中不斷地重複播放，不管我們有沒有意願去想，它們仍在腦中揮之不去[13,14]（雖然在系統化的研究中，受試者表示這種情況發生時大致上還算愉悅）。

重複有助於加深所有記憶，例如你需要多看幾次化學的閃卡才能記住那些內容。洗腦歌是自然地重複某些旋律，只是通常很煩。大腦每重播一次，音樂記憶變得更深——不管是你喜歡的歌，還是某品牌最新的廣告歌（jingle）。

充滿情感、吸睛和互動的品牌體驗（例如平面廣告與電視廣告），就是為了促進大腦編碼。但這些體驗不會烙印在你的大腦。想像一下，一個品牌可以自由地在你的大腦中反覆彈出它的商標，即使你積極地阻止也攔不了它。廣告無法做到這樣，但品牌的廣告歌卻有可能辦到。

畢竟，廣告歌如果不是一種音訊商標，那就不是廣告歌了。Nike的標語「Just Do It」雖然很棒，但它不像麥當勞的「I'm lovin' it」旋律那麼洗腦，為什麼呢？因為「I'm lovin' it」多了音樂記憶。

內隱記憶

目前為止，我們討論的記憶編碼，都是針對我們有意識時的事件所留下的印象。然而，大腦也會對我們無意識時的事件進行編碼。記憶隨時隨地都在「進行」，即使我們不知不覺，也會留下記憶。事件會留下印象，即使我們對那些印象毫無意識。

直覺上，我們以為自己必須「烙印」記憶，但事實並非如此。大腦是一個隨時隨地都在尋找型態的機器，無時無刻都在吸收資訊。這些資訊的大部分形成了記憶痕跡——大腦中的變化——完全在我們的意識之外不斷地累積，不管我們是否喜歡。神經科學家稱之為**內隱記憶**，這也是健忘症患者仍保留的記憶。

回想一下，在《我的失憶女友》中，露西如何在不認識亨利或對他毫無外顯記憶下，或甚至在毫無學習繪畫的記憶下，畫出亨利的肖像？這就是內隱記憶。內隱記憶不依賴儲存外顯記憶的海馬迴，因此在海馬體受損的患者身上依然存在。

如果你以前打過籃球，你會知道球技只能靠練習提升。當然，有人指導也有幫助，但除非你真的實際練習，否則無法進步。每天繞著球場運球一小時，久而久之，球技就會慢慢提高。現在，如果有人問你學到什麼及你如何運球，你很難明確描述。因為學習已經發生——在你的大腦中留下深刻的印象，改變你的行為——儘管你沒意識到學習過程的細節。

前面提過，大腦不斷地吸收周遭環境的資料。這個流程稱作「統計學習」，是內隱的，對記憶有很大的影響，最終也會影響你的行為。你在廣告中看到多少次「可口可樂」與「快樂」連在一起？我猜你應該不知道。但是，透過內隱的統計學習，你已經把兩者連在一起。至於可樂娜與海灘的連結呢？你可能不記得你多常把這兩個概念連在一起，但大腦記得，並把兩個概念聯想在一起。而且，大腦不僅把兩者連在一起而已，記得「可樂娜與海灘相連」也會影響你的行為：你去海灘度假時，更有可能來一瓶可樂娜啤酒。你曾經試著記憶這些連結嗎？當然沒有。但你的大腦在你不知不覺中輕鬆地接收這些統計規律，並利用這些記住的連結影響你未來的行為。

內隱學習與兒童的大腦

兒童比任何人更擅長內隱學習。每個人至少都會一種語言——那是一個龐大、複雜且非常精細的系統——而且我們能在很小的時候做到這點，不費吹灰之力，自然而然就會。沒有人在六個月大時訂閱多鄰國（Duolingo）或羅塞塔石碑（Rosetta Stone）等語言學習系統，多數人也沒用過閃卡學習基本詞彙。然而，四歲時，多數的孩子已經知道五千個以上的單字。幾十年的研究發現，父母並沒有刻意指導我們怎麼學語言，我們是從早年周遭環境的用語中潛移默化地吸收語言知識。有人說「孩子有如海綿」，這說法或許還嫌過於保守。

這種早期的內隱學習力也不侷限於語言。內隱學習的多數形式在兒童期的表現優於成年期，例如學樂器、舞蹈或運動等。年輕時學這些東西比成年時的效果更好，成年後學習第二語言的人都很清楚這點。我們辛苦背單字卡時，很難不羨慕那些在雙母語環境下成長的人。

年輕的大腦隨時處於吸收的狀態，這點值得我們暫停下來思考。有些規定禁止某類型的公司直接對兒童行銷。這些都是很好的措施，但也提供了一種虛假的安全感。為什麼呢？就像語言學言一樣，小孩子不需要你明確對他們打廣告，他們就知道某個產品或整個消費世界了。想想網站、電視、手機、社群媒體或電玩遊戲中的廣告，孩子不斷地接觸數百個品牌的數千個廣告，他們的大腦充滿可塑性，會不斷地吸收那些資訊。在尼克兒童頻道（Nickelodeon）的一項研究中，研究人員發現，孩子接觸的廣告極多，他們滿十歲以前就已經記得三百到四百個品牌了。令人毛骨悚然的是，孩子在成長過程中會與許多品牌建立長久的關係，那些品牌就像你不知道他們所結交的朋友一樣。

假設你對童年的足球訓練及全家前往迪士尼樂園（Disneyland）旅行的記憶都涉及搭乘豐田汽車（Toyota），你會對汽車品牌產生怎樣的聯想？父母對品牌的選擇會影響孩子的記憶，進而影響孩子成長後的選擇。聯想在記憶的形成中扮演關鍵要角，當成年人對品牌的記憶與懷舊等正面情感有關時，他們的偏好就會受到影響，所以記憶可能是潛移默化的。你覺得難以置信嗎？試試看，你能不能抗拒果倍爽兒童果汁（Capri-Sun）……

說到這裡，我們讓麥當勞叔叔登場吧。孩子還沒有能力自己買食物的時候，很多小孩已經記住麥當勞這個速食品牌了。「麥當勞叔叔之家慈善基金會」（Ronald McDonald House

Charities）在法律上是獨立在麥當勞速食店之外的非營利機構，其官方使命是改善兒童福祉，但他們獲得麥當勞公司的公開大力支持[16]。他們一起推動的一項活動是，員工裝扮成薯條、漢堡和麥當勞叔叔到中小學參觀[17]，以宣傳健康飲食的資訊（很諷刺）。在這個流程中，「麥當勞叔叔之家」這個非營利組織就像特洛伊木馬，麥當勞利用它在孩子的腦海中植入正面的品牌記憶。有了這些記憶，這些孩子長大以後，他們對速食的選擇會自然而然地偏向麥當勞。

公司在創造記憶以促成正面的品牌聯想方面，變得愈來愈精明，技術也愈來愈先進。你聽過 Apple Jacks 嗎？如果你猜那是穀物麥片，其實不完全是。家樂氏（Kellogg's）把 Apple Jacks 變成一款電玩，孩子可以從那款電玩中玩賽車及收集「積分」——那些積分就是以 Apple Jacks 的形式呈現。某種程度上來說，這是「麥當勞叔叔之家」的數位版：在童年創造正面的品牌聯想記憶，好讓孩子偏愛你的品牌。想想前面提過的那些印象強化技巧。互動可以有效地促進記憶編碼，因為那提高了我們的注意力。玩 Apple Jacks 電玩的孩子不止認識 Apple Jacks 穀物麥片而已，電玩體驗的互動性使他們的大腦深刻地吸收品牌。當這些孩子在超市買麥片時，你覺得他們會從貨架上選什麼牌子的麥片？

外顯記憶與內隱記憶是不同的系統，但它們會互動以產生我們對過去經驗的整體印象。孩子把他們玩電玩的經驗明確地編碼，與此同時，透過品牌聯想的內隱學習也同步發生：孩子的大腦把「Apple Jacks」和「愉悅」連結在一起。內隱學習完全發生在孩子的意識之外，卻可以塑造他們的未來偏好。

情感記憶與峰終效應

本章前面提過，記憶與情感有特殊的關係，其實兩者的關係不僅限於前述。情感不僅會扭曲記憶的內容（what），也會扭曲記憶的方式（how），進而塑造記憶本身的性質。這是以一種意想不到的方式影響消費者的記憶，許多公司利用這種「情感—記憶」關係的特殊性質，優化他們希望消費者留下的印象。

事件不是每個細節都平等地編碼到記憶中。回想一下你最近的旅行，你對那次旅行的各方面都記得一樣清楚嗎？當然不是。旅行的某部分總是比其他部分留下更深刻的印象。這背後有一種型態，而且這是以一種出乎意料的方式發現的：大腸鏡檢查[18]。

丹尼爾．康納曼在一項研究中，要求接受大腸鏡檢查的患者以手持裝置表示檢查時的不舒服程度。檢查結束後，患者也填寫一份簡短的調查問卷，內容是詢問他們對這次體驗的記憶。他們的記憶（透過問卷）與他們的即時報告（透過手持裝置）揭露我們記憶經歷的背後型態。

結果顯示，受試者對檢查程序的整體疼痛記憶，與他們當下表示的絕對疼痛程度幾乎無關。他們的記憶與兩個因素有關，第一個是他們經歷的最大痛苦。如果檢查的過程中有一瞬間特別痛（例如醫生手滑），病人會記得整個過程都比較痛，不管其餘時間的實際疼痛程度如何。

事件的高峰會影響我們對事件的記憶。這不僅是因為事件中的高峰會以比較深刻的形式編碼，也因為高峰主導我們的最終印象，扭曲我們對整個經歷的記憶。換句話說，如果手持裝置上記錄的平均疼痛度是五分（度量衡是一至十分），但最高的疼痛度是八分，大腦記憶的整體經驗會比較接近八分，而不是五分。

第二個影響患者記憶的因素是**結束**的狀態。檢查最後若是在疼痛下結束，病患記得的疼痛感會比當下的記錄更強烈。檢查最後若是在「感覺沒那麼糟」的狀態下結束，患者記得的疼痛感也差不多是那樣，不管當下的實際記錄如何。如果檢查結束時的疼痛感是七分，手持裝置記錄的平均疼痛度是四分，患者對整個經歷的記憶會比較接近七分，而不是四分。

第二個因素又促成後續的實驗。在後續的實驗中，檢查時間比以往更長，但多出來的那幾分鐘沒什麼壞處，大腸鏡只是比必要的時間停留在體內更久一點，那當然不舒服，但不像檢查過程的某些部分那麼痛苦。值得注意的是，接受延長版檢查的患者反而覺得整個檢查過程的疼痛度小很多。儘管他們經歷更客觀的疼痛（因為檢查時間拉長了），但他們對這件事的記憶反而好很多。

一個事件的記憶，很大程度上是取決於其高峰與結束時的狀態，這稱為「峰終效應」(peak-end effect）。雖然研究者是在探索疼痛及不適感時發現這個效應，但這其實是人類記憶的一種穩定性質，同樣也適用在正面體驗上。

假設你參加一場音樂節，所有的表演從頭到尾都很平凡無奇，但其中某個時點，樂團的一位鼓手精彩地做了十五分鐘的個人秀。幾個月後，你回想起那個音樂節時，可能只記得那段精彩的個人秀，因此你對整個音樂節的回憶依然美好。

驚訝會進一步強化這種峰值效應。例如樂隊不是請鼓手表演個人秀，而是請一位專業的木琴手進行十五分鐘的獨奏。這種峰值效應更強烈。無論是木琴獨奏還是鼓手個人秀，你都會忘記音樂節的平淡無奇，只記得那段個人演出是整個音樂節的正面記憶。

峰終效應的結尾部分，解釋我們對驚險懸疑劇情的癡迷：我們之所以喜歡這種劇情，是因為劇情安排就是為了令人難忘。然而，大家比較少談的是，我們也熱愛真相大白的結尾——因此結尾也是高峰。一個故事（無論是書、還是電影）最後有出乎意料的結局時，整個經驗都會烙印在觀眾的腦海中。

我們永遠不會忘記在《靈異第六感》（*The Sixth Sense*）中，布魯斯．威利（Bruce Willis）已經死了；或布萊德．彼特（Brad Pitt）與艾德．諾頓（Ed Norton）在《鬥陣俱樂部》（*Fight Club*）中其實是同一人；或《刺激驚爆點》（*The Usual Suspects*）裡講的整個故事都是假的，凱文．史貝西（Kevin Spacey）就是凱撒．索澤（Keyser Söze）。或許，結合驚險懸疑的劇情與真相大白的結尾，以盡量提高峰終效應的最好例子是《全面啟動》（*Inception*）。劇終，李奧納多・狄卡皮歐（Leonardo DiCaprio）所飾演的角色終於回到孩子的身邊，但電影仍留下他依然在做夢的可能性。誠如莎士比亞所說的：「結局好，一切都好。」這句話套用在我們形成經驗記憶的方式上，再貼切不過了。

峰終效應也解釋為什麼那麼多好萊塢電影的結局走穩妥的路線，不敢太冒險。在片長一百分鐘的電影中，觀眾可能很享受前面九十分鐘的劇情，但最後十分鐘的結局若不符合觀眾的喜好，他們可能會覺得整部片都很糟。電影的結尾格外重要，至少在你不知道峰終效應下更為重要。結局好壞可能意味著大賺兩億及大賠兩億美元的差距。相反地，高出平均水準的結局可以拯救一部水準中下的影片，或者就像《蟻人與黃蜂女》（*Ant Man and the Wasp*）那樣，片尾的彩蛋讓大家留下深刻的印象。

對許多人來說，最擅長使用峰終效應的電視劇莫過於《權力遊戲》（*Game of Thrones*）。這部HBO影集把許多角色的詳細敘述交織在一個宏大的故事中，每個敘事都有令人難忘的高峰與結局。劇中的主角常以不可預測的方式死亡，而且大多死得很慘，因此製造出劇情的高潮。

同樣地，每季結尾都吊足了觀眾的胃口，結束在充滿懸疑的劇情中，因為許多角色的故事都有未解之謎。儘管《權力遊戲》最後的結局引發不少爭議，但它依然創下艾美獎得獎數最多的紀錄（五十九個獎），也是盜版最多的電視節目（約二十五．八萬個用戶分享同一檔案），也在尼爾森收視率（Nielsen ratings）的歷史上創下最多人同步觀賞的記錄（一千六百五十萬名觀眾）。

旅館餐飲業特別熱衷於創造回憶，飯店都是設計小高峰的專家，他們的設計目的就是為了讓顧客驚喜。手折衛生紙、折成天鵝的毛巾、精緻的大廳、枕頭上的「驚喜」巧克力和迎賓香檳等都是小高峰，目的是讓顧客對旅館留下美好的住宿記憶。

零售店也非常關注高峰及峰終效應——當然，不是所有的店家都是如此。如果你因為從未經歷過「黑色星期五大減價」而患得患失，請不要在意。你可以在任一週末，到離你最近的Fry's連鎖電器城（Fry's Electronics），就可以獲得類似的體驗。高峰經驗發生在混亂的結帳隊伍中，結帳通道就像羅馬廢墟一樣，所有的工作人員彷彿都在為其他的客人服務，只把你晾在那邊。當然，Fry's還有最後一個接觸點：員工會檢查你的收據，以確保你沒有順手牽羊。在Fry's，高峰與終點的體驗都讓人記得整個購物歷程比實際還要痛苦。

相較之下，在蘋果零售店裡，每個員工都是收銀檯。一進門就有人招呼，你可以按個人偏好，決定你想與員工及產品有多少互動。你踏出店門的前一刻，得到什麼？有人對你道謝及道別，以肯定你的存在。你逛蘋果零售店的結尾，是一名員工以友善的眼神目送你離開，他是站在離出口幾公尺的地方。蘋果零售店的最後接觸點遠比Fry's好多了。

不過，相較於零售業最棒的峰終效應實例，連蘋果也望塵莫及：Amazon Go零售店。亞馬遜最近從電子商務走向實體店面，開始測試零售店。Amazon Go是亞馬遜的第一個零售店概念，二〇一八年在西雅圖開業。這個概念的優點在於它的簡潔，不必排隊、不必結帳、沒有收銀檯也沒有現金。套用亞馬遜自己的說法：「使用Amazon Go應用程式進入店內，然後放下手機，你就可以開始購物了。喜歡什麼就拿什麼。你拿取的任何東西，都會自動添加到你的虛擬購物車中。如果你改變主意，放回去就好了。」對Amazon Go而言，購物體驗的高峰也是終點。消費者可以用真正新奇的方式結帳及離開商店：直接走出去就好。這種結束方式使整個購物體驗比其他商店更令人難忘，也更愉快。

以品牌經驗來編碼

另一種較新穎的行銷方式是體驗行銷（experiential marketing），它巧妙地把多個強化印象的技巧連結，以確保記憶與特定品牌及其產品緊密地連結在一起。在體驗行銷中，公司創造體驗或為消費者創造與品牌互動的實體方式。互動同時增強體驗中的注意力與阻力，而且因互動方式的不同，情感也會增強。互動體驗不僅可以創造記憶，也為品牌創造價值。活動追蹤（Event Track）的研究顯示，四分之三的消費者表示，品牌體驗讓他們更有可能購買商品[19]。

品牌體驗是什麼樣子？想像一下，一家鋼琴製造商買了地鐵樓梯上的廣告空間，然後把樓梯畫成鋼琴鍵，並在附近掛上公司的商標，這就是一種品牌體驗。如果踩在琴鍵上還會發出聲音，那更有加分效果。

如果有點懶，讓顧客忍受一點痛苦，也是創造品牌體驗的有效方式。不過二〇一五年，瘦身料理包的業者「精實料理」（Lean Cuisine）在紐約中央車站打造品牌體驗時，可一點也不懶。精實料理不是直接張貼海報宣傳食物，而是設置一個互動的迷你攤位。這招立刻吸引地鐵乘客的目光，攤位比海報更能引起關注。接下來，他們設計攤位，讓它吸引消費者前來互動，這是一種阻力。它的品牌體驗不是一個簡單的廣告看板，而是一個讓路過者可以「參與」的體重計——只不過那個體重計不是給人秤重的，而是讓大家發表意見。有鑑於社會對體重抱持不健康的迷思，那個攤位的活動讓參與者決定他們身為一個人想要被衡量的方式，並把那些衡量標準寫在體重計上*。

一個學生把一封大學寄來的信放在體重計上，那封信是寄來恭喜她因成績優異而榮列院長嘉許名單（dean's list）。有人問她那封信有多重，她回應：「難以衡量。」另一個女人把她的離婚證書放在體重計上，以象徵克服困難。一位參與者把女兒放上體重計，說她希望以母職衡量自己。這類例子不勝枚舉。在這個活動中，精實料理運用注意力、阻力和情感，創造出一種適合編碼的體驗。如果你在這個活動期間正好經過中央車站或在活動結束後看到相關的影片，你會對精實料理留下更深刻的印象，那效果遠比最有吸引人的海報更好。而且，諷刺的是，這一切都沒用到半張精實料理的餐點照。

*有關此活動攤位相關的照片與影片，請至：https://bit.ly/3xIbjCc

二〇一五年，Google 以出人意料的方式創造了一種品牌體驗[20]。該公司決定對舊金山灣區的非營利組織捐出五百五十萬美元。最終入圍者的挑選標準，是根據他們為當地問題提出的創新解決方案。接著，Google 把最終捐款給每個入圍團體的金額，交由大家公開投票決定。Google 不是採用簡單、可預測的方式，也沒有使用線上投票系統，而是藉由投票創造出一個體驗。Google 在灣區各地（包括咖啡館、書店、音樂會現場和快餐車的集散地等）設置投票間。每個投票間內都有十個巨大的按鈕，並說明每個非營利組織的目標。按下按鈕就會記錄一張票，結果他們總共收到幾票？超過四十萬票，是舊金山人口的一半以上。

Google 已經無處不在，但這家公司依然找到一種透過深度互動接觸顧客的新方法。閱讀那十個非營利組織關懷社會的目標，挑一個自己最喜歡的並實際投票，這需要參與者的身心完全投入。Google 投資這種創新的記憶編碼方法，不僅可以幫它維持市場的領先地位，也可以鞏固它在消費者心中的地位。

體驗是內容的未來

品牌體驗隸屬於範圍稍大一點的「體驗行銷」。「體驗行銷」是一種商業術語，是指透過體驗行銷公司的產品或品牌。對一些內容產業來說（廣播、影片或印刷等），體驗行銷不單只是行銷產品而已，體驗行銷**本身就是**產品。對那些曾是實體商品、如今日益數位化的商品來說更是如此。

還記得家用錄影系統（video home system, VHS）的錄影帶和數位多功能光碟（Digital Versatile Disc, DVD）嗎？現在有Netflix。還記得裝滿雷射唱片（Compact Disc, CD）的收納夾嗎？現在有Spotify。以前每天早上等著印刷的報紙送上門，現在源源不斷的最新消息唾手可得。盜版讓更多人以低價或免費取得內容，進一步推動數位內容的商品化。因此，消費者日益覺得自己有權免費獲得內容。大家頂多只願意每月支付十美元訂閱Spotify或Apple Music，不想再花更多的錢取得內容。你說花錢訂新聞？門兒都沒有！

這對消費者來說是好事，卻讓內容創造者難以謀生。凱文．哈特（Kevin Hart）等喜劇演員現在因為嚴禁觀眾在演出期間使用手機而出名，他們那樣做是為了防止觀眾錄下表演內容後上網免費分享，而降低了演出的營收[22]。如今可免費取得的東西實在太多了，我們愈來愈難在任何數位商品上標價，進而獲利。所以，許多出版商與內容創造者已經把注意力從CD與報紙等實體商品，轉向一種無法（至少現在還不能）放上網及數位化的領域：體驗。

如果你是一家不屑用聳動的標題吸引觀眾的新聞媒體，但你又活在一個沒人願意為新聞付費的世界裡，你該怎麼辦？模仿音樂產業創造「音樂節」那樣，創造一個「新聞節」，並收取入場費。這正是備受敬重的《紐約客》（*New Yorker*）雜誌所做的。本來他們只是為了做二〇〇〇年的周年慶，結果變成非常特別的文化節。不是聽最喜歡的播客（podcast）（免費）或讀文章（大多免費），而是近距離地看到撰寫及創作那些內容的人，連同一些意見領袖、政治人物、喜劇演員、電影製作人、音樂家和藝術家等。這就像《紐約客》粉絲眼中的科切拉音樂節（Coachella）*。

記者卡勞蒂說，這種對體驗的投資——套用她的說法是「稿外新聞」（Journalism off the page）——正在增加。「如今這種體驗愈來愈多了——編輯與記者四處演講或參加活動中的現場討論。這些體驗幾乎已經變成名人活動，那是一種與讀者建立連結的獨特方式，難以透過新聞業及數位媒體做到[23]。」

數位化對音樂家的衝擊特別大。儘管Pandora和Spotify之類的通路已經幫忙舒緩Napster等同類網站及BitTorrent那種點對點共享網站所帶來的衝擊，一個音樂家平均還是需要累積二百二十次的串流才能獲得一美元。不出所料，二〇一七年音樂產業研究協會（Music Industry Research Association）發表的報告顯示，音樂家的大部分收入是來自現場演出與音樂會[24]。這改變現場表演的標準。粉絲可以在網路上免費聽你的音樂，而他們前去看你表演是為了體驗。因此，音樂節開始激增。

在某些方面，注重體驗對消費者有利。至少，娛樂性較高，活動產值正在增加。在科切拉音樂節中體驗肯德里克·拉馬爾（Kendrick Lamar）的現場演出是一種無與倫比的經驗，那是在家裡聽他的專輯無法比擬的。至少對音樂產業來說，這樣做似乎奏效了。二〇一六年，美

*每年在美國加州印第奧市舉行為期三至六天的音樂藝術節。

國的專輯下載為音樂產業帶進六・二三億美元的收入[25]。一年後，這項收入提升至近十六億美元[26]。

拜體驗行銷的興起所賜，品牌建構的成本達到前所未有的高點——但它的說服力並未提升。切記，昂貴的品牌體驗不僅是為了想讓你掏錢購買，也是為了在你的心中占有一席之地。

成功的品牌體驗可以把記憶編碼到大腦中，以便將來回想。這種編碼非常有價值，因為記憶不單只是回想起過往的美好，也會影響行為。這正是公司斥資數百萬美元設計品牌體驗的原因。他們知道這些體驗會促進記憶編碼，進而影響你的未來行為，促使你購買它的商品。

於是，這把我們帶到記憶公式的後半部：把記憶編碼後，大腦**如何**喚起這些編碼的記憶及品牌如何利用記憶來驅動我們未來的行為。

記憶合成

過往痕跡如何驅使我們前進

卡在車陣中是任何人都想迴避的經驗，前方動彈不得的車流只讓人愈想愈火大。但洛杉磯的在地人鮑伯・佩特雷拉（Bob Petrella）經常面對這種情況，他覺得塞車時正好是以回憶自娛的好機會。他會回想起多年前、甚至幾十年前某天的記憶，而且內容生動詳盡，歷歷在目，彷佛才剛發生。他也會在腦中記下他經歷過最棒的六月週六，或逐一回顧二〇〇二年的每一天，回想每天發生的事件[1]。

鮑伯之所以可以玩這種記憶遊戲，是因為他擁有有史以來最強大的記憶。你隨便問鮑勃過去的某一天，他都能以極其詳盡的細節描述那些的經歷。例如，你問：「一九六六年二月十八日，那天是星期幾？」他會回答：「那是週五，那天比佛弗斯隊（高中美式足球隊）擊敗了莎倫隊。」他的記憶不僅包括發生了什麼，也包括那天的感受。他說：「那感覺就像搭乘時光機，我可以回到某個時期或某一天，彷佛回到過去。」當你擁有時光機的時候，塞在車陣中怎麼會覺得無聊呢？

鮑伯擁有神經心理學家所謂的「高度優異自傳式記憶」（highly superior autobiographical memory, HSAM）[2]，目前為止，全球僅有約六十個記錄下來的實例。加州大學爾灣分校的神經生物學教授詹姆斯．麥高（James McGaugh）研究鮑伯及其他類似的案例，指出：「他們可以像你我描述昨天那樣，詳細地描述人生中大部分的日子[3]。」

對我們這種腦中沒有時光機的人而言，回想記憶是一種非常不同的體驗，它就像感知一樣，是很有限的。多數人甚至不記得昨晚吃了什麼，更遑論十五年前的晚餐吃了什麼。我們沒有一份精確的過去副本，以便現在回顧。就像感知，我們只有一個心智模型──那是大腦對過去的創意化呈現。

回想一下上一章我們對記憶的廣義定義：**記憶是大腦試圖把我們與過去連在一起**。這裡的「試圖」是關鍵字。首先，我們經歷的事件會被編碼成印象。之後我們回想時，這些印象會像模糊的電影，從腦海中浮現出來。但編碼事件與回想事件之間並沒有直接的關係。我們召喚出圖像、聲音和故事，感覺那件事真的像我們回想的那樣發生過。我們以為自己的回憶很精確，以為編碼就像按下錄影鍵，回憶就像按下重播鍵，但事實並非如此。

我們對編碼事件的記憶其實非常模糊。每次我們對某個事件按下重播鍵時，出現的畫面比較像是合成，而不是原版。就像感知一樣，記憶只是最佳臆測，很容易產生偏見及受到影響。兩人經歷過同一件事，但記憶可能大不相同。此外，我們對一件事情的回憶可能因我們和誰在一起、我們的情緒及其他的變數而變。我們甚至可能從一個事件中回想起沒發生過的事。所謂的記憶回想，其實只是對原始編碼的重建。

當然，記憶回想有缺陷，不表示它就不強大。誠如麥高所言：「記憶是最重要的能力……人類要是沒有記憶，就不存在了。」因此，記憶幾乎是人類所有行為的出發點。

這就是懷舊行銷（nostalgia marketing）派上用場的地方。如果前一章提到的果倍爽兒童果汁讓你立刻回想起童年，那麼你對懷舊也並不陌生：這是你對過去的個人化合成，而且通常會增添正面色彩。這種內在主觀的合成無論精確與否，都為我們的未來奠定基礎。所以，對記憶做行銷時，懷舊策略的效果最好。品牌常挑一首復古歌，讓產品的復古版重新上市，或甚至在廣告中採用以前用過的角色，以一種深刻感人的方式與我們對過往歲月的懷念相連。這種連結可以指引我們的未來行為，甚至可以說愛迪達之所以能在運動鞋界重新崛起，是因為他們重新啟用 Superstars、Stan Smiths* 等一九八〇與九〇年代的鞋款。

品牌（包括政客）有時也會用一種更微妙的方式來利用懷舊效應：把產品包裝成「復刻版」。這方面最好的例子，可能是一支一九七一年的可口可樂廣告[4]。那支經典的廣告出現一群多元的年輕人在山坡上齊聲高唱：「I'd like to teach the world to sing... I'd like to buy the world a Coke.（我想教世人唱歌……我想請世人喝瓶可樂。）[5]」當時美國深陷在越戰與民權抗爭的風潮中，那首歌試圖呈現出全美對一個更單純、更和諧時光的集體懷舊渴望（多數人認為那支廣告做到了），並把可口可樂與那種懷舊的渴望連在一起。

如今千禧世代變成消費力最強的世代之一，每年的消費額高達一．四兆美元[6]，所以我們看到愈來愈多的產品直接回溯他們九〇年代的童年。無論是《捍衛戰士》（*Top Gun*）的續集，還是任天堂（Nintendo）掌上遊戲機的重新推出[7]、《俄勒岡之旅》（*Oregon Trail*）手機遊戲或電子雞玩具的重啟（沒錯，就是你必須餵養的掌上型電子寵物），愈來愈多的商品與媒體屬於「千禧世代懷舊」的類別。隨著千禧世代的購買力持續上升，如果你看到牛仔短褲（Jorts）和翁仔標（Pog，以前兒童玩樂用的紙牌）捲土重來，也不必太訝異！

*愛迪達以前為網壇巨星斯坦．史密斯（Stan Smith）設計的鞋款，後來變成系列名稱。

雖然懷舊行銷有效，但深入瞭解後會發現，它的效果大多不是靠過往體驗，至少不是直接相關。這種行銷是刻意操弄大腦想要把我們與過去連在一起的奇怪機制。接下來，讓我們更深入探究記憶的不可靠及精明的行銷如何利用記憶的創意特質。

記憶的不可靠

上週二的午餐，你吃了什麼？上上週二呢？三週前呢？一個月前呢？這種問題看似微不足道，誰在乎你上個月午餐吃了什麼？但是對李海珉（Hae Min Lee）的家人來說，這可不是微不足道的問題。二〇一四年，記者莎拉．柯尼希（Sarah Koenig）在她的播客《Serial》第一季中調查李海珉的死亡。

李是巴爾的摩的高中生，一九九九年的一月中旬失蹤。二月初，有人發現她的屍體。二月二十八日，她的男友阿德南．賽義德（Adnan Syed）被捕，並以謀殺罪名起訴。二十年後，這個案子仍懸而未決，為什麼？因為記憶不可靠。

一九九九年一月十三日是李突然失蹤的日子，賽義德對那天發生的事情並沒有清晰簡明的記憶。回想上週午餐吃什麼已經夠難了，更何況是精確記得六週前下午兩點十五分到兩點三十六分之間你做了什麼？但是，如果有人剛好可以清楚地描述你在那二十一分鐘內的行蹤，而且跟你模糊不清的記憶互相衝突呢？

阿德南對那段時間的模糊記憶，正好與另一位高中生傑伊・懷爾茲（Jay Wilds）的敘述不同。這個故事有很多層面，但是在播客中，有一件事很快就明晰了起來，而且始終一致：記憶是不客觀的。一九九九年警方盤問了幾名高中生，二〇一四年的播客也訪問那幾位高中生，但他們對一九九九年一月十三日的描述大相徑庭。他們的回憶也顯現出各種不同的信心程度，從阿德南對事件的模糊記憶到傑伊信誓旦旦又清楚的回憶，信心度差異很大。這個案子在播客播出後不久又重新審理，但至今仍未解決。

說到底，這些模稜兩可又相互矛盾的敘事，都是記憶不可靠所造成。

一個常見的例子是，我們很容易被既有的語意網路所騙。想像一下，我給你一份清單，並請你記住清單上列出的以下物件：

甜甜圈
蛋糕
司康
糕點
糖果
冰淇淋三明治

如果一週後我問你，「嘿，還記得我給你的那份清單嗎？上面有派嗎？」你很可能記錯，以為清單上有派。如果我問你不相關的字（例如腳踏車或椅子），你比較不容易記錯。第一章提過，大腦是按類別儲存知識。所以，看這份清單除了可能令你感到饑餓以外，也會啟動大腦中的「甜食」語意網路。由於這個網路中也包括「派」，所以你很容易記成派也在那份清單上，儘管它實際上並未出現。這就是記憶科學家所謂的「語意記錯效應」（semantic misremembering effect），由於大腦組織記憶與資訊的方式是按類別分類，記憶再好的人也很容易記錯。

我們從懷舊的角度思考這個問題。為了牽動我們的「記憶」，品牌或廣告不必直接觸及我們的記憶，只需要提到夠多的「點」，我們的大腦就會自己把那些點串連。以Internet Explorer的廣告為例[8]。對成長於一九九〇年代的人來說，那是一段迷人的歲月，充滿懷舊特色，例如鏈式錢包、西瓜皮髮型和霓虹色腰包。當你回想九〇年代時，可能不會馬上想到IE。但現在你的記憶經過上述那些東西的喚起後，很可能把IE記錯成你童年經歷的一個重要部分。

關於記憶不可思議的可塑性，加州大學爾灣分校的心理學家伊莉莎白·羅芙托斯（Elizabeth Loftus）的實驗室所做的實驗可能是最佳例證。她與同仁利用一系列簡單、暗示性的詢問（例如：「你不記得那次去康尼島（Coney Island）的旅行了嗎？當時你約五歲，那天陽光普照，天氣晴朗。」），把完全虛假的事件灌輸到受試者的腦中[9、10]。大腦把知識庫中這些熟悉片段上的點連接起來，瞧！一段記憶就出現了。虛假的記憶一旦植入，就跟實際經歷的真實記憶難以區分了！羅芙托斯的研究針對目擊者證詞的精確性提出亟需的質疑，因此改變法院的做法。尤其，當質問的律師想讓證人記住律師**想要**的特定記憶時，更有可能利用暗示性的詢問植入虛假的記憶。誰可以大發慈悲打個電話給阿德南的律師……

換句話說，記憶是一種非常不精確的重建流程。大腦儲存及擷取事件與資訊的方式，導致記憶很容易出錯，一點也不可靠。即使像鮑伯那樣擁有超強記憶的人也不能倖免。研究發現，擁有超強自傳式記憶的人跟我們一樣容易記憶出錯[11]！

這很重要，因為我們對事件的記憶，無論是真實的還是想像的都極為重要。記憶為我們的很多行為提供基礎，這表示植入記憶的能力不單只是茶餘飯後聊天的好題材，還可以刻意用來改變我們的行為。

想像一下，你在加油站的洗手間裡彎著腰，把剛剛在隔壁速食店吃的豬肉三明治吐得一乾二淨。每吐一口，就嚐到廉價豬肉及合成麵包的味道，覺得很噁心。如果這種事情真的發生在你身上，你就不太可能再去那家速食店用餐，可能一輩子再也不吃豬肉三明治了。羅芙托斯就是利用這種方式，讓那些非常想減肥卻無法戒除垃圾食物的人想像那樣的情境。當他們**相信**他們對某種食物有著那可怕的經歷時，會自然對那種食物產生厭惡感，不再吃了——而且效果跟真實記憶一樣[12、13]。虛假記憶節食法（False Memory Diet）是記憶凌駕在現實之上的完美例子。對未來生活影響最大的，是記憶本身，而不是實際經歷的細節。

隨著虛擬技術的興起，製造虛假記憶變得越來越容易。在二〇〇九年史丹佛大學的一項研究中，研究人員把兒童帶到實驗室，讓他們沉浸在與海豚一起游泳的虛擬體驗中。幾週後，研究人員再把那些兒童帶回實驗室受訪，有不少孩子記得他們曾與海豚一起游泳，但那只是植入一段記憶的技術而已。

隨著虛擬實境（virtual reality, VR）與擴增實境的技術不斷激增並運用在消費世界，我們可以看到它們如何扭曲消費者的觀感與記憶。然而，有趣的是，我們其實不需要複雜的技術，就能徹底改變我們對過去的瞭解。對於記憶，周遭的情境脈絡只要稍有變化，就可以發揮很大的效果。

情境脈絡改變一切

無論記憶有多麼不精確，它都是很龐大且詳盡的。如果你能以數位的方式下載記憶，應該找不到夠大的硬碟容納一切記憶。我們有數百萬個過往經歷，原則上隨時隨地都可能回想起那些片段。然而，這一輩子的記憶從來不會一下子全湧上心頭。為什麼我們會在特定時間回想起特定片段的記憶呢？大致上，我們沒有機會從龐大又不完美的記憶庫中精挑細選我們想記住什麼，而是脈絡情境為我們挑選。

第三章提過，我們為記憶編碼時，吸收的資訊遠比我們所想的還多，我們也會吸收與記憶相關的情境脈絡。事實上，所有的記憶都有情境脈絡。如果你播一首很久沒聽過的老歌，旋律一響起時，你的腦海中可能會湧現多年沒想過的老舊回憶。這是因為大腦把經驗的細節與編碼的記憶結合在一起。你一聽到某首歌或聞到某種氣味時，大腦可能會想起與那首歌或氣味有關的所有真切記憶。

同樣的道理不僅適用於「經驗」的記憶，也適用在轉化為「知識」的記憶。如果你每次為了準備考試都在某家咖啡廳K書，坐在同一張椅子上、聽同樣的音樂。你坐在同一家店、同一張椅子上且聽著同樣的音樂時，更容易回想起你讀過的知識。比較微妙的情境脈絡線索也適用，例如嚼口香糖或穿某件衣服。實驗發現，如果你在水中記下一串名字，你在水中回想那串名字的效果會比在陸地上好[15]。

其他的研究也發現，在不同的房間裡有不同的經歷，會扭曲你對時間的觀感。如果你參加一場聚會四個小時，都待在同一個房間裡，你會覺得那比你在四個不同的房間裡度過同一場聚會還要漫長。切換情境脈絡可以延長時間，或至少延長你對情境脈絡的觀感。優秀的派對主人知道如何運用情境脈絡來規劃多種不同的活動，而且每個活動在不同的空間中進行，藉此塑造體驗，讓派對不僅愉悅，也令人難忘。例如，開胃菜在客廳裡享用，晚餐在飯廳裡享用，雞尾酒在露檯上享用，雪茄與白蘭地在書房裡享用。使用不同的實體空間，可以避免客人隔天把這些愉悅的活動都混在腦海中。優秀的派對主人憑直覺就知道：掌控實體的情境脈絡，就掌控了記憶。

但情境脈絡不單只是影響記憶而已，也會促使你把記憶轉為行動。

情境脈絡驅動行為

坦白說，記憶之所以如此不精確又容易出錯，有一個主因：大腦根本不在乎精確度。人腦基本上是一個有前瞻性思維的器官，本質上是務實的。前面提過，記憶不僅是大腦試圖與過去相連，也是為了藉由與過去相連來**優化未來**。回顧過去可能對我們幫助很大，但回顧是否精確，不是記憶的主要目的。記憶主要是為了讓我們對過去有「夠好」的瞭解，以便邁向未來。

因此，記憶與行為是緊密相連的。回想記憶是所有行為的出發點。當我們對自己、周遭的世界、自身的來歷毫無記憶時，未來的行為就欠缺堅實的基礎。所以，就像記憶對情境脈絡很敏感一樣，行為也是如此。

這點從簡單的「習得聯想」（learned association）中最容易看到。西北大學做過一項有趣的研究，研究人員從大眾中取樣受試者，並把他們隨機分成兩組[16]。他們讓其中一組穿上白色醫袍，另一組穿普通的便服。結果發現，穿醫袍那組在精確性及專注力的測試中，明顯表現較好，為什麼？隨著時間的推移，大腦不知不覺中把「醫生」與「智慧及精確度」聯想在一起。

我們久而久之對醫生產生一個概念，那個概念中包含這些特徵。穿醫袍啟動聯想，進而改變行為：我們在不知不覺中依照那個習得聯想的特徵（例如智慧及精確度）行事。

或許這正是我們穿上最愛運動員所代言的球衣或冠名鞋子時，球打得更好，或至少有信心打得更好的原因。即使是像衣服這樣簡單的物品，一個有習得聯想的熟悉脈絡可以顯著地影響我們的記憶、態度，進而影響我們的行為。

以音樂為例，下次酒吧播放利爾．喬恩（Lil Jon）的〈Shots〉時，你可以注意當下的情境脈絡。你可以討厭那首歌，但不得不佩服在酒吧裡播放那首歌的巧思。每次那首歌一響起，顧客就更有可能想到酒，也更有可能點幾杯酒來喝（shots 就是喝幾杯的意思）。播那首歌可以驅動一種讓酒吧賺錢的行為：買酒。

另一種也是運用流行音樂的情境脈絡來驅動行為的巧思是老菸槍雙人組（Chainsmokers）的〈Selfie〉。這首歌的每句歌詞（如果那叫歌詞的話）都包含一個假掰女（Valley Girl）的意識流，最後都說她想自拍。如果你不熟悉這首歌，底下是這首歌的第一節歌詞，你可以想像一個女孩在夜店中一邊對著鏡子補妝，一邊說：

那女孩是怎麼進來的？
你看到她了嗎？
她那麼矮，裙子那麼俗氣，
現在誰還穿豹紋裝？
夏天根本還沒到，DJ為何一直播放〈夏日悲傷〉？
補完妝後，我們可以去抽根菸嗎？
我真的需要抽菸，但首先（暫停）
讓我先自拍！

這首歌讓人想自拍，就像喬恩的〈Shots〉讓人想點酒來喝一樣。這首歌提供一個驅動行為（自拍）的情境脈絡。當然，夜店老闆都愛這首歌，因為它為夜店提供一種免費的場地宣傳。隨著這首歌的響起，那些覺得「當成年人很辛苦」的人群便開始自拍，並在社群媒體上發文，順便標上那家夜店的標籤。這對客人與夜店來說是雙贏。

你可以在周遭隨處看到情境驅動特定行為（尤其是購買行為）的實例。例如，園遊會與漏斗蛋糕（Funnel cake）、棒球與熱狗、電影與爆米花、花生醬與果醬、披薩與啤酒、工作休息與抽菸、遊艇週與信託基金。

對品牌來說，大腦自然地配對脈絡情境與行為，是做「行為設計」的大好機會。一個經典例子是奇巧（Kit Kat）巧克力的經典廣告歌：「Give me a break, give me a break, break me off a piece of that Kit Kat bar!」（臺灣廣告也是配英語歌詞，翻譯是「讓我休息一下，讓我休息一下，給我一塊奇巧巧克力！」。）雀巢（奇巧的母公司）偷偷地把休息的**情境脈絡**和吃奇巧巧克力的**行為**連在一起。所以呢，工作的午休時間？來點奇巧巧克力吧。讀書累了想休息一下嗎？來點奇巧巧克力吧。再加上這首廣告歌非常洗腦，使這種情境與行為的配對更加有效。只要聽過那首歌，歌詞就在腦中揮之不去。每次有人說：「嘿，休息時間到了。」你猜，大家會聯想到什麼？（附帶一提，廣告歌是媒體的瀕危物種之一，值得保護。不過，罐頭笑聲就讓它消失吧。）

奇巧巧克力這種情境脈絡法雖然成功，卻經不起時間的考驗。不過，底下這個品牌則通過時間的考驗。盡你所能在腦中想像以下的場景：「你在度假，在某個溫暖的地方。溫度剛好，四周寧靜，毫無車流與人群，只有海浪的拍打聲。你可以聞到清新的海灘空氣，感覺到腳趾上的沙。」

花一分鐘想像你在那裡。好了嗎？好，接著想像一位服務員問你要不要來杯啤酒。你會想要哪種啤酒？很有可能是可樂娜。數十年來，可樂娜已經把你洗腦了，讓你把它和海灘聯想在一起。（不過，持平而論，我們在前一章提過可樂娜，已經為本書讀者的記憶奠定了基礎。我們沒有獲得可樂娜的贊助，但是可樂娜的高層要是剛好讀到這裡，隨時都很歡迎你請我們喝一杯。）這種聯想並非偶然。在眾多的啤酒選擇中，一個品牌如何做到不僅脫穎而出，還讓消費者主動聯想到它呢？透過霸占情境脈絡。你可以找找看，哪個可樂娜的廣告沒有提及沙灘，應該找不到吧。可樂娜「霸占情境脈絡」的目的其實沒有那麼隱約，它就正大光明地放在廣告標語上：「生活即海灘。」

然而，情境脈絡驅動行為的威力，也可能對公司產生反效果。情境聯想很強的產品，可能變成阻礙銷售成長的障礙。例如，香檳與特殊場合有關。說到慶祝，就會看到及聽到開香檳的聲音。但許多人也因此認為香檳只適合用於特殊場合——儘管香檳除了拿來噴灑很奢侈、有趣以外，本身並沒有慶祝的意味。事實上，一些起泡又昂貴的精釀啤酒品牌已經成功打入這個「慶祝」市場，讓消費者想以啤酒作為開「冒泡」飲料慶祝的首選，而不是開香檳。（有趣的是，他們是沿用香檳的情境脈絡與行為連結，以同樣的方式裝瓶，只是要求消費者以慶祝的方式開瓶[17]。）

隨著競爭加劇，香檳公司試圖鼓勵大家在其他的場合也喝香檳，以擴大他們的銷售範圍——他們需要努力擺脫產品與情境脈絡的連結。例如法國葡萄酒與食品貿易協會（French Wine and Food）在「Unexpected things happen in the "oui" hours」*宣傳活動中主張，隨時隨地都可以享用香檳，不限於計畫好的慶祝活動，藉此刻意擴大適合飲用香檳的場合。很難想到有比那句話更法國的標語了。

*oui 是法語中的 yes，oui hour 又與英語中的 wee hour（凌晨）同音。

情境脈絡也會驅動習慣

如果長時間觀察環境與行為之間的關連，一定會注意到人們很容易陷入慣性。換句話說，人類是一種慣性的動物，我們在不知不覺中會持續做某些行為。情境脈絡在習慣的養成中扮演要角。還有什麼歌曲比饒舌歌手50 Cent的〈In Da Club〉更貼近情境脈絡的呢？這首歌的設計就是為了讓大家在派對上跟著高唱「Hey Shorty, it's your birthday. We're gonna party like it's your birthday」。人類史上，還沒有人會在下雨的週日，跟寵物貓一起蜷縮在沙發上，一邊聽著這首歌，一邊讀小說。這是典型的派對歌曲，令人振奮。你不在派對上，但周遭突然響起這首歌時，你會馬上感覺自己好像置身派對，因為你已經把派對和那首歌聯想在一起了。

想想看，最依賴情境脈絡的關連：電影院與爆米花。杜克大學（Duke University）的葛瑞．伯恩斯（Greg Burns）做了一項驚人的研究，他發現喜歡在電影院裡吃爆米花的人，幾乎每次去電影院都會買爆米花。即使他們才剛吃飽，依然會吃爆米花。而且，研究人員故意提供他們已經走味的爆米花，他們依然照吃不誤！這個研究最妙的一點是，這種行為只發生在特定的情境中。換成其他的情境時（例如學校的圖書館），喜歡在電影院吃爆米花的人在吃飽後或拿到走味的爆米花時，就不吃了。脫離電影院情境時，爆米花的魔力就消失了。

在養成或維持習慣方面，情境非常重要。最極端的例子是越戰[18]。參與越戰的美國大兵中，染上海洛因毒癮的比例很高。一九七一年，這個消息傳回美國政府時，敲響了警鐘。那是當時執政的尼克森政府最不想知道的消息，因為他曾經推動嚴格的毒品管制政策，而且當時政府也因為越戰而日益失去民心。尼克森迅速成立一個特別委員會，以研究美國大兵及他們的毒癮程度。該研究系統化地調查了美國大兵的吸毒狀況，並證實了傳聞：參與越戰的美國大兵百分之二十有吸食海洛因的習慣。

然而，令人驚訝的是他們回美國以後接觸海洛因的情況。海洛因是已知最容易上癮的毒品之一，約四分之一試過的人會上癮[19]。尋求治療的海洛因成癮者中，約百分之九十一在治療後毒癮會再復發。那些從越南回來的美國大兵基本上沒有獲得治療，那他們的情況又如何呢？他們回美國後，僅不到百分之五的人繼續吸食海洛因。最大的差異是什麼？情境脈絡。

即使是吸毒這種攸關生理機制的行為，情境脈絡也會改變一切。在某種情境下衝動進行的事情，換成另一種情境可能根本不想做。只要掌控脈絡情境，就能掌控行為，怎麼做呢？一再重複的情境脈絡會產生記憶，記憶會產生聯想，聯想會驅動行為。但是一抽離那個情境，聯想的掌控會開始鬆散，行為（也就是習慣）就會停止。

對多數人來說，我們周遭的情境比較靜態：居家、工作、幾家常去的商店與餐廳。我們是由習慣主宰的消費者。我們購買的東西中，有近半數是相同情境下的常態性反覆購買（例如早上喝的咖啡或早餐）：每天相同的時間、每週相同的天數、到相同的商店[21]。而且，消費者通常不止購買相同品牌的產品[22]，也會買相同的數量[23]，很好預測！一種習慣一旦養成了，通常會一直持續下去，因為日常情境不會改變。

公司都很渴望融入消費者的日常生活中：無論是我們早上起床率先查看的手機或應用程式、上班途中喝的咖啡，還是晚上癱坐在沙發上休息時就馬上點開的串流服務。我們的習慣及幫忙創造習慣的情境脈絡，都充滿了商機。

一致性的重要

誠如前述，由於記憶比較講求務實性，而不是精確性，所以很容易出錯。記憶不需要完美，只要足以作為未來決策的基礎就好了。這點適用在我們對過去的感覺上，也適用在我們對過往事件的認知上。有趣的是，這也與我們的**自我**意識感有關。

為了做決定並繼續前進，大腦必須產生及保持一致的自我意識；如果我們想預測什麼東西對我們來說是好是壞，我們需要先瞭解自己。在這裡，記憶是關鍵——它是幫我們維持自我完整的黏著劑，也是我們維持連續性的方法。在現實中，我們一直在進化與改變。誠如艾略特（T. S. Eliot）所述：「你們不再是離開那個車站的同一批人，也不是即將抵達終點的同一批人。」從生物學的角度來看，連我們身上的細胞也是每七年全部汰換一次。然而，即使經歷這些變化，因為有記憶的存在，它幫我們把自身和過往連在一起，所以我們的自我意識感依然存在。你每天早上起床都是一個稍微不同的實體，但記憶把你整個人凝聚在一起，成為一個一致又連貫的個體。

重要的是，自我意識感——由記憶構成，而且創意地合成——也使我們堅信自己是一個始終如一的存在。當我們遇到一種新體驗或做一個新決定時，我們都會想把新的東西加以化解，以符合那個一貫的自我意識感。出現任何矛盾時，都會造成心理學家所謂的「認知失調」（cognitive dissonance）[24]——心理學中最古老、最強大的現象之一。當信念與行為相互矛盾時，內心會感到不安，會促使我們化解它。

假設你吃素，內心堅信你不吃肉。某天，你和朋友出去喝酒，喝多了又續攤，歡樂到最後，你們在凌晨二點來到一家墨西哥卷餅店。在這種情境下，你那些酒醉的朋友不需要費多大的心力，就可以讓必然的事情發生：你吃下一份墨西哥牛肉卷。

這顯然造成了你的矛盾。你心想，「我不吃肉」和「我吃了墨西哥牛肉卷」根本相衝，一定有一邊是錯的，認知失調需要化解。這可以透過幾種方式達成。你可以走「否認」的路線：「其實我沒有吃卷餅，我只是嚐了一小口，那不算數。」或者，比較理性的作做法是，你承認你吃了，並修正你現有的信念與自我意識感：「好吧，我吃了墨西哥牛肉卷。一般來說，我不吃肉，但偶爾會吃。」

認知失調是行銷的黑魔法。品牌可以故意製造失調，在你相信的自己及你目前的真實自己之間硬是製造隔閡。生活品牌（例如時尚、跑車）的憧憬式廣告特別常見這種手法：提醒消費者他們渴望或尚未實現的物品。

以日產汽車（Nissan）的 Xterra 休旅車為例，它推出一支廣告[25]。廣告中，一群年齡介於二十五到三十歲之間的一般人，以不太尋常的方式開著卡車在一望無際的沙丘上起起伏伏地駕駛。🅾 整個廣告設計很像 GoPro 或紅牛的 YouTube 頻道所播放的內容。最後，這群人決定把車子開上頂峰，拿出滑雪板，沿著沙丘的一側滑下去。

日產汽車廣告的潛臺詞是：「酷炫的年輕人買我們的車，就是為了做這種酷炫的事。」你看到那個電視廣告時，你要嘛相信它，要嘛不相信。如果你不相信，那就沒事了。如果你相信，又覺得自己是酷炫的年輕人，你的大腦就必須化解那個信念與你沒有 Xterra 休旅車之間的矛盾。你要嘛去買 Xterra，以維持你覺得自己很酷炫的想法。不然，就是不買 Xterra，並修正你對自我價值的現有看法：也許你根本就不是酷炫的人。

在名人代言或巧妙的廣告設計等表象之下，這種憧憬式廣告把產品與正面屬性配在一起以發揮作用。他們提出的潛臺詞是：「想要酷炫／誘人／成功，你必須擁有這個產品。」每次你不知不覺接受這種憧憬式廣告的說法時，大腦就被迫去化解這種認知上的不協調。

這在美容業中特別令人擔憂。媚比琳（Maybelline）有一條美容產品線叫 Eraser（遮瑕系列）。該產品線的雜誌與平面廣告提出類似日產汽車的潛臺詞：「為了展現魅力，你需要Eraser。」媚比琳並沒有公然對女性說她們不夠好、需要這種遮瑕產品才有魅力。媚比琳不必這樣做，消費者的認知失調會自己在幕後作祟。有自信的人不會理會那種潛臺詞，他們會繼續做自己。其他人則會悄悄地自問：「我有魅力嗎？」如果你相信自己有魅力，大腦會想辦法化解認知失調，驅使你購買媚比琳的遮瑕產品。或者你會改變想法，心想：「也許我根本沒有魅力。」

許多人可以不理會這種憧憬式廣告的宣傳，也確實做到了。但有些形式的廣告比較容易忽視，有些不是那麼容易忽視。意識到廣告就只是宣傳而已，就像意識到電影不是真實人生，是抽離廣告宣稱的方法。看到巨石強森（The Rock）打赤膊推銷安德瑪（Under Armour）的耳機，雖然看起來令人肅然起敬，但消費者看完後若是心想：「他是名人，不管有沒有戴那副耳機，看起來都很像武打高手。」就不會被廣告潛移默化。

名人很容易被塑造成不切實際的理想形象，網紅則不是。即使是意志最堅定、心態最強硬的消費者，也可能在社群媒體上出現片刻的認知不協調。在 YouTube、Instagram 等網站上的網紅比較難貼上不切實際的標籤。一般人認為他們是「真實的人」，而不是「名人」。安潔莉娜・裘莉（Angelina Jolie）賣你口紅，你可能會忽視那個廣告。但 YouTube 的美妝網紅派翠克・斯達爾（Patrick Starrr）推薦你同樣的東西時，你就不太容易忽視他了。

認知失調與虛構

接受廣告並購買商品是化解認知失調的一種方式，但不是唯一方式。認知失調也可以用另一種方式解決：扭曲心理現實。這通常意味著修正記憶，例如：「我只是嚐了一小口墨西哥牛肉卷。」如此一來，記憶與行為之間的矛盾關係就可以逆轉。在這個例子中，行為影響了記憶。

人腦最妙的一大特徵是，它似乎有無窮的自圓其說能力[26]。在某些大腦受創的病症中，這種情況特別極端，例如卡普格拉症候群（Capgras syndrome）。這種症狀非常奇怪，病患可以回想記憶、算數和運用語言——也就是說，所有的認知功能都沒問題——但他們有一個非常特別的新信念：他們確信他們深愛的人是冒名頂替的騙子。

知名的神經學家拉馬錢德蘭（V. S. Ramachandran）研究此現象的原因，把問題歸結於非常具體的大腦損傷：負責臉部記憶的中心與負責情緒特色的中心之間的連結斷了。

對我們來說，這種患者的行為很奇怪，也很荒謬。但是，對他們來說，那是唯一合理的解釋。我們看著父母的臉時，會產生一種獨特的溫馨與關愛之情。由於我們對這種感覺已經習以為常，幾乎不會注意到它，覺得那是理所當然，但那種感覺總是存在。然而，大腦中的臉部記憶與情緒特色之間的連結斷掉以後，那種溫馨感就不再存在了。你會出現一種奇怪的心理狀態，唯一合理的解釋是，那個人不是你的父親，而是模仿你父親的冒牌貨。這時，想法與解釋會受到扭曲，以配合內心的現實。

中風導致半身癱瘓，並在過程中損害左顳葉和頂葉交界附近的區域時（與本體感覺有關，亦即身體的空間感），也可能出現類似的扭曲。病人顯然是癱瘓（例如無法抬起左臂），但他會完全否認[27]。有人叫他移動手臂時，他會提出各種令人難以置信的藉口與理由：「我太累了」、「我不想做」、「我可以做，但我不希望醫院裡其他癱瘓的病人看到，我怕他們看了會感到難過。」有些情況下，這些病人甚至睜眼說瞎話，宣稱他做了，只是醫生沒注意看！還有一些情況下，患者會表現出所謂的「身體妄想症」（somatoparaphrenia）[28]——表示癱瘓的肢體確實沒有移動，但那根本不是他的肢體！類似這種虛構的說法真的是沒完沒了。

乍看之下，這些例子似乎很瘋狂，但不是只有大腦受損時才會發生，健康的大腦無時無刻也會這樣。底下這個發表在《科學》（*Science*）雜誌上的實驗就是一例[29]。彼得・詹森（Peter Johansson）與同仁請受試者做一項簡單的任務：他們舉起兩張面孔相似的照片，請受試者挑出比較喜歡的那張。接著，他們再把受試者挑的那張照片拿給受試者，請他解釋為什麼挑那張。

不過，在某些測試中，他們其實是給受試者「沒選」的那張照片（由於兩張照片很像，受試者沒發現照片被調包了）。最妙的是受試者的解釋，他們的說法很有說服力又可信，例如：

「我喜歡這張是因為他戴眼鏡」或「我喜歡這張是因為髮型」或「我覺得第一眼看起來很醒目」。受試者為他們沒挑選的照片說明原因時，講得跟實際挑選一樣令人信服。

消費者研究中也有類似的發現。他們以果醬罐子做研究，也得到非常類似的結果[30]。當你欺騙受試者他是挑選蘋果醬、但實際上他是更喜歡覆盆子醬時，他會堅持立場，甚至更努力地為那個「錯誤選擇」辯解。他會讚美蘋果醬的美味，滔滔不絕地以各種溢美之辭來證明他的選擇很合理，儘管他根本不喜歡蘋果醬。或許，行銷人員試圖宣傳產品的特點，根本是浪費時間！顧客不管選了什麼，只要他**相信**那是他自己選的，他就喜歡。要把一般人搞得像「身體妄想症」的患者，其實很容易。

這對我們的決策有很多影響。誠如紐約大學（New York University）心理學家強納森・海特（Jonathan Haidt）所說的：「意識認為它主導一切，但實際上它只會照著念稿。」我們有多少「決定」是錯誤的，等到後來才想辦法自圓其說？後面的章節會再回頭討論我們如何掌控自己的決策。目前只要知道，我們會為自己的行為辯解。一旦做了「選擇」，我們就必須弄清楚它的意義——加以處理消化，使它呼應我們過去的行為及自我意識。為了讓某次經驗符合我們想要維持的敘事，我們對那次經驗的記憶與解釋都需要加以扭曲。

這在消費世界中是以多種不同的方式呈現。以過度消費為例，我們購買的東西顯然比實際需要的多出許多，我們也心知肚明。與此同時，我們通常希望自己是一個通情達理、有責任意識的人。這時要如何解釋過度消費這種行為呢？

答案就是行銷界所謂的「功能性藉口」（functional alibis）[31]。哈佛商學院的研究人員發現，涉及縱情享樂的消費時，只要加入一個實用的小功能，就可以大幅提升銷量。該研究的作者之一——艾納特．凱南（Anat Keinan）告訴《大西洋》（*The Atlantic*）：「你想要覺得自己是理性、精明的消費者，不浪費錢、不是為了讓人另眼相看而買東西。」以悍馬汽車（Hummer）為例，一輛車要價六萬美元，跑一．六公里的耗油量高達十五公升，龐大、粗獷又昂貴。但是，車商只要在廣告中稍稍提到它的安全性，就為我們那個喜歡自圓其說的大腦提供了藉口。實際上，你想要它是因為它很酷，但你告訴自己：「我是為了安全才買它。」其實你買東西時，大腦最不可能想到的就是安全評級，但是想要自圓其說時，那是你腦中第一個浮現的想法。

其他的汽車品牌也出現類似的趨勢。誠如奧美廣告集團（Ogilvy Advertising Group）的副董事長羅利・薩瑟蘭（Rory Sutherland）所說的：「特斯拉（Tesla）的車主會興致高昂地談論他們的車子有多環保，不管他們最初購買那輛車的原因是什麼[32]。」

留戀過去

我們想追求一致性的動機，也可能變成一種慣性，使我們執著於過去的某些因素。我們對過去的執著往往令人費解，尤其遇到決定時，我們常以**非理性**的方式執著於過去。其中一例是行為經濟學家所謂的沉沒成本謬誤（sunk cost fallacy）。想像你兩年前買一輛二手車，但經常需要送修。同事問你為什麼不買新車，你回答：「我已經花了那麼多錢修理，買新車不合理。」這就是「沉沒成本謬誤」，它顯示當我們以過去的經驗作為現在與未來的決策依據時，我們變得多不理性。

仔細檢討，你會發現這有多麼不合理。我們很容易以為，如果未來不繼續使用某個東西，過去在這個東西上的投資就浪費掉了。然而，過去已經過了。無論我們未來做什麼，從效益的角度來看，投入的時間或金錢都已經「消耗了」，你的車以前發生過什麼**應該**都無關緊要，你付的修理費已經沒了。邏輯上來講，現在重要的是，**未來**繼續開這臺二手車 vs 換新車可能要花多少錢。然而，我們都有一種不合理的念頭，想要正視之前的消費，希望「物有所值」。

行銷人員特別擅長使用沉沒成本謬論開發新客戶。最簡單的方式之一是收集電子郵件。收集新電郵的一種策略，是在詢問電子郵寄網址之前，先讓對方投入時間。如果你已經花時間填寫表格，最後要你補上電子郵寄信箱時，你很難回絕。下次你看到一個表格，或做一個類似「你是《哈利波特》（*Harry Potter*）中的哪個角色？」之類的測試時，注意那份表格或測試在何時要求你填寫電郵以便把測試結果寄給你。如果對方是在你填完問題後才向你要電郵，那就是沉沒成本式的設計。

如果你曾經為你的公司做過一項很大的採購決定，沉沒成本謬論肯定會影響你的決定。賽福時（Salesforce）是一家銷售軟體的公司，它的軟體是為了幫其他的公司管理顧客。軟體的成本從數千美元到數百萬美元不等，視公司的規模而定。它的策略是讓客戶先小小投入（提供你的電子郵件給我們，我們會送你免費的電子書），接著變成中等投入（提供你的電話給我們，就可以看數位演示），之後大幅投入（我們至你的辦公室親自做現場演示），最後才開始推銷。你與它互動愈多，就愈難回絕它，因為你已經投入太多時間。汽車經銷商一直以來也是使用這招。討價還價的時間愈久，你投入的時間愈多，你愈難放棄不買。

沉沒成本謬論也有助於解釋，為什麼感情中的一方或雙方都想分手時，卻依然維繫著不愉快的關係[33]。他們會告訴自己：「既然都已經在一起那麼久了。」這是一種奇怪的自圓其說，使人產生某種心理惰性。精明的行銷人員常設計一些巧妙的方式，讓我們投入時間、金錢或兩者都投入，好讓我們一頭栽入他們的產品與服務中。由於有沉沒成本謬誤，一旦開始投入，我們就很難抗拒自己的惰性。誠如電影《心靈角落》（*Magnolia*）中的著名臺詞：「我們也許已經結束過去，但過去尚未對我們善罷干休。」

記憶不是靜止不動的。由於大腦容易出錯、講究務實、追求一致性，記憶會隨著時間演化。就精確性來說，記憶絕對不是像影片重播，它頂多像一張經常被大腦修片的照片，而且大腦的修片並未經過我們的允許，是在我們不知不覺下進行。大腦以有創意的方式建構過去，藉此計畫未來，有時會在過程中犧牲精確性。

我們需要知道大腦的記憶有這種可塑性，因為記憶與行為緊密相連。記憶是跟著情境脈絡走，記憶會驅動行為，行為也會以奇怪的方式驅動記憶。

因此，記憶很重要。記憶可以用來影響獲利，但不是以我們預期的方式進行。就像消費行為的其他方面一樣，品牌可以把握的機會在於我們奇怪的心理運作——也就是大腦在我們不知不覺中填補現實與感知之間的落差，這裡是指經驗、記憶和行為之間的落差。無論是透過隱性的心理見解還是透過試誤法，品牌已經找到設計行銷活動及廣告的方法，以善用這些奇怪的心理運作驅動我們的行為。

幸好，我們也可以利用這些見解。既然我們知道情境脈絡的威力強大，便可以設計情境脈絡，以達成自己的目標。既然我們知道記憶不可靠，則可以適度地調整我們對記憶的信心。既然我們知道人類先天喜歡追求一致性，就明白自己可能以不精確甚至無益的方式，扭曲我們對過去的解釋。

我們可能永遠無法像鮑伯那樣擁有驚人的記憶深度與精確性，但我們可以達到更難能可貴的狀態：更敏銳地意識到行銷人員如何利用記憶的易錯性及避免陷入我們自己合成記憶的陷阱。

5

兩種思維

衝動在消費決策中的作用

想像一下，你是即將退休的執行長，挑選接班人的時候到了。你已經把範圍縮小到最後兩個人選：山姆與克里斯。底下摘錄的話語正好反映出他們的領導風格。你會選誰呢？

山姆說：

- 卓越的領導力是可以控制及訓練的。
- 邏輯是智慧的開始，不是結束。
- 你應該掌控情緒，這樣一來，情緒才不會掌控你。

克里斯說：

- 直覺再怎麼不合邏輯，都是一種命令特權。
- 有時單憑感覺就可以行動了。
- 我玩撲克牌，不下西洋棋。

《星艦迷航記》（*Star Trek*）的粉絲可能已經猜到這些話是誰說的：山姆的話是出自史巴克（Spock），克里斯的話是出自寇克艦長（Captain Kirk）。這些虛構人物體現大腦做決定的兩種主要方式：快速的直覺vs緩慢的邏輯——或者，誠如榮獲諾貝爾獎的行為經濟學家丹尼爾·康納曼所言：系統一（快速的直覺）與系統二（緩慢的深思熟慮）。史巴克（系統二）不做草率的決定，他從容地掌控，緩慢地分析所有可用的變數後，才得出最合理的結論。寇克（系統一）正好相反。他沒有時間放慢腳步思考他**應該**做什麼，只憑直覺做他**需要**做的事情。

我們為什麼會這樣做決定，說到底，主要是控制使然——我們對深思熟慮流程的控制。我們要麼像史巴克那樣意識到及掌控自己的決策，要麼就像寇克那樣憑直覺行事。

寇克的決策模式就像駕駛自排車，你不需要思考汽車的實際運作，只要開車就好。史巴克的決策模式比較像駕駛手排車，你必須主動考慮引擎速度、車速表和當前的排檔等，這種決策是緩慢、理性、分析且深思熟慮。

寇克模式是大腦的預設模式，史巴克模式是例外。然而，專門用來影響消費者買什麼、何時買和買多少的行銷策略，很容易左右這兩種決策模式。

預設狀態

第二章提過，我們的注意力很有限。因此，我們會利用簡單的捷徑，對現實做合理的「最佳臆測」，從而決定我們的行為。涉及決定時，這種動態還會放大。做決定時，我們不可能收集到所有相關的資訊。你去一家霜淇淋店，不會花時間嘗試或回想每一種口味的記憶，也不會仔細又審慎地評估草莓與巧克力的長短期效益。真要這樣評估的話，你整天都會耗在那裡。我們通常會在快速掃視所有的選項後，選擇其中一個覺得看起來「夠好了」的選項。人類大腦喜歡「夠好」的事物。

我們不僅注意力有限，也不願深入思考我們處理的資訊。一切條件相同下，大腦能夠少思考，就不想多動腦。如果有簡單的方法可以解決問題，大腦每次都會選擇簡單的方法。這是一種非常穩定的特質，因此稱為「定律」：最少動腦定律（law of least mental effort）。

但是，喜歡數獨、填字遊戲或拼圖遊戲的人呢？難道他們也不喜歡思考嗎？有些人確實覺得特定類型的思考與智力刺激本質上令人愉悅。但在日常生活中，當一項任務需要思考，而思考本身又沒有愉悅感時，即便是拼圖愛好者的大腦也偏好少思考，而不是多思考。這就是最少動腦定律。

當然，這對我們的決策有重要的影響。謝恩．弗雷德里克（Shane Frederick）與康納曼的一個著名實驗說明這一點，並收錄在康納曼的著作《快思慢想》（*Thinking, Fast and Slow*）中。他們要求受試者對下面的情境迅速反應：

> 一根球棒與一顆球的價格是一．一〇美元。
> 球棒比球貴一美元。
> 那顆球多少錢？

如果你和多數的受試者一樣，可能會回答〇．一美元。這個實驗的受試者主要是麻省理工學院（Massachusetts Institute of Technology, MIT）、普林斯頓大學和耶魯大學（Yale University）的大學生，約半數的學生回答〇．一美元。但稍微算一下會發現，那不是正確答案：如果球是〇．一美元，球棒是一．一〇美元（因球棒比球貴一美元），合起來應該是一．二〇美元，而不是一．一〇美元。為了滿足問題的要求，球必須是〇．〇五美元。球棒是一．〇五美元（比球貴一美元），這樣一來，球棒與球的價格合起來才是一．一〇美元。

對第一次看到這個問題的多數讀者來說，腦中會馬上浮現一個直覺的答案（球是〇．一美元），於是就認定那是答案了。大腦對這個答案非常滿意，因此不會切換到非自動模式（manual mode），做進一步分析——即使這個直覺答案是錯的。誠如康納曼所寫：「大腦很容易因為答案夠好了而停止思考，這點令人不安。」大腦的懶惰使它難以停下來好好思考（也就是切換成「非自動」模式）。

你可能已經想到，這種幾乎不太動腦的預設狀態，很容易受到暗示。除非發生需要我們刻意掌控的特殊事件，否則我們很樂於隨波逐流。

大腦依循最少動腦定律，再加上偏好自動模式，這可以解釋許多人類行為。想想你如何使用搜尋引擎。你用Google搜尋時，你多常點進第二頁或第三頁？你很可能只停留在第一頁。

多數人寧可嘗試新的關鍵字搜尋，也不想點進第二或第三頁。即使是第一頁，你多常讀完十個搜尋結果後才點進某個連結？你可能會直接點進第一個看起來夠好的結果，然後再點進第二個和第三個。你在Google上的搜尋行為，就是一般人瀏覽搜尋結果的方式——大家是追求速度，而不是精確。就像你的大腦在記憶中會優先考慮一致性，做決定時也優先考慮速度與便利性，而不是精確性。難怪我們那麼容易犯錯。

搜尋Google時想追求精確性，意味著點擊**之前**必須先分析搜尋結果上的每個連結。理論上，這會增加你找到搜尋目標的機會，但這樣做需要把大腦從自動模式切換到非自動模式。大腦寧可迅速瀏覽並猜錯，也不願仔細閱讀並猜對。「返回上一頁」的按鈕又使大腦變得更懶惰了，因為它可以有效地抹去任何錯誤的臆測，讓你再試一次。快速猜錯的後果幾乎不存在。

消費世界很樂見我們這種不愛思考的天性，盡可能把購買決定變得簡單又不需要思考，這點在網路上最為明顯。以網頁設計為例，瀏覽網頁時，以英語為母語的人會自然以F模式*瀏

*指的是透過眼球追蹤，發現使用者通常閱讀網頁的模式是F型：即兩個橫向條紋和一個垂直條紋。

覽網頁。資深網頁設計師會模仿這種模式，以因應這種自然又自動的偏好，把商家最想讓消費者看到的東西放在F那幾條線上。網站的主要導覽要素是橫放在上方，或直排在左側。

有趣的是，反F型是多數中東國家的常態[2]。為什麼呢？因為波斯語、希伯來語或阿拉伯語都是從右往左閱讀。英語與歐洲的多數語言是從左往右閱讀。閱讀是一種自動的流程，因此讓網頁設計符合這種自然偏好，可以盡量降低瀏覽的阻力。

網頁上的數位設計要素也會針對「可瀏覽性」加以優化。盡量以圖示取代文字，因為看圖（）時所動用的腦力，比閱讀「購物車」三字更少。網站真的需要使用文字時，段落往往很短。內文是以多個標題與副標題組成，條列式重點很常見，重要的用語常以**粗體**顯示。

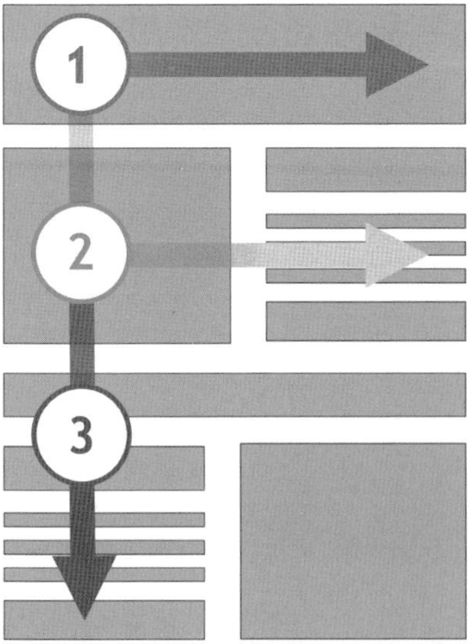

瀏覽網頁時，以英語為母語的人會自然地以F模式瀏覽網頁。

我們通常不知道大腦偏好上述的設計要素。不過，我們經常**覺得**某個網站、手機應用程式或軟體看起來賞心悅目。你可能很喜歡某款手機應用程式的感覺，但很討厭另一款應用程式的感覺，甚至討厭到根本不想用它。例如，本書作者對二〇一八年左右的Snapchat就有這種感覺。

在數位生活中，對於那些為大腦的自動模式設計架構的公司，你可以感謝的地方比抱怨還多。畢竟，簡單好用有助於實現科技的價值。不過，有些狡猾的公司知道我們喜歡自動模式，會刻意利用這點**製造**阻力，而不是移除阻力。他們利用最少動腦定律，把他們不希望你看到或做的事情藏在動腦才找得到的地方。

想想你最喜歡的電子商務網站。它可能藉由設計優化，盡可能把結帳流程變得很流暢。但是萬一你想退貨呢？退貨政策通常比較難找。理論上，退貨資訊難找可以減少顧客的退貨數量。

對臉書來說，隱私問題有如笑話。臉書靠你的個資賺錢，它把你按讚、分享、評論和瀏覽的內容都賣給廣告商，好讓廣告商更精準地做廣告投放——這就是他們把按讚、分享、留言和捲動頁面設計成無阻力體驗的原因。你要完成上述這些動作時的地方都很顯而易見，甚至很自然。但是，當你想改變隱私設定以避免臉書靠你的個資賺錢時，那些設定就不是那麼明顯了。你該去哪裡改隱私設定呢？你可能隱約猜到是在右上角，但接下來呢？你必須把懶惰的大腦切換成非自動模式，但大腦並不喜歡那樣。

當網站需要你把大腦切換成非自動模式時，那不是巧合，而是因為那家公司有動機讓你更難找到你想找的東西。

預設的設定

YouTube 的全球用戶逾十三億，是目前網路上第二多人造訪的網站，僅次於母公司 Google，比臉書的用戶還多[3]。儘管 YouTube 在龐大的中國市場仍遭到禁止，全球每天仍有超過十億小時的用戶時間花在該網站上。影集《我們的辦公室》（*The Office*）的麥可·史考特（Michael Scott）有句名言：「我第一次發現 YouTube 時，曠班了五天。」你若觀察 YouTube 如何利用我們的自動預設模式，其實便不難理解原因所在。

在YouTube上，每分鐘有超過四百小時的新增內容，使用者可觀賞的新內容從不短缺。為了盡可能滿足你的預設模式，Youtube開發出愈來愈複雜的「建議影片」功能。這些機器學習演算法根據你的搜尋歷史、瀏覽歷史和人口統計資訊找下一個讓你繼續看下去的完美影片[4]。

例如，你剛剛第一次看完「查理咬我手指」後，YouTube可能會建議你接下來看「十大有趣嬰兒影片」。你看完那支影片後，它會把你推向著名的「邪惡嬰兒臉集錦」等。等你回過神來，你已經相信金．卡戴珊（Kim Kardashian）加入光明會（Illuminati）了……其實四個小時以前，你上YouTube只是為了看一支影片，因為大家聽到你沒看過那支影片都很震驚。Youtube有一群龐大的工程師，以驚人的精確度為每個訪客預測完美的下一支影片。這也難怪，撰寫本文之際，大家在YouTube上的平均停留時間，每年成長高達百分之六十。

彷彿這樣還不夠似的，二〇一四年YouTube在主站上推出自動播放功能。現在，不用點擊下一支貓咪影片，影片就會在簡短的倒計時後自動播放。這看似很小的調整，但推出自動播放功能後，YouTube等於推出了「預設」的設定，由於大腦喜歡隨波逐流，預設怎麼設定，我們通常會照單全收。

YouTube 啟用自動播放後不久，Netflix 也推出類似的功能：「自動播放／推薦下一集」（Post-Play），並把觀看影集的下一集設為預設選項。Netflix 就像 YouTube，已經是一個成功的平臺，但這個功能把用戶的觀看時間推到新高。

《欲罷不能》（*Irresistible*）的作者亞當・奧特（Adam Alter）指出，追劇現象就是從這個時候開始出現。Google 搜尋趨勢（Google Trends）顯示，「binge-watching」（追劇）和「Netflix binge」（追看 Netflix）這幾個詞是二〇一三年一月開始出現的，就是在「自動播放／推薦下一集」的功能推出幾個月後[5]。Netflix 自己的研究也發現，二〇一三年有百分之六十以上的成人表示自己有追劇，而且多數人在 Netflix 上是以四到六天的時間追完一整季的節目[6]。不出所料，自動播放已經變成業界標準，亞馬遜與HBO也迅速跟進。

這種預設選項很強大，因為它們讓我們以一種安全且看似沒風險的現狀，自然地持續進行。自動播放功能增加觀眾的參與感，因為預設選項是繼續觀看，你需要刻意採取行動才會按下**終止**。為了拒絕預設選項，你需要迫使大腦脫離自動模式，進入非自動模式——我們知道大腦喜歡迴避非自動模式。

這種情況不止發生在影片上。以汽車保險為例，保險範圍通常有多種選擇：萬一發生事故，你想只保對方理賠的部分，還是連你自己和你的車子也一起理賠？研究發現，預設選項包含的內容對新保戶的最終選擇有很深遠的影響。如果「颶風保護」也納入預設選項（不想保的話，必須主動退選），保戶很可能會加保那項。如果那是額外勾選才納保，保戶通常不會加保。

紐澤西州與賓州的納稅人在一九九二年的真實測試中，親身體驗預設選項的影響[7]。那年這兩州改採「無過失保險制」：消費者可以藉由限制其控告權（侵權損害）省錢，但各州提供的選項不同：紐澤西州的預設選項是「有限起訴權」，賓州的預設選項是「完全起訴權」，除非刻意勾選，才變成有限起訴權。這種現況的微小改變對他們的行為產生了深遠的影響：百分之七十五的賓州消費者付費保留完整控告權，但紐澤西州僅百分之二十的消費者這麼做。

類似的效應也發生在許多行為上，包括償還學貸[8]，甚至連器官捐贈的意願也是如此。在奧地利這種預設選項是捐贈的國家，捐贈率約百分之九十。在美國或德國等採用「選擇加入」模式的國家，器官捐贈比例僅百分之二十[9]。

業者可以設計預設選項影響你的消費行為。想想你上次在紐約的時候，紐約市可能是最後一個計程車數量超過 Uber 與 Lyft 的美國城市。二〇〇七年紐約市首次開放計程車司機接受信用卡支付後，支付系統就為小費提供一種巧妙的預設選項：你可以選擇百分之二十、二十五或三十的小費。如果你想給百分之十或十五的小費呢？好吧，你必須主動放棄預設選項，經過額外的步驟，自己算金額。以前搭計程車付現的時代，紐約計程車司機的平均小費是百分之十。新的信用卡預設方式推出後，平均小費增為百分之二十二。那三個選項每年幫計程車司機多賺了一・四四億美元！Square 等電子支付系統上的預設選項也有類似的效果[10、11]。我們通常不會意識到這些預設選項，所以它們可以輕易地把我們導向設計師偏愛的方向。一旦我們選了預設選項，就很難抗拒惰性改變。

預設的便利性

你聽到「便利商店」這個詞時，會想到 7-Eleven 這樣的店，對吧？但本書的兩位作者可不這麼想。其實全球最大的便利商店是亞馬遜。過去二十年間，亞馬遜盡可能地提升購物的便捷性，因此變成全球價值最高的公司之一。部分原因在於，亞馬遜特別擅長設計自動模式。兩天內到貨、一鍵下單、訂閱與省錢（Subscribe & Save）方案都是亞馬遜移除阻力、努力讓你的大腦維持在自動模式的方式。研究顯示，說到愉快的零售體驗，購物簡便性是最重要的因素，甚至比產品的品質還重要[12]。亞馬遜的創辦人兼執行長貝佐斯把購物簡便性視為推動亞馬遜前進的理念。

智慧型手機與智慧型手錶等技術讓人更容易在自動模式下購物。這種模式在衝動與決策之間尋找阻力最小的路徑，而技術則充當潤滑劑。二〇一九年美國公共廣播電台（National Public Radio, NPR）的報告顯示，近八成的美國人在網上購物[13]。二〇一九年市調機構 Statista 的報告顯示，百分之四十以上的美國數位買家每月上網購物好幾次[14]。以前你需要上車、開車、停車，仔細端詳貨架，**然後**購物。現在，你只要腦中有個想法及連線裝置，就可以下單了。

業者不斷地設計出新方法，讓你更容易花錢，因為在自動模式下，你不會停下來三思。亞馬遜的 Dash 按鈕，與你自己挑選的產品同步運作。每次你想買那個產品時，只要按下按鈕，不到兩天，產品就送到你門口。相較之下，打開筆電、登入系統、開啟瀏覽器、造訪亞馬遜網站、搜尋產品、加入購物車和結帳等體驗實在太繁瑣（太老派了）。

如果你連按下按鈕都嫌麻煩，別擔心。亞馬遜的 Echo 及 Google Home Assistant 之類的智慧型喇叭就是為你而準備。只要你呼喊一聲，亞馬遜的語音助理 Alexa 就會迅速把你的衝動轉為購物。隨著行銷人員爭相尋找在 Echo 和 Google Home 上打廣告的方法[15]，這種一蹴而就的購物方式將變得愈來愈簡單。

自動模式有利於商業，非自動模式通常不利於商業。回想一下去年你按「購買」鍵下單的所有時刻，有哪幾次購物是你事後後悔的？

非自動模式

前面提過，大多時候，大腦比較喜歡隨波逐流，以自動模式運作。但有時候，動腦改用非自動模式是必要的。

有時候，非自動模式與自動模式直接相衝，就會出現一種現象：**史楚普效應**（Stroop phenomenon）。在經典範例中，想要誘發史楚普效應，是讓人看不同顏色寫出來的單字，並大聲說出墨水的顏色。當寫的字與墨水顏色相符時，這很容易做到（例如以藍色墨水寫「藍」這個字），但是字與墨水的顏色不符時（例如以紅色墨水寫「藍」這個字），我們的反應慢得多，因為我們必須壓過想要讀出那個字的強大反應，以非自動、非直覺的方式說出墨水的顏色。

史楚普效應不僅是實驗範例，在現實生活中也經常發生。例如，如果你從小只說英語，即使後來熟悉其他的語言，你也會自然以英語回應，即使對方不說英語或你到一個非英語國家旅行。國家籃球協會（National Basketball Association, NBA）球員季莫費·莫茲戈夫（Timofey Mozgov）就是一個很好的例子。他是俄羅斯人，當NBA新聞記者以英語採訪他最近的表現時，他以母語說了約二十秒鐘後，才意識到對方聽不懂！如果你想知道身高二百多公分的俄羅斯中鋒臉紅是什麼樣子，可以看一下影片[16]。

緩慢的審慎思考需要凌駕自動系統，才能運作。你必須主動決定深入思考，而不是隨波逐流。

我們在某個環境的自動模式下如何行動，是由我們的成長環境及逐漸習慣的環境所決定。當我們離開那個環境時，才會意識到自己的行為有多自動化。例如你從美國（成長的地方）被送到英國，會立刻體驗到各種困難。這裡所指的困難，不是凝脂奶油、足球之類的文化衝擊，而是更簡單的事情——到處走走。我們待在一個熟悉的城鎮或城市時，大多是以自動模式過馬路。我們這樣做時，思緒可能飄到其他事情上，甚至可以一邊交談、聽音樂或傳簡訊，多工並行。但是你從美國移到英國後，就失去那種使用自動模式的能力。在英國，車子是從反方向過來，你以前會自動先看左邊來車，但是那不符合英國的現狀。你需要改用非自動模式，刻意忽略自動反應，動腦思考你需要看哪邊以策安全。以前覺得不費吹灰之力的事情，現在感覺很費力，因為大腦現在是以非自動模式運作。

切換到非自動模式並不像聽起來那麼簡單。那切換不是自動發生，而是需要刻意完成。我們必須抑制自動反應的衝動，例如壓抑閱讀單字而不說出墨水名稱的自然衝動、壓抑說母語的自然衝動、壓抑先看左邊來車的自然衝動。掌控認知就像鮭魚逆流而上：因為外在的一切都把我們推向自動模式，我們卻要逼自己凌駕自動模式。

讓我們從自動模式（易受衝動影響）轉為非自動模式（用來抵禦衝動），神經科學家稱之為「認知控制」（cognitive control）。認知控制不是沒有衝動，而是有能力控制衝動。我們對某些事情都有衝動，例如「吃美味漢堡」或「看電視而不讀書」。做這些事與不做這些事的人之間，差別不在於有沒有衝動，而是在於有沒有抑制衝動的能力。

非自動模式是我們對抗衝動的心智盔甲。它讓我們比較「滿足衝動」及「延遲享樂」的結果，哪個選擇提供的報酬比較大？我們應該開派對盡情享樂呢，還是留在家裡讀書，以便以更優異的成績畢業，並在畢業後找到好工作呢？我們應該是吃汁多味美的培根起司漢堡呢，還是選擇沙拉呢？我們應該拿五千美元的假期獎金去度假呢，還是把它存入退休帳戶呢？

有人可能會說，這些問題沒有正確答案。不過，在無法克制衝動下，我們會選擇當下最有吸引人的選項——派對、漢堡和度假。唯有當我們以非自動模式進行認知控制時，才能壓抑最初的衝動，追求長期的回報。

衝動控制的科學很有趣，最經典的例子是棉花糖測試。在那個測試中，研究人員把孩子帶到一個實驗室，給他一個簡單的情境：「這裡有一顆棉花糖。你可以決定現在就吃，或者，如果你願意等十分鐘後再吃，我就給你兩顆棉花糖！」這些實驗的影片很棒，棉花糖擺在孩子的眼前，實驗者隨即離開房間。在孩子與那顆美味的棉花糖之間，只隔著一層很薄的認知控制。孩子的反應很有趣，有人在座位上扭動身體，有人對著棉花糖流口水，有人為棉花糖苦惱。在這種情境下，自然會有各種反應。有些孩子才撐幾分鐘就經不起誘惑，有些孩子等了十分鐘，如願獲得第二顆棉花糖。

原始的棉花糖測試發現，孩子延遲享樂的能力與日後生活中的許多重要成就有一種奇妙的關連：堅持等到第二顆棉花糖的孩子，十幾年後的學術水準測驗考試（SAT）成績及工作成果都表現優異。儘管這個研究值得肯定，但已經證實難以複製結果。部分原因在於，需要幾十年的時間才能衡量長期的效果；另一部份的原因在於，研究人員很難確定認知控制對這些長期結果的精確貢獻[17]。不過，棉花糖測試至少可以幫我們瞭解認知控制在抵抗衝動中的作用。

當然，控制衝動與多數公司希望我們做的事情背道而馳。對許多商業類型來說，認知控制是致命的。例如衝動購物是一門極大的生意。在CreditCards.com所做的民調中，百分之八十四的美國人坦言最近至少有一次衝動消費[18]，百分之五十四的消費者坦言在衝動消費中至少花了一百美元[19]，其中百分之二十的人甚至消費逾一千美元。由於衝動消費對公司非常有幫助，他們的設計不僅讓你維持在自動模式中（這種模式下比較容易衝動購買），即使你想進入非自動模式，他們也讓你難以抽身。事實上，有幾種可靠的方式會削弱認知控制，也削弱你切換成非自動模式的能力。

飢餓

確保你充分運用認知資源的最好方法之一，就是不要把注意力放在大腦上，而是放在胃上。沒錯，吃飽（尤其是高血糖的餐點，後面會討論）是審慎思考及對抗衝動的關鍵。

我們之所以厭惡思考，是因為思考會消耗體力。大腦的非自動模式是一種實際動腦的流程，需要靠體力（葡萄糖）維持。如果你曾經長時間待在圖書館K書，可能會發現你K書後又累又餓，儘管你一直坐著。雖然大腦在原地不動，但它其實是在忙碌加班。

當你的代謝能量低時，決定中的預設選擇會變得特別有吸引力，因為不太需要動腦。想像一下，深夜下班回到家，筋疲力竭，你把公事包放在門口，癱倒在沙發上，幾乎沒有力氣找遙控器。在這種心態下，你更想看什麼？是令人費解的法國心理驚悚片？還是《玩命關頭8》（*Fast & Furious 8*）呢？我無意冒犯馮．迪索（Vin Diesel，《玩命關頭8》的主角）的親友，但《玩命關頭8》顯然比較不需要動腦。當你筋疲力竭時，你只想要最快、最簡單且愉悅的選擇。

大腦疲累時，你更有可能衝動購物，業者就是為此設計的。想想一般超市的布局，收銀台周邊擺滿誘人的「衝動消費」（例如糖果和其他不健康的零食）不是沒有原因的。假設你是很節制的超市購物者，你逛超市一圈後，選了低糖、低碳水且健康的食物，沒有買冰淇淋和洋芋片。你藉由自制及拒絕誘惑來運用非自動模式，壓抑了欲望。但問題是，自制力就像悍馬汽車的油箱：很快就耗光了。平常你可以輕易放棄美味的糖果，但你逛超市逛到又累又餓時，自制力已經耗盡，到結帳區時，已經無力抵抗糖果的誘惑了。

饑餓對決策的負面影響很常見，也非常真實[20]。令人驚訝的是，即使是受託處理一些社會重大決策的法官，也會受到饑餓的影響。法官審查假釋申請時，愈接近午餐時間，批准假釋的機率愈低[21]。為什麼呢？因為批准假釋需要審慎考量，當法官饑腸轆轆時，他更有可能做出不那麼費力的決定（例如直接蓋章否決）。於是，你為超速罰單提出的申訴，就是由饑餓的肚子所決定[22]。

有一家公司一再針對飢餓驅動的衝動購買，改進行銷策略：士力架巧克力（Snickers）。在超市排隊結帳時，要避免衝動滿足已經夠難了。遇到士力架，你還必須對抗那個直接訴諸你的渴望的行銷訊息。

「餓了嗎？等什麼？來一條士力架。」士力架的廣告標語完美地貼近它銷售的產品，也出現在消費者最有可能購買的時候——飢餓的時候。士力架最新推出的廣告標語，與原來的標語差不多：「橫掃飢餓，做回自己。」

費心的實體環境

實體環境也可以削弱我們的自制力。說到購物的實體環境，你可能會想到購物中心。

美國的讀者可能很難想像美式購物中心出現前的年代。不過，購物中心其實是近代才出現的「發明」。它是一九六〇年代崛起，由奧地利的建築師維克多．格魯恩（Victor Gruen）首創。格魯恩設計的美國購物中心不是商業中心，而是作為美國郊區生活的重要節點——是一個有別於工作與家庭的地方，讓家人與朋友可以在一起共度美好時光[23]。他主張有良好的設計才有良好的利潤：設計的空間令人愉悅的話，大家就會想要待在那裡，待在那裡自然會想要花錢。

格魯恩只說對了一半。購物中心與現代的零售場所都是鼓勵消費，但它們不是靠美學吸引顧客。零售場所刻意設計得眼花繚亂、過度刺激且令人迷失方向——因為購物環境讓人愈疲累，逛商場的人控制衝動的能力愈弱，花的錢愈多。

購物商場的布局一點也不直覺。你踏入零售空間時，可能瞬間有一種迷失方向的感覺，那種感覺甚至還有一個名稱：格魯恩效應（Gruen Effect），就是以格魯恩的名字命名。他曾對這些技術表示不滿（晚年，他熱切地批評美式購物中心的發展，並在一場演講中宣稱：「我拒絕為這些糟糕的發展支付贍養費[24]。」）零售環境的設計，是為了把我們逼進非自動模式——深思熟慮——讓我們盡可能一直待在那個模式中，耗盡我們非自動模式的有限資源[25]。

購物中心的布局有如迷宮。（圖片來源：Unsplash 網站，Victor Bystrov 攝影）

格魯恩效應使人感官超載，卸下防備，但那還只是開始而已。購物中心看似舒適：有空調、環境乾淨、到處都是笑臉迎人的店員，隨時歡迎你進入店裡參觀。但是，在那舒適的表面下，購物中心的布局是刻意設計，目的是讓你筋疲力竭。

例如購物中心的設計師知道，顧客通常只是為了買一個東西而來，例如鞋子。購物中心當然很樂於賣你那雙鞋，但他們也知道如何可以讓你消費更多。所以鞋店通常分散在商場的兩端，而不是以一種比較方便的方式集中在一處。你來回走來走去時，會看到數十家其他的商店以各種商品吸引你（誰能拒絕「免費」的樣品呢？）。走路也讓你感到疲憊，你可以注意到購物中心的電扶梯設計常採用「走路愈多愈好」

的原則：如果你想從一樓走到三樓，你需要搭電扶梯到二樓，然後走到另一端，再搭電扶梯上三樓。它們是真的希望你「血拚到掛」！

這些零售商店把你的體力耗光，搞得你暈頭轉向後，再巧妙地推銷你利潤最高、最貴的商品。做法是把那些商品擺在你視線的水平高度——你預設的視野中，最容易看到的地方[26]。如果最小動腦定律有一個實體位置，它就在你的眼前，與眼睛齊高的位置。品牌為了把商品擺在那個位置，必須付上架費給零售店。

你可能很疑惑，為什麼零售店總是針對特定商品迅速給出優惠——例如，百思買（Best Buy）的電視機只賣五十美元，或沃爾瑪（Walmart）的一套刀具只賣三十美元。如果這些公司只賣這種所謂的「帶路貨」，肯定會賠錢。他們推出這種特價犧牲品的目的，就是為了吸引顧客進門，因為零售店堅信，只要你踏進門，你會以全價買更多其他的東西。

有趣的是，消費者在實體店面購物時，確實比上網購物更衝動。二〇一三年 LivePerson 的全球研究顯示，雖然衝動決定在任何地方都很常見，但在實體店面發生的機率幾乎是網路上的兩倍[27]。刻意讓人筋疲力竭的環境，再加上葡萄糖的消耗，確實可以有效地提升業績！

情緒

對認知控制而言，最大的勁敵或許是情緒。當你極度憤怒、悲傷、快樂或經歷其他強烈的情緒時，可能會做出一些不太理性的行為。連你恢復平靜後，可能也會覺得那不像你自己。有些人因為一時感情用事，如今被判終身監禁——如果他們能等情緒平靜下來，可能就不會意氣用事了。這並不是說冷靜、深思熟慮的決定是最好的。事實上，情緒也可以對我們的決策產生重要的正面影響。例如一個人對教育的自豪感，可能驅使他完成碩士學業；一個人對孩子的愛，可能影響他為孩子提供的環境。你應該與交往多年的男友或女友結婚嗎？思考你與他／她的情感體驗及結婚這個決定的情感意涵是否理性且必要。

然而，情緒通常對我們的決策有負面的影響。我們掌控衝動行事的能力，對決策的影響很大。如果我們的認知控制強大，就能夠辨識情感衝動，並且更審慎地決定要不要採取行動。如果我們的認知控制薄弱，就很容易衝動行事。就像用非自動模式抗拒其他衝動一樣，持續壓抑情緒會削弱認知的控制力。如果我們整天都遭到情感刺激的疲勞轟炸，更有可能在不該使用自動模式時回歸自動模式，例如購物的時候。

凱度模範市場研究公司（TNS Global）發現，一半以上的美國人坦承，他們常把購物當成因應情緒的一種工具，或稱之為「購物療法」[28]。同樣地，多數人表示他們會藉由買東西提振心情，百分之二十五的人表示他們會花大錢犒賞自己[29]。

整體來說，訴諸情緒的行銷非常有效，因為那很容易凌駕我們的認知控制，指引我們的行為。這點問問美國公民自由聯盟（American Civil Liberties Union, ACLU）就知道了。二〇一七年有報導指出，川普的房地產公司在租賃與購買公寓方面有嚴重的種族歧視，而且這種行為可追溯到一九七〇

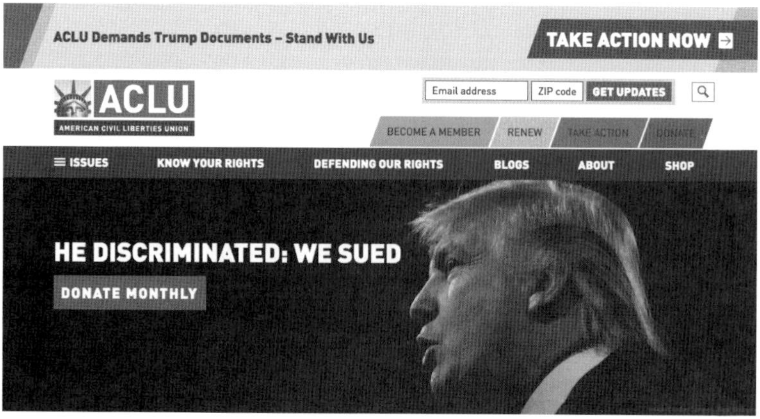

年代。如果你對這種行為感到震驚，這個消息讓你做好行動準備。那種情緒的力量可能會讓你跳過認知控制，進入自動模式。ACLU利用右頁的圖片鼓吹大家捐款，藉此鼓勵大家衝動行事：

結果是，他們在短短四十八小時內就募集了二千四百萬美元。

充滿情緒的廣告非常常見，也非常有效。英國廣告從業人員協會（Institute of Practitioners）的研究人員做了一項綜合分析，看了近九百個個案研究，以瞭解廣告活動中採取「情感」訴求vs「理性」訴求的說服力。結果顯示效果差距驚人，他們清楚看到，觀眾覺得情感訴求愈強的廣告，說服力愈強。此外，最有效的廣告活動，幾乎沒有或根本沒有理性訴求[30]。研究結果顯示，我們實在不太理性！

兩種思維——K因數

當然，我們不是活在二元化的生活中，不是所有的決定都完全符合那兩種類型之一：衝動型或抗拒型；自動型或非自動型。現實更像是一道連續的平面。我們利用認知控制，在兩個極端之間移動。在神經科學中，衡量你抗拒衝動的能力指標稱為「K因數」（K factor）。

行為科學家利用一個實驗研究「跨期選擇」（intertemporal choice）：時間對於我們在金錢的心理估價有多大的影響。你可以把它想像成棉花糖測試成人版，再加上一點數學。它是測試我們對不同金額及不同時間長短的貨幣選擇有什麼反應。研究人員給受試者兩個選項：「你想現在先拿十美元，還是等兩天後拿十二美元？」他們讓受試者回答一系列這樣的問題，每一題所涉及的金額及時間長短稍有不同。在回答約五十個問題後，你就可以看出一個人重視當下報酬vs長期投資的模式。這個模式經過多次測試後算出平均值，就是你的K因數。

每個人都有一個K因數。那個數字顯示你在「衝動與控制」尺度上的位置。K因數高的人能夠延遲眼前的享受，追求更好的長期利益。K因數低的人難以抵擋眼前的衝動，常犧牲長期報酬。一種思考K因數的有效方法，是從自動模式vs非自動模式的角度思考：K因數高的人是非自動模式導向；K因數低的人通常是選預設的自動模式。

我們可以輕易地看出，K因數低會阻礙我們的長期最佳利益。以著名的最後通牒賽局

(Ultimatum Game)為例:你和另一人一起拿到一筆錢(例如十美元),其中一人決定這筆錢怎麼分(例如我七元,你三元),這個人是被隨機指定的。不過,分錢的人不能太貪心,因為另一人有權決定是否接受那分法。如果另一人不接受,兩人一毛錢也拿不到。(重要的是,兩個受試者只玩一次遊戲,以防止任何長期合作或策略發展。)

邏輯上來說,我們都同意,有拿到錢總是比一毛都拿不到好。然而,在這些實驗中,三七分或更低的組合總是遭到拒絕!遇到這種分法時,我們不禁會心想:「才分我三美元?!你好大的膽子!好,我會讓你好看……」我們寧可放棄金錢,只為了報復一個以後再也不會互動的陌生人。我們甚至會為了報復電腦的演算法而這樣做!在最後通牒賽局中,我們的選擇主要是受到K因數的影響。受試者大多會拒絕不公平的出價,寧可什麼都不拿,也不讓對方拿走比自己更多的錢——儘管這有文化差異[31]。如果你的第一個衝動是拒絕不公平的出價,其實你並非特例;有一股衝動想要懲罰對方的貪婪(或電腦的演算法)是人之常情。但有趣的是,我們壓抑那股衝動的能力,決定我們最終的反應。我們之所以知道這點,是因為受試者的自制力指數,與他們不拒絕對方出價的意願非常相關,即使對方的出價並不公平。或許一個更有力的證據來源是,在受試者玩這個遊戲之前先讓他們喝酒,他們更有可能拒絕不公平的出價[32]。任何目擊過酒吧鬥毆似乎莫名發生的人都會告訴你，酒類是認知控制的天敵。

在任何時間，我們的認知控制是落在高K值（控制的、審慎的、系統二導向的）到低K值（衝動的、自動的、第一系統導向的）之間的某處。雖然每個人在K尺度上都有一個先天的位置（預設值），這一章提到的情境脈絡因素（例如情感、飽足感和環境）可能把我們往任一端推動。任何時刻，我們在K尺度上的位置（亦即我們有多少認知控制）對我們的消費決定都非常重要：當我們K值高時，那些在K值低時促使我們購買的因素，可能對我們沒什麼影響。

低K銷售策略

行銷人員若能逮住消費者K值低的時候，就能從中獲利，因為那時更容易讓消費者買下他們原先可能拒絕的商品。先天K值低的消費者是行銷者的夢想，低K行銷策略是在我們最有反應的時候逮住我們，然後趁機加速我們的決策，使我們的衝動加倍。

「限時搶購」就是利用低K自動模式。Gilt是服飾界「閃購」的先驅之一，它的一切活動

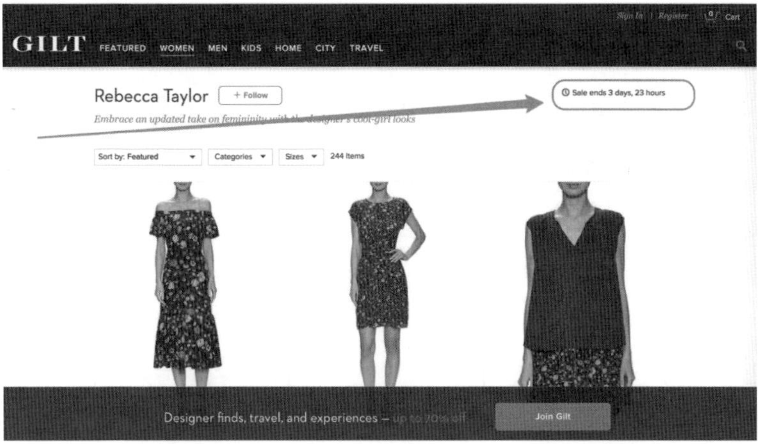

原理都一樣：打折商品有截止日，而且清楚顯示倒數計時的時鐘，以秒為單位倒數。由於交易只在「有限時間內」進行，這個事實引發顧客深怕錯過商品的強烈情緒，因此驅動顧客的大腦以自動模式做決定。

研究發現，十三至二十四歲的人購買衣服時，有百分之四十二是出於衝動，沒有計畫的行為[33]。不過，消費者似乎不會隨著年齡的增長而變得更睿智：二十五至三十四歲的人也展現出跟青少年一樣的衝動行為。即使到了理論上最睿智的五十六到七十歲，仍有超過三分之一的衣服是衝動購買的。限時搶購是低K銷售策略的實例：激發消費者的衝動，接著讓消費者盡可能快速、無阻力地落實那股衝動。

亞馬遜也有自己的「限時搶購」活動：「每日優

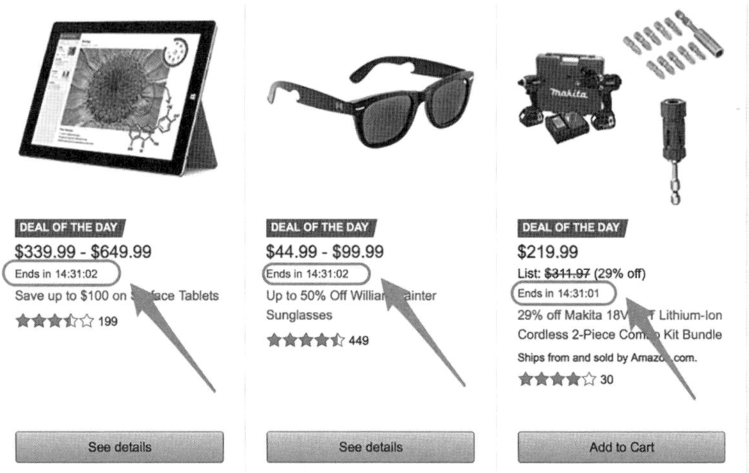

惠」（Gold Box Deal of the Day）是持續一整天，而「快閃優惠」（Lightning Deals）則只持續幾小時，而且庫存有限。亞馬遜會員日（Prime Day）那天，有些商品會變得出奇地便宜，那也是採用類似的模式——電子商務版的「帶路貨」。亞馬遜的快閃交易上有倒數計時器及庫存銷售比率，隨著其他顧客購買庫存量，那個庫存銷售比例會逐漸逼近百分之百，進一步強化把顧客推入自動模式的緊迫感。

另一種低K行銷策略是提供免運費及免費退貨服務。表面上，這對消費者有利，然而，這也是最能鼓勵消費者在網上購買更多商品的特質[34]。這些促銷活動是為了避免你停下購物衝動。畢竟，你試用又不必花錢。

分心也是一種低K心態。莎拉・蓋茲（Sarah Getz）與同事請受試者做一個經典的跨期選擇實驗（例如你願意現在得到十美元，還是兩週後得到十二美元？），只不過他們也請一些受試者完成另一項任務：記住一長串數字（648912）並在實驗結束後複述那串數字。這迫使那些受試者在思考那些跨期選擇問題時，也得持續複習那串數字。研究結果顯示，那些需要完成另一項任務的受試者更有可能選擇即時獎勵。誠如我們討論「深思熟慮」vs「自動思考」時所看到的，抑制自動思考需要付出心力。但我們的心力很有限，如果還要花心力做其他的任務，就沒有足夠的心力壓抑我們追求即時滿足的衝動。

在消費界，刻意使人心力交瘁的最明顯例子是賭場。多數人都知道，賭場裡沒有時鐘，賭場的室內設計是刻意讓人「迷失」其中。但是，賭場就像購物中心一樣，令人困惑的室內設計之所以效果那麼好，就是因為它讓人心力疲憊。由於賭場的布局很難記住，尋找洗手間、酒吧或特定的遊戲桌等空間任務都會加重記憶負擔。當你耗盡心力時，更有可能做出衝動的選擇。涉及衝動決定時，莊家永遠是贏家。

有一種人特別容易做出衝動的決定：窮人。活在貧窮線以下的人較少使用預防保健[36]，容易在超出其財力的奢侈品上超支[37]。他們不買菜及日用品，而是買讓人立即滿足的漢堡。我們很容易以為這些性格（先天K值低）是導致他們貧窮的原因。然而，趙（Jiaying Zhao）與同仁做的研究發現，事實並非如此[38]。與貧困有關的心理狀態——高壓及伴隨而來的心力交瘁——才是罪魁禍首。讓窮人思考自己的財務狀況，會使他們更難做出對自己長期最有利的經濟決定。這些研究結果在農民身上獲得證實，他們每年承受的壓力週期與作物有關：農作物快收成前，農民最窮，那時他們的認知能力較差。農作物收成後，資產較多，農民的認知能力較強。

換句話說，窮人之所以買速食，不是因為那是比較便宜的經濟決定——在許多情況下，速食並沒有比較便宜。窮人之所以買速食，是經濟壓力造成，他們的大腦決策在壓力下會偏向眼前的享受，而不是長期的解決方案。誠如趙博士所述：「多年來，人們認為窮人之所以貧窮，是因為他們做出錯誤的決定，導致他們身陷貧窮。但我們發現事實正好相反：貧窮本身會使人做出糟糕的決定[39]。」不幸的是，這造成一種惡性循環：窮人經歷長期的壓力與饑餓，那導致他們做出糟糕、衝動的選擇，而那些選擇又導致他們持續貧窮。

那麼，直接提供金錢給窮人，可以改變他們衝動購買的行為嗎？研究的初步結果顯示：可以。趙博士與溫哥華政府一起合作，研究全民基本收入的效果。這個實驗是迄今為止規模最大的全民基本收入研究之一。他們為一百位無家可歸的遊民，無條件提供每人八千美元的一次性直接援助。憤世嫉俗的人可能猜測，那些遊民拿到錢後，第一件事是享樂。結果發現，事實並非如此。在撰寫本文時，實驗仍在進行，但目前為止，研究結果看起來充滿希望：受試者不再憂心貧窮問題，因此更有能力做出合理的經濟選擇。

高K銷售策略

也許你的K因數很高，然後呢？難道你就對行銷免疫了嗎？當然不是。行銷人員只是用不同的策略對你推銷罷了。低K行銷策略加速了消費者的決策，高K行銷策略則正好相反，它是減緩消費者的決策。

既然低K行銷策略的效果那麼好，為什麼要使用高K行銷策略呢？原來，低K策略不適合用在那些迫使我們進入非自動模式的購買決策。我們之所以會進入非自動模式，是因為購買的東西更昂貴或更複雜，或購買的時間更長。當消費者必須做複雜的決定，需要額外的資訊或進一步的理由時，使用高K策略最有效。

前進保險公司（Progressive Insurance）很先進，它自己推出比價引擎。它是第一家不僅為自家的保險產品提供報價、也為競爭對手提供報價的大型車險公司，為什麼呢？買哪一種車險往往是一個非常需要分析的決定，因為做決定時，需要考慮多種保單的幾個因素，例如風險、機率、保險範圍、自付費用和保費。這也可能是很昂貴的決定，所以消費者更有動機做出好選擇。此外，保險通常是長期的交易，你不是在決定現在怎麼花一百二十五美元最好，而是在決定每個月向哪家保險公司支付一百二十五美元最好。前進保險公司讓比價的消費者有理由造訪他們

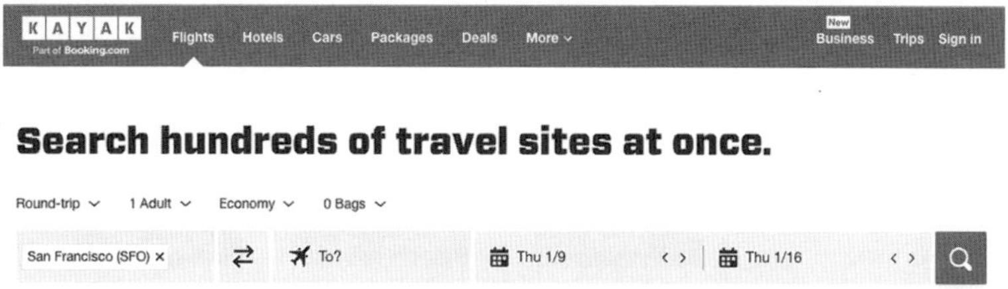

的網站（而且只造訪它的網站），而不是去競爭對手的網站，因為他們把自己定位成一站式的報價網站。

比價會讓消費者放慢速度——在他們做決定以前，提供資料讓他們分析。比價讓消費者覺得自己是明智的，也為他們最終選擇的保險提供一個合理的理由。前進保險公司藉由迎合顧客最自然的思維模式，獲得顧客的青睞。該公司發布比價工具一年後，股價上漲一倍[40]。前進保險公司知道，顧客一定會四處比價，所以何不乾脆透明一點，幫人幫到底，讓顧客在它的網站上做系統二的思考呢？

市場上之所以有那麼多的整合式旅遊搜尋引擎，是因為高K值購物體驗非常講究脈絡。Kayak 在這方面做得很好，它從一個網站提供數百個其他網站的機票、租車和旅館報價，以滿足非自動模式的需求。他們提供消費者更多的資料點，幫消費者放慢腳步，做出理性的比價決定——但比消費者自己逐一造訪那些網站更快、更容易做到這點。

Plans & Pricing		Free	Pro — 30 day free trial —	Enterprise
		For: Personal Use, Casual Enthusiast	For: Small Businesses, Social Media Professionals & Consultants (from $9.99/month)	For: Businesses, Organizations, Agencies & Governments
		Get Started Now	Get Started Now	Get Started Now
Social Profiles	?	Up to 3	50 included*	Unlimited
Enhanced Analytics Reports	?	Basic	1 included*	Unlimited
Message Scheduling	?	Basic	Advanced	Unlimited
Team Members	?	None	1 included*	Up to 500,000
Campaigns	?	2 included	2 included, up to 8*	Up to 18*
App Integrations	?	Basic	Basic	Unlimited
RSS	?	Up to 2	Unlimited	Unlimited
Hootsuite University	?	Optional	Optional	Included for all seats
Security	?		✔	Advanced
Vanity/Custom URL's	?		Optional	✔
Enhanced technical support	?		Optional	✔
Professional services	?			All inclusive
Custom Permissions	?			✔
Brand Protection	?			✔
Risk & Policy Management	?			✔
Dedicated Account Rep.	?			✔
		Get Started Now	Get Started Now (from $9.99/month)	Get Started Now

高K設計不是用限時或限量的方式加快消費者的決策，而是放慢消費者的速度，迎合消費者做這類決策時可能早就採用的深思熟慮法。公司這樣做時，得到什麼好處？你可以把公司的做法想成：「既然打不過對方，就加入吧。」這裡的對方是指系統二的思維。如果你知道顧客會考慮你的產品，你可以趁機引導他們思考「合適」的東西——引導他們購買你的產品。網站可以提供東西讓顧客思考及深思熟慮，藉此做到這點。

Evernote的銷售頁面就是一個很好的例子。他們非常瞭解自己的客群，知道重度使用者不是一時心血來潮訂閱筆記應用程式，這種顧客想確切知道他們可以得到什麼。Evernote 在銷售頁面上以垂直的欄位列出十六項功能，並在頂端橫向列出不同的價格方案：免費、專業和企業。（Evernote 甚至利用前面提過的參考策略，吸引用戶挑選中間選項。這點又幫它的行銷設計加分了。）

誠如我們介紹 K 因數時所說的，沒有人的思維完全屬於系統一或系統二。當你想吸引各種人上你的網站，並販售產品給衝動購買者及深思熟慮者時，你的網站設計需要面面俱到。亞馬遜就是一個很好的例子，它同時迎合自動模式與非自動模式。最初，亞馬遜的會員制 Prime 只收一次性的年費。後來，亞馬遜轉變成提供兩種選擇：月費制（迎合迅速的自動決定者）與年費制（迎合深思熟慮的非自動決定者），以吸引各種人。

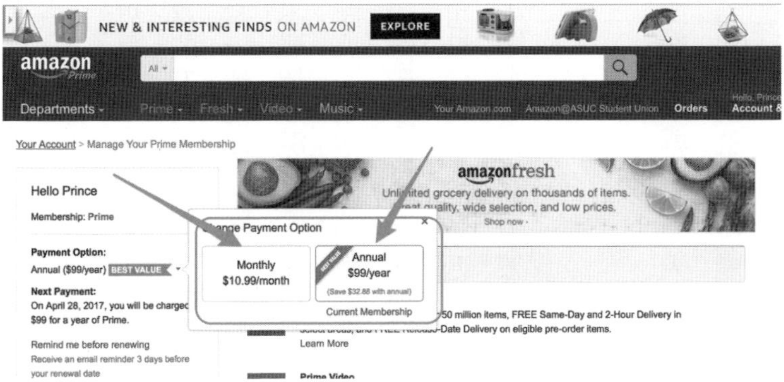

對控制的追求

以上的討論都很好，也很有趣，但我們如何在決策過程中維持更自制、更審慎的思維方式呢？除了對這些因素提高警覺（及維持飽足感！）以外，有什麼務實的方式可以幫我們施展更多的認知控制嗎？關於自制力，這個議題已經超出本書的範圍，但有一種更好的決策方法似乎特別有效，那就是做計畫[41]。如果你知道你對冰淇淋難以抗拒，就不要把冰淇淋擺在冰箱裡。提前做好計畫，盡可能讓自己難以對衝動屈服。與其強迫自己抗拒誘惑，不如提前切換到非自動模式來引導未來的你，藉此減少認知控制的消耗。計時鎖儲物盒 Kitchen Safe 是一個很好的例子，它的設計就是為了幫你做到這點。它是一種很簡單的容器，可裝任何誘人的東西，從糖果到 iPhone 都可以：你把不想讓自己拿到的東西放在那個盒子裡，關上盒子，然後按下計時器。直到倒數計時結束，鈴聲響起，它才會解鎖。

我們看到貧窮如何使人偏向自動決策。同樣地，對銀行帳戶的餘額見底或透支的人來說，財務規劃也很困難。有一系列的實驗顯示，請他們慢下來思考的電話提示，就足以改變他們的財務行為。在那些研究中，研究人員改變信用卡電話服務系統，讓電話系統不僅告知受試者消費餘額，也問他打算何時繳清餘額。這個簡單的改變大幅提升受試者支付餘額的可能性，而且絕大多數的受試者甚至比他們回應的時間提前繳清餘額。這種電話提示把受試者推入非自動模式夠長的時間，以抑制自動思維，幫他們更審慎地行動。

長期財務規畫對任何社經地位的人來說，可能都不太容易。安智銀行（ING Bank）為非自動模式所做的設計非常出色，不僅對銀行有利，也對顧客有利。在要求顧客每月自動儲蓄某個金額之前，它要求一組顧客先花點時間思考，如果他們存更多的錢，生活會發生哪些正面的事情。在控制其他一切的變數後，安智銀行發現那群顧客投入401（K）計畫*的金額比類似的顧客增加百分之二十。

我們能幫自己做的最好事情，是趁我們處於正確的高K心態下（也就是可以充分運用所有的認知資源時）制定長期計畫。一旦制定了計畫（例如不吃餅乾、每月為退休存百分之十），就好好落實一個不需要持續動腦思考的執行計畫。那百分之十的儲蓄將每月自動轉進退休金帳

*401（k）退休福利計畫，是美國於一九八一年創立的退休金帳戶計畫，美國政府將相關規定明訂在國稅法第401（k）條中，故簡稱401（k）計畫。

戶，不需要你每次都動用系統二資源儲蓄。諷刺的是，我們因應系統二的最好方式，就是做一個不需要用到系統二的決定。動腦思考＝認知資源的消耗＝更多的衝動。你只要思考一次，盡可能做出最佳決策，然後把決策的執行外包給某個外部系統後，你永遠都不需要再考慮它了。

無論是抗拒衝動，延遲享樂，還是在零售環境中維持頭腦清醒，認知控制都是關鍵。我們擁有的控制力及我們維持控制力的程度，最終決定我們在各種情況下的行為。我們究竟是在掌控中，還是放空大腦做事呢？

自動模式不見得都是壞事，即使是做決定時也是如此。有時迅速決定比審慎決定更好，無論是在消費領域、還是其他領域都是如此。但我們對自己的購買決定掌控得愈好，就愈有可能為成功做更好的選擇，尤其是長期的成功。

在非科幻的現實世界中，像寇克艦長那樣低K值的買家是行銷人員夢寐以求的顧客。相反地，像史巴克那樣高K值的買家則是消費者夢寐以求的理想境界——精打細算，極其理性，絲毫不受衝動的影響。購物時，展現更多類似史巴克的特質，可能正是讓我們「生生不息，繁榮昌盛」（live long and prosper，《星艦迷航記》中的瓦肯人祝詞）所需要的。

愉悅－痛苦＝購買

愉悅與痛苦如何驅動我們購買

想像一下，你把所有的實體家當都加起來——你買的每件東西、收到的每件禮物、家裡的家具、衣櫃裡的衣服和掛在牆上的畫，甚至那些充滿感情的物品，例如舊信件、情書、畢業證書和明信片等。總共加起來有多少項呢？數完這一切需要多長的時間？

二〇〇一年，邁克．蘭迪（Michael Landy）擁有七千二百二十七件物品。他以幾個月的時間，清點了自己三十七年累積的物品，連煩人的收據也算在內。

蘭迪之所以量化他的家當，是為了一個明確的目標：把它們全部摧毀。沒錯，全部！從二〇〇一年二月十日到二月二十四日，他個人的家當清單（從汽車到電腦、再到父親送給他的羊皮大衣）都公開摧毀了。他把所有的家當都搬到一個大倉庫裡，加上標記，放在黃色的容器裡，沿著輸送帶傳送到蘭迪與十二名助理旁邊，然後逐一扒開、粉碎、壓扁、拆解成一個藝術專案，名叫「分解」（Break Down）[1]。等這一切結束後，蘭迪便一無所有，只剩下身上穿的那套藍色連身工作服。

蘭迪這個藝術作品最有趣的部分，或許是旁觀者目睹整個流程的反應。這個藝術專案引發一種近乎恐懼的情緒，負責策劃這項藝術作品展的詹姆斯·林伍德（James Lingwood）告訴英國廣播公司（British Broadcasting Corporation, BBC），旁觀者「深感不安，有時甚至感到驚駭……親眼目睹個人的紀念品、信件、照片、藝術品遭到毀壞，令人不知所措[2]。」

相反地，有些人會囤積大量毫無價值、捨不得丟棄帶進家門的任何東西。囤積行為極為普遍，約百分之二到五的美國成人有這個習慣[3]。整間房子可能完全堆滿看似毫無意義的物品。然而，儘管那些物品占據囤積者的生活，囤積者一想到要丟棄任何物品，就感到非常焦慮，即便是一支他從未打開包裝的鋼筆。

從蘭迪到囤積者，大家對於物品的擁有，各自抱持著不同的態度與行為，令人難以置信。我們如何理解如此多元的想法與行為呢？其背後原因可歸結兩個極其基本的動機：愉悅與痛苦。人生在世就是不斷地做各種決定，以盡可能地增加愉悅，減少痛苦。這適用於我們消費生活的公式很簡單：**愉悅減去痛苦等於購買**。

在一項有趣的功能性磁振造影檢查中，史丹佛大學的神經學家布萊恩·克努森（Brian Knutson）與同仁發現，從大腦的愉悅中心（依核）與痛苦中心（島葉）之間的活動差異，可以大致預測購買行為[4]。愉悅是在展示產品時衡量，痛苦則是在展示價格時衡量。如果大腦愉悅區域的活動比痛苦區域的活動更強烈，就很可能購買。同樣地，如果痛苦超過愉悅，就不太可能購買。換句話說，愉悅減去痛苦等於購買。（或者嚴格來說，「若愉悅－痛苦＞0，購買」，但這樣寫就沒那麼容易記住了。）

更廣義地說，如果一個東西預期帶來的愉悅大於獲得它的痛苦，我們就會採取行動。對蘭迪來說，沒有家當（或呈現這種裝置藝術）的愉悅，比燒掉家當的痛苦更多。對囤積者來說，捨棄家當所帶來的痛苦，比擁有乾淨住家所帶來的愉悅更多。

聰明的品牌會想辦法迎合我們想要盡量追求愉悅及減少痛苦的方式，但這並非易事。首先，我們體驗痛苦與愉悅的方式也不是那麼簡單。此外，愉悅經驗與痛苦經驗塑造我們行為的方式，也不見得都是直接的。於是，這造成一個奇怪的消費世界。

追求愉悅

一方面，愉悅是直覺式的。當我們感到愉悅時，會立刻心領神會。我們喜歡那種感覺，而想要體驗更多的愉悅。但我們其實不會注意到愉悅如何影響我們長期的心情、行為和幸福感。底下我們就來觀察愉悅的奇怪特質。

愉悅的奇怪特質①：轉瞬即逝

威利．旺卡（Willy Wonka）：不過，查理，別忘了，那個突然得到他想要一切的人後來怎麼了。

查理．畢奇（Charlie Bucket）：後來他怎麼了？

威利．旺卡：他從此過著幸福快樂的生活。

如果我們也能那樣，那就太好了。遺憾的是，旺卡先生的寓言毫無依據。眾所周知，愉快的時光總是稍縱即逝。想想你上次吃下一塊美味蛋糕，你看到它就在你眼前，糖霜閃閃發光。你對味道的期待，刺激著你的味蕾。你把叉子插進去，把第一口送進嘴裡。愉悅感油然而生，不僅有你想像的歡樂，還有更多的美好感受！你甚至閉上眼睛，細細品味。現在，請暫停下來自問：真正的愉悅體驗持續多久？從你感受到那種愉悅感，到你想要再吃一口之間，經過了多少時間？是一秒、還是兩秒？我們幾乎是在體驗愉悅之後，就馬上想要追求更多的愉悅。

在大腦的生理層面上，愉悅是在我們**即將**第一次經歷某個東西之前的那一刻，達到顛峰，第一口起司蛋糕、第一次開新車或第一次穿上新的跑鞋慢跑。

每多咬一口、每多開一次新車或每多穿一次新鞋慢跑，愉悅感就會愈來愈少：第二次的愉悅感比第一次少，第三次又比第二次更少，依此類推。

表面上看來，這很奇怪。為什麼大腦會因為你想要某種東西而獎勵你，但是你一得到它以後，大腦就把獎勵拿走？放在演化動力的脈絡下，大腦是鼓勵我們生存。許多帶給我們快樂的物質，也是讓我們生存下來的關鍵。我們需要一直尋找性愛或食物等重要的事物才能生存下去。如果我們得到想要的東西以後，突然感到滿足，就不會覺得有必要尋找及獲得更多。獎勵需要一直懸掛在前面誘惑你，滿足與生存是格格不入的。這是大腦體驗的滿足與愉悅感都很短暫的原因，或者更精確地說，這是大腦在達到滿足的那一刻，反而體驗到較少愉悅的原因。演化在我們的腦中內建這個機制，促使我們總是想要更多。

丹尼爾．列托（Daniel Nettle）在《追究幸福》（*The Science of Happiness*）中說得好：「快樂是支持我們追求演化目的的基礎。與其說快樂是一種實際的獎勵，不如說快樂是一種想像的目標，為我們指引方向與目的。畢竟，傑佛遜（Jefferson）主張的基本權利不是快樂本身，而是對快樂的**追求**。」我們對未來快樂的期待，驅使我們不斷地前進。

我們不斷地追求新奇和更多、不同的東西。這為消費世界提供無數的機會，向我們推銷商品。然而，愉悅的這種奇怪特質，使我們對購買長期感到不滿意。

這就像你小時候一直央求父母為你買一輛新的單車。聖誕節到來時，你終於如願以償，獲得單車。你覺得你的世界完整無憾了，但是單車騎了幾天之後呢？你又覺得世界不完整了。你得到單車的那一天，你從單車感受到的愉悅達到顛峰，你的目光已經開始轉移到下一個玩具上。心理學家稱之為「享樂跑步機」（或譯「享樂適應」，hedonic treadmill）——這是指你「追求愉悅，達到愉悅，並在最初的愉悅湧現之後，轉而追求下一目標」的流程。

成年後的我們並沒有改變太多，除了不再需要央求父母資助我們追求各種不同的快樂以外，我們還可以自己花錢追求想要的東西！消費世界樂於利用這種轉瞬即逝的愉悅感，不斷地提醒我們，我們擁有的東西已經過時，並讓我們對「下一大驚奇」（the next big thing）感到興奮。

例如蘋果每代 iPhone 的發布時間就是一種計畫性的享樂主義。在二〇一五年以前，iPhone 是計畫每兩年推出新機。新機上市的第一年，手機是全新的，外型設計也煥然一新。第二年是 iPhone S，外觀設計一樣，但內建更強大的功能。所以，你買任一支 iPhone 不到一年，你要麼擁有過時的內建功能，要麼擁有過時的外型。第三年，蘋果又推出全新設計的 iPhone，整個流程又得重新開始。

有趣的是，人體的靈活度與錢包一樣，也會適應這個時間表。哥倫比亞商學院做了一項有趣的研究，研究人員發現，如果手機推出更新更好的版本，或即將推出新款，你更有可能在使用手機時不太小心[5]。研究人員查看三千多支遺失 iPhone 的資料集，發現新款 iPhone 即將上市之前，iPhone 的遺失數量會異常攀升。另一項調查是詢問六百多位不小心毀壞 iPhone 的用戶，調查結果也證實上述的研究狀況：新款 iPhone 發布後，舊機受損的數量突然大幅激增。即使我們在手機落地或遺失手機後假裝失望，但可能無意間也給自己找到一個更換新機的藉口！

運動電玩業為計畫性的享樂主義提供另一個大好機會。美商藝電（Electronic Arts）的《國際足盟大賽》（FIFA）系列是全球最暢銷的運動電玩，目前已賣出二・五億份[6]。在美國，二〇一七年與二〇一八年最暢銷的五大電玩中，有三種是運動電玩。運動電玩與蘋果 iPhone 的兩年策略不同，它是每年發布一款新產品。每版新產品都只做微調，以納入最近的球員名單變動，雖然遊戲內容更新得極少、卻大肆宣傳。不過，即使遊戲的改變很小，那些不斷追求快樂的玩家依然年復一年貢獻六十美元以上（本書作者麥特就是受到這種「享樂跑步機」的吸引）。對新遊戲的期待，會讓人產生誘發愉悅感的多巴胺。但你開始玩遊戲的那一刻，多巴胺就開始消散了。

愉悅的奇怪特質②：我們喜歡隨機性

愉悅轉瞬即逝的特質帶來另一個很大的後果，遠遠超出我們潛意識對最新奇、最耀眼玩意兒的渴望。在賈伯斯發表第一部 iPhone 的五十年前，灣區另一位對禪宗感興趣的人物正嶄露頭角：艾倫．沃茨（Alan Watts）。這位英國出生的哲學家以其機靈與智慧聞名，大家普遍認為東方思想是由他引入西方社會。一九六〇年代與七〇年代，他常主持大型的晚宴談話，到各大學演講及主持研討會。某晚，他回答觀眾提出的一系列問題時，有人問道：「生命的意義是什麼？」他的回答並未讓人失望：

你必須試著找出你想要什麼，所以我徹底地鑽研那個問題，我希望什麼事情發生？當然，一旦你自問那個問題，你就會開始幻想。驚人的科技就是一種人類欲望的表現，那是對權力的欲望，對目標的渴望。於是，我開始思考我們能發展到什麼境界。我很快就來到一個可以按各種按鈕的地方，那裡有一個奇妙的裝置，我想要的任何東西都有一個按鈕。我花了不少時間玩那些按鈕……你按下一個按鈕，埃及豔后就出現了……按下這個按鈕，就會聽到交響樂，有十六聲道……這裡有各種你能想到的愉悅……你突然發現有個按鈕標示著「驚訝」。於是你按了下去，我們就來到這裡。

沃茨這番話巧妙地指出另一個驅動人類行為的基本因素：對隨機性的深切熱愛。最棒的愉悅是隨機出現。

我們可以在大腦深處看到人類對隨機性的偏好。二〇〇一年，神經學家伯恩斯使用功能性磁振造影研究「可預測性」如何影響我們的愉悅體驗[7]。實驗設計很簡單：受試者平躺在掃描器中，嘴裡放一根管子，管子會在不同時間釋出少量可口的果汁。其中一種研究情境是，每十秒釋出果汁。另一種情境是，釋出總量相同的果汁，但釋出的時間隨機分布，無法預測。他們發現，果汁釋出的時間無法預測時，依核比較活躍。此外，他們也發現，果汁釋出愈來愈多時，受試者的愉悅反應會迅速減少——但**只有**釋出時間可預測下才如此。當你知道什麼時候會獲得什麼報酬時，你喜歡此物品的程度就會愈來愈低。我們喜歡無法預知的愉悅，每次都覺得很新鮮。

隨機的愉悅可以刻意地融入消費體驗中，產生巨大的效果。研究發現，告訴受試者他被隨機抽中、可享特別折扣時，他購買咖啡杯的可能性會突然變成三倍[8]。迅速成長的三明治專賣店Pret a Manger給予員工一筆預算，讓他們可以隨機招待他們挑選的顧客。該公司的執行長把這個方案稱為「隨機的善舉」[9]。捷步（Zappos）是一家客服評價很高的公司，以提供顧客意外的驚喜著稱[10]。他們曾在新罕布夏州的漢諾威鎮（Hanover）挨家挨戶造訪每個顧客，致贈保暖手套與圍巾，讓顧客驚喜不已[11]。

我們願意想盡辦法讓自己獲得意想不到的隨機愉悅。你寧願選擇打五折的機會，還是轉動轉盤，獲得零到百分之百間的隨機折扣？即使整體的期望值是一樣的，多數人會選隨機折扣，而不是確定的折扣。這種研究結果促成銀行開發出一種類似彩券的儲蓄帳戶[12]。把錢存入儲蓄帳戶時，你不是獲得固定百分之一的利率，而是隨機的報酬——收益介於零到一萬美元之間。這其實是拿你的儲蓄收益賭博，這種可能獲得隨機愉悅的誘惑，就足以讓許多消費者放棄傳統的儲蓄方案[13]。

愉悅的奇怪特質③：我們不善於預測未來的愉悅

如果你可以免費獲得三十天份的冰淇淋，你會有多開心？康納曼以實驗探討此問題。在實驗中，他請受試者免費享用冰淇淋連續三十天。起初，受試者都很熱切參與，這可以理解。每個人都預測他們對冰淇淋的喜愛將日益增加，第三十天將會沉浸在冰淇淋帶來的幸福感中。結果與預期相去甚遠。到了第十天，已經有人央求退出研究，那些堅持到最後的人則是覺得很痛苦。天天吃冰淇淋的概念看似很棒，但事實不然。

受試者之所以會誤判，部分原因在於冰淇淋原本是偶爾享用一次的食物，但實驗把冰淇淋帶來的「愉悅」變成可預測。然而，我們從「想要」某種東西所獲得的樂趣，比「擁有」它所獲得的樂趣更多，所以現在對某物的渴望，**一定**比未來實際享受它的時候還大。人類不會為此校準，所以我們難以預測什麼能真正讓我們快樂。行為經濟學家把預測未來感受的能力稱為「情感預測」（affective forecasting），而人們在這方面的能力很差。

愉悅的奇怪特質④：更多選擇不會讓人更愉悅

人類難以預測外來的快樂，選擇就是一個典型的例子。有選擇很好，因為選項愈多，你愈有可能獲得你想要的，對吧？

如果你後悔你做的第一個選擇，可能會覺得你想要更多的選擇，或重新選擇的自由。但事實上，太多的選擇可能使你走上痛苦的矛盾之路[14]。

這就是所謂的「選擇悖論」（paradox of choice），這個概念因二〇〇〇年的「果醬研究」而出名[15]。某天，消費者在一個高檔超市看到一張展示桌，上面擺著二十四種美味的果醬。另一天，消費者看到一張類似的桌子，但上面只擺六種果醬。看到二十四種果醬的消費者購買果醬的機率，明顯低於只看到六種果醬的人。更多選擇也沒有帶來更多的樂趣。研究顯示，從二十四種果醬中購買果醬的顧客，對果醬的滿意度不如從六種果醬中購買果醬的顧客。

如今，像「我需要一條新的牛仔褲」或「我想買一輛BMW」這樣簡單的事情，都變得難以抉擇。如果你想買一條利惠牛仔褲（Levi's），有以下的選擇：八種剪裁、六種顏色和三種伸縮度。這些選擇合起來，相當於一百四十四種不同的選項。如果你想買一輛BMW，你必須從十種車款、手排或自排、後輪驅動或四輪驅動、至少兩個引擎選項、十二種顏色、六種車輪、五種內裝、八種皮革和八種可能的附加套件中選擇。這些選擇合起來，共有一百八十萬種可能的選項。

果醬研究的結果剛發布時，可以想見，大家對「選擇悖論」感到非常興奮。不過，有些人試圖複製此研究結果，卻不見得獲得同樣的結論。選擇更多不見得會讓人覺得更焦慮，直接減少選項只有在某些時候帶來更愉快的體驗。誠如俗話說的，魔鬼存在細節裡。

一項整合分析探索五十幾項研究，結果發現，真正影響心情的因素不是**選項的數量**，而是**選擇這個行為**。當我們選擇想要的、而不是需要的物品時，選擇這件事就特別累人[17]。你覺得哪種情況比較累：翻閱十項菜色的菜單，還是翻閱三十項菜色的菜單？選擇這個行為迫使你脫離預設的自動模式，進入非自動模式。回想一下最少動腦定律：所有條件都一樣下，大腦寧可少動，而不是多動。選擇迫使懶惰的大腦需要多動。

你可能已經想到，評估大量選項時所付出的額外心力，會以另一種方式影響你的決策：你會做出風險更大的決定。在投資方面，你更容易挑選高風險、高收益的垃圾債券，而不是比較安全但收益較低的藍籌股*（Blue chip）。一項實驗發現，人們面對更多選項時，不僅為每個選項做的研究較少，而且最終挑的選項風險也比較大。選擇太多很容易令人難以招架，不知所措，因此做出糟糕的決定[18]。這並非追求快樂的方法！

我們需要選項，以便覺得自己有選擇的自由，業者也想提供選項給消費者，但選擇這個動作可能耗費心神。業者解決這種矛盾的方法是，把選擇的痛苦轉化為選項充裕的愉悅感。

隨著購買選項倍增，業者與顧客紛紛轉而追求簡化、流暢的購物體驗[19]。能夠簡化選擇的業者，獲得的報酬比較豐厚。研究顯示，那些成功簡化消費決策的品牌——例如以簡明的方式讓消費者一眼就能看到你提供的所有產品——獲得消費者的青睞並讓消費者推薦給朋友的機率比其他品牌高百分之一百一十五[20]。

由於亞馬遜已經從網路書店轉型成網路百貨業者，我們很容易忘記亞馬遜之所以卓越，在於它有驚人的聚合選項能力。亞馬遜把書放在倉庫裡，而不是商店的貨架上，所以可以提供豐富的選項。然而，選項多只有在方便尋找下才是優點。亞馬遜解決此問題的方法是A9搜尋演算法（不僅用來搜尋書籍，也用於「圖書內文檢索」）及非圖書商品的推薦引擎。A9演算法是二〇〇三年推出，當時搜尋引擎仍處於初步發展階段，它的出現使搜尋及選擇變得更容易。

*又稱績優股、權值股，指在某一行業中處於重要支配地位、業績優良、交易活躍、公司知名度高、市值大、營收獲利穩定和市場認同度高的大公司的股票。

Netflix 也是擁有大量庫存的平臺，它把選擇的痛苦轉化為選項充裕的愉悅感。二〇一八年，Netflix 上的串流影片超過一萬三千部[21]。這些年來，Netflix 成功創造出一種非常聰明的演算法，使「搜尋」變成次要，「推薦」成為用戶主要依賴的功能。你不需要在 Netflix 的影片庫中搜尋喜歡的影片，因為你想看的影片（根據演算法）都已經出現在你的主螢幕上了。

我們在消費世界中的選擇，反映我們在生活中的選擇。哈佛大學的心理學教授丹．吉伯特（Dan Gilbert）以實驗測試選擇對快樂的更廣泛影響。吉伯特向大學生展示一系列黑白照片，並讓學生選出兩張最喜歡的照片。其中一張可以帶回家，另一張捐給實驗室，以證明他們做了實驗。他告訴一組學生，他們選定照片以後就不能更改。他告訴另一組學生，他們可以隨時拿那張帶回家的照片來交換那張捐給實驗室的照片。一個月後，吉伯特的研究團隊詢問每位受試者，對自己挑選的照片有多滿意。那些不能更改照片的受試者對照片的滿意度，幾乎是那些可以隨時更換照片者的兩倍。

其他研究也證實同樣的結果，一些研究是以巧克力代替照片[22]。最終，那些不能更改決定的受試者，比那些做了決定但尚未「底定」的人，對自己的選擇更加滿意。

從消費體驗的角度來看，這有重大的意義。以退貨政策為例，如果業者接受退貨，那表示一段期限之內，消費者仍有選擇。研究顯示，如果你沒有退貨選擇，你對你的決定會更滿意。（既然如此，公司為何還要讓你退貨呢？因為顧客需要這種選擇，即使長遠來看退貨政策讓顧客比較不滿意。）

把這點應用在人際關係上很有趣。調查顯示，媒妁婚姻（不是逼婚）中有百分之六離婚[23]，遠低於全球百分之四十四的離婚率[24]。一種可能的解釋是，媒妁婚姻沒有「退貨」政策，自由戀愛成婚則有。但媒妁婚姻幸福快樂嗎？潘蜜拉・里根博士（Pamela Regan）比較美國的媒妁婚姻與自由戀愛成婚，結果出乎意料：媒妁婚姻對愛情、滿意度和投入度的評價，與自由戀愛成婚的評價是一樣的[25]。

從愉悅到痛苦

有很多方法可以觀察愉悅及愉悅對行為的影響，但愉悅只占整個公式的一半。切記，「愉悅—痛苦=購買」。痛苦進入我們的消費生活時，情況會變得更瘋狂。

麻痺付錢的痛苦

購買時最痛苦的是什麼？儘管饒舌歌手李爾．韋恩（Lil Wayne）唱著「亂撒鈔票」很難，但購買時最痛苦的部分正是「付錢」這件事。

人通常不愛付錢。神經科學家觀察大家購物時的大腦時，發現付錢確實是一種痛苦。使用功能性磁振造影的實驗發現，思考一件商品的價格（尤其價格很高時）與大腦島葉的活動有關。當我們感到身體疼痛或產生厭惡感時，此區域也會活躍[26]。

減輕購買痛苦的一種方法是降價。相較於支付五十美元，支付五美元的痛苦小很多。但是對業者來說，這種方法既不合理，也不划算。降價意味著收入減少。況且，第一章提過，在高級產業中，降價也意味著品質觀感下降。因此，業者通常會改用另一種減輕疼痛的方法：利用痛苦觀感的奇怪特質，減少付錢**流程**帶來的疼痛。

第五章提過，行銷人員會盡量讓消費者迅速又簡單地做決定。付錢也是如此：付錢的速度愈快且愈方便（換句話說，痛苦愈少），效果愈好。如果說「別讓我思考」是選擇產品的策略，那麼「別讓我產生感覺」則是付錢的解方。業者希望盡可能收到最多錢，同時讓支付流程盡可能無感。

最痛苦的付錢方式，是親手交出現金。前一秒你還握著錢，享受著金錢的力量；下一秒，那些錢已經消失，不再是你的。這和被情人甩掉的效果正好相反：親手支付現金比電話或線上付費痛苦；情人打電話或發簡訊跟你分手，比當面分手痛苦。也就是說，你經歷的金錢損失愈具體，感覺愈痛苦。

所以，支付體驗愈抽象，痛苦愈小。這也是賭城維加斯如此危險的部分原因。你以現金換籌碼，因為那是一筆交易，你感覺不到損失。但你對那些籌碼的感情不像真鈔那麼深，籌碼減少所帶來的痛苦會愈來愈少，導致你愈賭愈多。

信用卡又把這個問題帶到另一個層次。消費者刷卡購物時，消費金額比付現金多出許多[27]，消費次數也更頻繁：Visa 公司每年處理的交易超過一千億筆，也就是說，每秒約三千五百筆[28]！當你刷卡消費時，那種感覺跟付現消費截然不同。你只是刷了一張卡，就把卡片收回來繼續保存，你並沒有親手交出什麼，所以沒有體會到金錢損失。

什麼方式更無感呢？數位交易。所以，數用交易激增也就不足為奇了。二〇二〇年，數位交易預計將達到七千二百八十億筆。這還只是交易筆數[29]，不是交易金額。二〇〇〇年，PayPal 消除大家掏出錢包、上網填寫信用卡資訊的痛苦。輸入 PayPal 的帳號密碼太痛苦嗎？蘋果的 Touch ID 讓你在筆電及行動裝置上用拇指支付。你覺得按拇指太累了嗎？蘋果的 Face ID 讓你只需看一眼手機就能支付。接下來他們會想出什麼方法呢？或許亞馬遜會推出「超級會員」方案，由於演算法及支付方式非常流暢，你下單前兩天就收到包裹了。貝佐斯，「時光機送貨服務」就靠你發明了！

說到時間……關於付錢的痛苦，時間是最大的等化器。如果有人給你十美元，要求你在眾人面前跟著瑞克．詹姆斯（Rick James）的〈Super Freak〉起舞，你願意嗎？在一系列的研究中，卡內基美隆大學的喬治．洛溫斯坦（George Loewenstein）設法說服一些人這麼做了（沒錯，跟著那首歌起舞）[30]。然而，他發現，如果他要求對方馬上做，很少人會同意。但是，如果他要求對方幾天後跟著那首歌起舞，他們會同意，但在跳舞當天反悔（並退錢）。我們比較容易答應在未來做一些原本無法想像的事情，或至少有點不符合目前性格的事情。為什麼？因為想像未來發生的事情，會麻痺那件事情對我們情感的影響。你可以把這個情況想成康納曼的冰淇淋研究反例：也就是說，我們預測未來痛苦的能力和預測未來愉悅的能力一樣糟。你在眾人面前時，會覺得馬上在他們面前表演很尷尬，但是在腦中想像這種尷尬更困難。

付錢也是如此。信用卡——無論是實體刷卡或存在手機支付中，都會扭曲時間感。信用卡有賭場籌碼的抽象特質，但比支付籌碼與現金更方便。還有什麼比先購買、後付款更方便的事呢？套用棉花糖測試的說法，使用信用卡就像提早拿到兩顆棉花糖。你不是延遲享樂、等有錢才買東西，信用卡是加速享樂：你現在就先享用東西，以後才付款。「先買後付」是藉由模糊購買的金錢交易減輕付錢的痛苦。你繳卡費時才會感覺到大部分的財務負擔，而不是在購買的當下或刷卡的時候。

Airbnb 的支付選項也是使用同樣的原則。以往房客訂房時，需要支付全額，後來 Airbnb 做出改變。現在，房客可以選擇先付一半，幾週後系統再自動收取另一半。這與分期付款不同的是，這種延遲付款不會加收額外的費用。那有什麼區別呢？你只預付一半的錢時，不像付全額那麼痛苦。

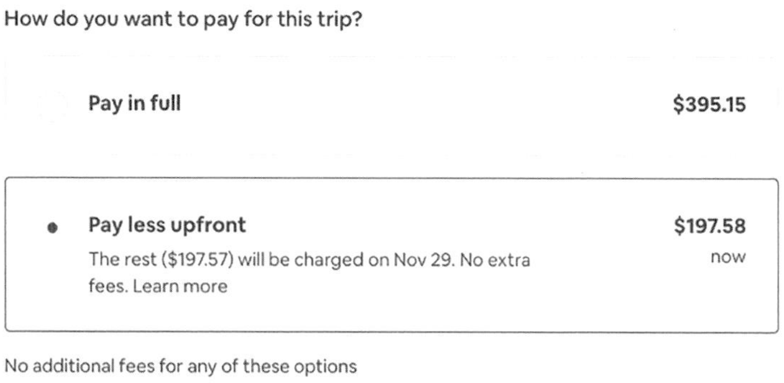
How do you want to pay for this trip?
Pay in full
$395.15
Pay less upfront
$197.58
The rest ($197.57) will be charged on Nov 29. No extra fees. Learn more
now
No additional fees for any of these options

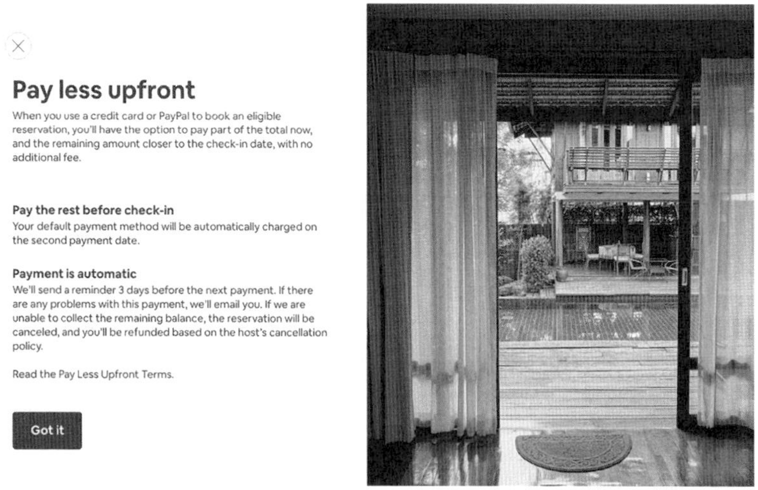
Pay less upfront
When you use a credit card or PayPal to book an eligible reservation, you'll have the option to pay part of the total now, and the remaining amount closer to the check-in date, with no additional fee.
Pay the rest before check-in
Your default payment method will be automatically charged on the second payment date.
Payment is automatic
We'll send a reminder 3 days before the next payment. If there are any problems with this payment, we'll email you. If we are unable to collect the remaining balance, the reservation will be canceled, and you'll be refunded based on the host's cancellation policy.
Read the Pay Less Upfront Terms.
Got it

Airbnb 的付款系統，你可以選擇延遲部分支付。

從痛苦的角度研究付錢的歷史很有意思。攜帶毛皮很麻煩，所以人類開始使用金幣或銀幣作為貨幣。後來，攜帶金幣也變得很麻煩，所以大家開始改用本票，你可以拿著本票到銀行兌換黃金。隨著時間的推移，本票變成現金，人類完全拋棄了金本位*。當攜帶現金也不方便時，我們開始開支票（那些還在使用支票的人，請停止）。後來我們從支票改用信用卡，接著又推出晶片信用卡，消除刷卡與簽名的麻煩。之後，出現感應式信用卡，不需要插卡，只要把卡片伸過去感應就好了。現在，你只要掃描指紋或甚至看一眼，就能完成支付。每種科技創新都使支付變得更容易、更抽象，最終減少了痛苦，而且過程中也幫業者提高獲利。

使用痛苦訴求來驅動購買

「付錢」帶來的心理痛苦，可能讓我們在按下購買鈕之前暫停下來，但一般來說，痛苦也可以促進購買。行銷人員利用消費者對痛苦與損失的獨特敏感性，可使消費者的行為符合業者的最佳利益。

*金本位是一種貴金屬貨幣制度，於十九世紀中期開始盛行。

你覺得底下哪一種感覺比較強烈：是失去某物，還是得到某物？研究顯示，痛苦帶來的傷害比愉悅帶來效益更強烈。雖然預期的愉悅是很強的動機，失去東西的痛苦是最強大的動力來源之一。以蘭迪刻意摧毀一切家當為例，多數人會花大筆錢阻止那種事情發生。事實上，他們已經這樣做了——整個保險業就是建立在人類對損失的恐懼上。

行為經濟學家把這種遠離痛苦的特殊動力稱為「損失趨避」（loss aversion）。最明顯的例子是來自我們對待金錢的方式。思考一下底下的問題：你獲得一百五十美元的機率是百分之五十、損失一百美元的機率是百分之五十，你願意冒這個險嗎？從數學的角度來看，你應該接受這種賭博的機會。非自動模式的大腦會接受這種賭博，因為期望值是正二十五元：（得到一百五十美元的機率是百分之五十＝七十五美元）－（失去一百美元的機率是百分之五十＝五十美元）＝二十五美元。

然而，大腦不是這樣模擬情境。大腦賦予潛在損失的權重，比賦予潛在收益的權重更大。對損失的恐懼已經驅使我們做出避免損失的決定。這種決定在演化上很有道理：狩獵採集者覺得，錯過一餐的痛苦比獲得一餐的快樂更強烈。

康納曼和他的長期合作夥伴阿莫斯．特沃斯基（Amos Tversky）的研究發現，多數人不會接受上述那種賭博。我們賭博不是為了贏錢，而是為了不要輸錢。在人生的足球賽中，我們彷彿是切爾西足球隊（Chelsea），切爾西足球隊以「大巴鎮」策略聞名（parking the bus，亦即球隊放棄進攻，所有的球員都在自己半場後方防守）。一旦他們處於領先地位，球員就把焦點放在阻止對方進球上，不再花心思進球了。那些喜歡全力以赴、冒險比賽的球迷對這種策略很失望（全力進攻的球賽確實比較刺激好看）。但這種策略證實很有效，已經變成切爾西過去十年贏得比賽的主要策略。

所以，規避風險可能不是最令人振奮的理念（無論是在運動比賽還是在生活中），但是從生存的角度來看，只承擔審慎評估的風險才是最理想的。不冒險就不會損失。從演化的角度來看，保護自己及已經擁有的東西，比追求任何潛在利益更重要。

在消費世界裡，品牌是以一種策略因應「損失趨避」。筆者把這種策略稱為「痛苦訴求」（pain frame）：強調避免損失，藉此說服討厭損失的人。

有些人可能會把這招稱為「危言聳聽」，有些人說這叫「政治操弄」。把痛苦當成一種說服工具，最明顯的做法是操弄恐懼感。聰明的政客與行銷團隊特別擅長透過「痛苦訴求」，來利用我們害怕失去東西的恐懼。他們只要在廣告中強調「不投票給某個候選人將會失去什麼」，就可以恐嚇選民投票給那個候選人以求「安全」。這種行銷方式在零和賽局中特別有效，美國這種「贏者通吃」的兩黨政治體制就是一種零和賽局[31]。

政壇有一個經典案例就是痛苦訴求的明顯例子。一九六四年美國總統大選前，現任總統詹森的競選團隊在電視的競選廣告中採用恐懼行銷，那支廣告名為「雛菊」（Daisy）。廣告一開始是一個三、四歲的小女孩，拔著一朵雛菊的花瓣，一邊數著一、二、三……數到十時，擴音器傳出一個男人從十倒數至一的聲音，壓過她的聲音。男人數到零時，鏡頭切換至核爆場景。核爆後發出的行動呼籲是什麼？「十一月三日投詹森總統一票。」

表面看來，這支廣告誘發恐懼，但它其實灌輸我們一種痛苦的感受：親人在核戰中喪生的痛苦。廣告先讓人感到痛苦，接著馬上推出一種商品作為解藥。在這個例子中，商品就是候選人——所以廣告馬上提出行動呼籲：「十一月三日投詹森總統一票。」

這種痛苦訴求在二〇一六年美國總統大選及二〇一六年英國脫歐的公投期間特別明顯。你注意看獲勝方提出的口號。在總統大選中，川普重新採用雷根一九八〇年的口號「讓美國再次偉大」。在英國的公投中，脫歐陣營使用「奪回掌控權」的口號。這兩種口號都是訴諸「損失」——具體地說，是彌補虧損。川普陣營宣稱美國不再偉大，所以我們要讓美國再次偉大。脫歐陣營聲稱英國失去對自己命運的掌控，所以要奪回掌控權。這兩個口號都是以失去的痛苦作為依據。

痛苦訴求 vs 效益訴求

為了讓大家更加瞭解痛苦訴求如何運作，我們來看另一種訴求方法：效益訴求（gain frame）。思考以下兩個問題：

1. 你能靠目前收入的百分之八十生活嗎？
2. 你能放棄目前收入的百分之二十嗎？

這兩個問題本質上是一樣的。無論你現在的收入是多少，這兩個問題都是在問你：是否願意用某個金額過生活。但它們**感覺**起來卻不一樣，因為兩者的措辭不同。「靠目前收入的百分之八十生活」是把它塑造成正面效益。「放棄目前收入的百分之二十」是塑造成一種痛苦。後者會引發失落感，但前者不會。因此，我們比較可能對第一個問題說「能」[32]。

產品也可以用這種方式行銷──透過效益訴求或透過痛苦訴求。以下哪種說法可以打動你？

1. 我們的多元維生素可以增強體力及延長耐力。
2. 我們的多元維生素可以防止體力及活力流失。

儘管產品的效果一樣，但訴求不同大大影響你對產品的看法及最終你是否購買。對那些特別厭惡損失的人來說，痛苦訴求特別引人注目。誠如道家的教義所言：「全與空僅名之別[33]。」產品的訴求可以大幅改變消費者對產品的觀感。

錯失恐懼症的力量

失去東西可能讓人覺得非常痛苦。這種痛苦及想要避免痛苦的衝動，也延伸發展到「機會的喪失」上——失去原本可以擁有的東西。訴諸機會的喪失，也具有行銷的效果。

ISM經濟管理學院（ISM University of Management and Economics）的都格達斯·詹庫斯（Daugirdas Jankus）所做的研究證實這點[34]。研究團隊在一個電子商務網站測試痛苦的損失訴求（例如從眾效應，已有兩百五十人下單）、效益訴求（早買早享受）、對照組（既非損失訴求，也非效益訴求）。結果發現，提升錯失恐懼症（fear of missing out, FOMO）的訴求可以創造最好的線上業績，效果遠比對照組好。

損失訴求也可以稱為FOMO行銷。行銷人員很擅長利用文案觸發這種恐懼：

- 「限時優惠！」

■「馬上行動！」

■「不要錯過！」

這也是為什麼上一章討論的 Gilt 限時特賣及亞馬遜的「快閃優惠」如此強大的另一個原因。這種方式不僅促使你以自動模式思考，也透過損失訴求放大 FOMO。

瑞典浩室黑手黨（Swedish House Mafia, SHM）特別擅長利用 FOMO 行銷。這個熱門 DJ 組合為美國開創第一代流行電子舞曲。這個組合宣布他們將在二〇一一年解散，但他們不像披頭四那樣直接解散，而是把解散當成最後撈一筆的商機，並為解散設計全球巡迴表演，地點涵蓋俄羅斯、印度、南非、斯德哥爾摩和布宜諾斯艾利斯等地。所以，當門票開賣幾分鐘，隨即宣告售罄。

「解散」巡演持續兩年，SHM從容地發布表演的新日期。巡演結束一年內，SHM為解散發布一支紀錄片。在紀錄片發布不久後，SHM又宣布他們要合體復出並展開巡演。麥可・喬丹（Michael Jordan）從NBA退休，可能還比SHM解散更可信，況且喬丹還退休兩次！SHM解散又復合後，你可能會懷疑SHM解散的真實性，但你不會懷疑FOMO對於門票迅速售罄有多大的影響力。

損失訴求可以讓失敗的產品起死回生嗎？以麥當勞的肋排堡（McRib）來說，答案是肯定的。你可能以為肋排堡是季節性商品，其實以前不是。肋排堡剛推出時，本來是一種全年供應的主餐，但銷量不佳。事實上，由於銷量太差，麥當勞很快就停止銷售肋排堡。然而，當他們重新把肋排堡當成季節性商品推出時，銷量卻飆升。儘管肋排堡每年秋季都會出現，但麥當勞很小心，沒把它當成季節性商品來行銷，因為季節性商品沒有「損失訴求」的效果，宣稱「肋排堡限時回歸！」才有損失訴求的效果。

所有的行銷入門課程都會灌輸學生行銷的四P概念：價格（price）、產品（product）、地點（place）和促銷（promotion）。然而，更重要的是消費的新P：痛苦（pain）、愉悅（pleasure）

和購買（purchase）。

我們的購買行為，主要是受到我們與愉悅及痛苦的關係和愉悅與痛苦之間的關係所驅動——前面已經看到，這些關係並非直截了當。愉悅難以捉摸，在追求愉悅的過程中，最容易感受到愉悅，它受到隨機性的影響，難以預測。雖然我們的購買決策是看什麼東西能帶給我們愉悅而定（儘管我們常誤判），但我們買東西更常是為了避免痛苦。無論是訴諸恐懼，還是訴諸損失，利用消費者想要避免痛苦的策略是行銷人員常用的工具。

以這種方式看待愉悅與痛苦的角色，你會覺得現代的消費世界令人不安。以前在狩獵採集者的環境中可以發揮效果的工具，如今在刷卡者與搜尋者的環境中已經不太有效。現在我們隨著 iPhone 的上市週期生活，每年等待蘋果推出新機所帶來的愉悅激增。每年的選項愈來愈多，我們疲於選擇，卻又害怕失去任何選擇。

選擇離開享樂跑步機，可能是最終極的「痛苦與愉悅的混合」。突然間，蘭迪的行為似乎不是那麼奇怪了。

上癮 2.0

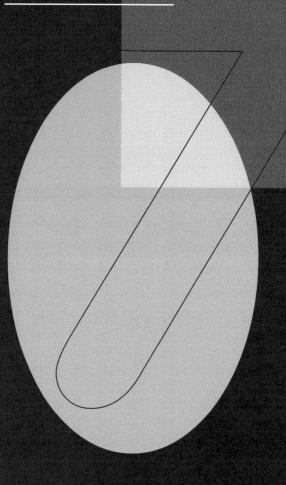

在數位時代把強迫行為變現

在常喝咖啡的人中，四分之三有咖啡因成癮的現象[1]；而全球每八人中，就有一人對尼古丁成癮[2]。上癮是一樁很大的生意。即使經歷了許多訴訟、大眾意識抬頭、菸盒上使用愈來愈嚇人的警告，二〇一八年菸草業的全球營收仍超過五千億美元[3]。但香菸只是第一代上癮產品的一部分，而且某種程度上來說，它們還不算惡劣。消費者可以觸摸、感覺、嘗試含有尼古丁的產品，他們本來就知道抽菸可能上癮，所以是在知情下做決定。

有一波令人上癮的新產品並沒有提供這些細節。拜科技所賜，公司不再需要用尼古丁之類的東西讓人上癮。這波新浪潮的公司，與賣咖啡及香菸的公司不同，他們不希望你為產品付費。至少他們不跟你收錢，他們希望你付出時間與關注，你的注意力已經變成一種通貨。歡迎來到上癮2.0的世界。

時間確實是金錢。Instagram、臉書之類的平臺在傳統意義上都是免費，但我們付出的是注意力。你花三小時追劇、滑動螢幕或瀏覽動態消息——這些都無法要求退貨。網站或應用程式讓你一直掛在網路上，而你的參與度愈高，業者就可以賣愈多的廣告。在這種「網站停留時間」（time-on-site）的商業模式中，一個平臺讓用戶在網站上活躍的時間愈長，它能創造的廣告收入愈多。

在這個領域裡營運的公司，喜歡用「參與」（engage）這個詞，但那其實只是「上癮」的委婉說法。對一家靠用戶關注來營運的公司而言，還有什麼比一個讓用戶上癮的平臺更棒的設計呢？消費者的注意力可以賣錢，而且價值數十億美元。

這些平臺透過數位廣告，把我們的注意力變現。公司付費給 Snapchat、Instagram 和 Pinterest 等平臺，以便接觸他們的用戶，就像以前公司付錢在報章雜誌上打廣告一樣。二〇〇〇年代早期以來，數位廣告已迅速發展成一個龐大的產業。二〇一六年光是在美國，數位廣告的花費就超過七百二十億美元……其中有一百億美元流向臉書，臉書的用戶平均每天在臉書上花五十分鐘左右。雖然臉書目前在數位廣告的收入方面名列前茅，但在這個新興的注意力經濟中，競爭非常激烈。那些在注意力經濟中競爭的平臺（有些有社交元素、有些沒有），爭奪我們的注意力及隨之而來的廣告收入。

美國人每天花在手機上的時間超過三小時，Snapchat 的用戶平均每天打開此應用程式的次數高達十八次。因此，在這個領域裡營運的公司，是人類史上最賺錢的公司——儘管他們沒有實體商品讓消費者買回家。截至二〇一九年十月，美國訪客數最多的五大網站是：Google、YouTube、臉書、亞馬遜和 Reddit。其中只有亞馬遜的產品或服務是消費者付費購買[4]。現今的顧客已經變成業者的產品，他們靠買賣我們運作。

社群媒體公司最近承受的壓力特別大，因為它們在注意力經濟中太擅長營運了。它們以科技利用消費者的心理弱點，藉此追求利潤。線上平臺的獨特之處在於，這個產業中最有影響力的創造者，同時也是最直言不諱的批評者。臉書的第一任總裁西恩．帕克（Sean Parker）、GoogleGChat 的開發者賈斯汀．羅森斯坦（Justin Rosenstein）及許多技術的原始開發者都提出警告，說這些平臺搶走我們的注意力，劫持了我們的心理。連科技界的神人賈伯斯也限制孩子在家中使用 iPhone 與 iPad。Salesforce 的執行長馬克．貝尼奧夫（Marc Benioff）曾公開表示：「我認為，科技確實有令人上癮的特質，應該加以處理。現在的產品設計師努力把產品設計得更容易上癮，我們需要控制這種趨勢[5]。」

如今所有令人上癮的科技都有一個共通點，它們很擅長利用基本的東西（如愉悅的體驗），驅使用戶按照平臺希望的方式行事。為了瞭解成癮現象，我們需要更深入地探究愉悅——不光只是愉悅的感覺，也看愉悅如何塑造我們。

愉悅與行為

上一章提過，愉悅的體驗是做決定的關鍵之一。愉悅也與我們的行為密不可分，包括最糟時候的強迫行為。

我們就從基本開始看起吧。愉悅體驗驅動行為的最簡單方式是透過**行為強化**（behavioral reinforcement）。如果我們前往一間新餐廳享用美食，大腦會知道去那家餐廳與愉悅之間有關係，我們自然會想再度造訪那間餐廳。對美食的喜愛強化去餐廳的行為。

一九六〇年代，實驗心理學家史金納（B. F. Skinner）在哈佛開創強化學習的科學（他稱之為**操作制約**（operant conditioning））。一般的機制非常直覺。每位狗主人都知道，準備一些美味的零食是訓練小狗的關鍵。例如，小狗到屋外排泄，而不是排泄在家中地板上——給牠一塊小點心。小狗聽到指令坐下來——給牠一塊小點心。久而久之，小狗便慢慢地學會那些動作與美味強化物之間的關係。

蘋果、臉書和Google等科技公司就像狗主人一樣，努力地塑造用戶的行為，讓他們盡可能一直待在他們的網站上。這種令人上癮的性質是否像行為強化一樣簡單呢？我們一直刷新臉書的動態消息，是為了一直獲得娛樂及社交滿足等享受嗎？

行動應用程式「Moment」的最新資料顯示，情況並非如此。Moment追蹤智慧型手機上的應用程式使用情況，包括哪些應用程式占用戶使用最多的時間。每週，他們都會問用戶最愛用哪些應用程式，並比較用戶的說法與他們實際使用的狀況。如果簡單的強化可以驅動行為，研究應該會看到帶來最多愉悅的應用程式是最熱門、最多人訂閱的，但事實正好相反。二〇一七年的一份綜合報告顯示，花在一個應用程式上的時間愈長，人們愈不快樂：我們最常用的應用程式，往往是我們最不喜歡的應用程式，也是我們希望少花點時間在上面的應用程式。老實說，如果你常在公車或地鐵上看到對面的人緊盯著手機，應該會覺得上述的研究結果很顯而易見。那種「放空大腦刷Instagram」的臉部表情根本一點也不快樂。

顯然，簡單的行為強化無法解釋這種現象，背後還涉及更複雜的因素，這一點也不令人意外。對那些斥資數十億美元塑造我們行為的公司來說，簡單的操作制約實在太小兒科了。如果臉書是馴狗師，馴狗專家西薩・米蘭（Cesar Milan）簡直就像幼稚園老師。一般狗主人與優秀馴獸師的差別，不在於他們給予多少強化，而在於他們給予強化的方式不同。

愉悅與多巴胺

第六章提過，愉悅有一些奇怪的特質。愉悅本質上稍縱即逝；追求愉悅時最快樂，得到愉悅時反而沒那麼快樂；隨機、不可預測的愉悅比較強烈。愉悅感對我們來說很重要，但我們通常不善於預測未來會有多少愉悅體驗。愉悅塑造我們行為的方式也有一些奇怪的特質，這些奇怪的特質都與大腦處理愉快體驗的方式有關。

科學家也非常瞭解愉悅在大腦中的樣子，因為大腦中心附近有一個愉悅區域。第一章提過，那裡叫依核。以大腦深部電極刺激那個區域時，受試者表示「感覺良好」。研究人員設計一個按鈕，讓猴子只要按下按鈕，就能以電極刺激依核。結果，猴子一直按那個按鈕，直到精疲力竭，牠們寧可選擇這種自我刺激，而不是食物、水或性愛。罹患嚴重臨床憂鬱症的患者，已經無法靠精神藥物治療，他們因缺乏微笑而有肌肉萎縮的現象。但他們的依核受到刺激時，臉上仍會露出微笑。

換句話說，依核是最接近愉悅中心的地方。實驗也證明它就像敏銳的算命仙。研究人員葛瑞．伯恩斯（Greg Burns）與同仁想測試他們能否預測大受歡迎的流行歌曲[6]。在實驗中，他們檢查受試者第一次聽到一首歌的大腦活動。結果發現，愉悅是用來預測那首歌是否大受歡迎的可靠因素：聽那首歌時，依核愈興奮，那首歌上市後愈受歡迎。有趣的是，人們對一首歌的主觀評價，與那首歌最終的熱門度完全無關。依核揭露我們內心深處其實對五分錢合唱團（Nickelback）、新好男孩（Backstreet Boys）和德瑞克（Drake）等歌手唱的芭樂歌或〈Despacito〉等歌曲非常喜愛。

依核中有多達數百萬個神經元，透過多巴胺相互交流，因此多巴胺常稱為愉悅分子。但多巴胺的作用不僅於此。上一章提過，大腦會盡可能追求愉悅的事情，並遠離痛苦的事情。多巴胺是驅動大腦追求愉悅的關鍵因素，它是「希望」（want）分子。如果你曾經感受到期待的喜悅，那是大腦在釋放多巴胺。多巴胺不是「擁有」（have）分子。也就是說，你想要某樣東西，或者更具體地說，你預期得到某種東西時，大腦會釋放多巴胺，但你獲得它以後，大腦就不會釋放多巴胺了。換句話說，多巴胺是對煎牛排發出的嘶嘶聲產生反應，而不是對牛排產生反應。

「欲望」與「愉悅」在生物學上不同，而多巴胺是導致兩者差異的主因之一。丹尼爾・李伯曼（Daniel Z. Lieberman）與邁克・隆恩（Michael E. Long）在合著的《多巴胺的奧祕》（*The Molecule of More*）中清楚地說明這點：「多巴胺的興奮（dopaminergic excitement），（也就是期待的興奮）不會永遠持續下去，因為未來終究會變成現在。未知令人振奮的神祕感，久而久之會變成日常無聊的熟悉感。這時多巴胺的任務就結束了，於是失望感油然而生[7]。」

想想迴響貝斯（dubstep）和電子浩室（electro house）之類的電子音樂類型，它們的特點是有很多情緒鋪墊（buildup）與燃點（drop）。情緒鋪墊的部分令人愉悅又緊繃。《週六夜現場》（*Saturday Night Live*）的短劇〈燃點何時出現？〉（When Will the Bass Drop?），把這個情況誇大到一個爆笑的極致：一首電子浩室歌一直做情緒鋪墊，彷彿無窮無盡，最後逐漸轉強，出現大家期待已久的燃點——這時，緊繃的感覺終於釋放出來。多巴胺就是這樣運作的：你對未來發生的事情愈期待，多巴胺攀升得愈高。愉悅的期待感對大腦來說是一種獎勵，所以把多巴胺稱為「未來分子」雖然精確，但把它稱為「燃點分子」更加有趣。

想想這些原則在用餐時如何發揮效果。說到享用美食的樂趣，舌尖上的味道只是享用美食中的冰山一角，下面還隱藏著期待與預期，尤其在品嚐新食物及葡萄酒的搭配上更是如此。你大致上已經知道，食物搭配葡萄酒一起享用更加美味。但你以前從未試過這種組合，所以無法確定。這種正面但不確定的感覺，會讓你期待這種未來的愉悅感。當侍酒師為你的慢烤羊腿配上一瓶隆河丘紅酒（Côtes-du-Rhône）時，期待的心理機制就會啟動。你還沒嚐到羊肉與紅酒，就已經先體驗到愉悅。

期待會讓人產生多巴胺。但是超乎預期時，會產生額外的刺激——這是隨機的愉悅令人特別開心的原因。以紅酒搭配紅肉是可預期的，但如果我們點的是一道創新的融合料理，例如巧克力榛果醬千層麵（Nutella lasagna），那會變成怎樣呢？巧克力榛果醬千層麵不像葡萄酒配對那樣有脈絡可循，因為那是全新的東西，我們從期待這道料理所獲得的愉悅感，已經比葡萄酒配對多出許多。大腦也為這道料理設定了一個期望值。一種東西超出預期愈多，我們體會到的愉悅感愈強烈。當無脈絡可循的巧克力榛果醬千層麵嚐起來出奇地美味時，大腦會釋出大量的多巴胺，放大愉悅感。當愉悅感無法預測又讓我們充滿期待時，那種美食帶來的快感最強烈。

這也有助於解釋愉悅感轉瞬即逝的本質——為什麼一旦我們經歷了某事，並對那種經歷有了預期後，我們從中獲得的樂趣就會消失。曾去熱帶地區度假的人都很瞭解這點。剛開始躺在沙灘上喝雞尾酒時，彷彿置身天堂，但是連續幾天下來，再怎麼美好的白色沙灘也令人麻痺。你需要體驗別的事情，才能再次享受海灘度假的樂趣。這就是所謂的「衰減」（attenuation）現象，或是一種心理體驗（例如情緒或注意力）隨著時間經過而自然消退的現象。在愉悅感方面，這種現象可能是演化形成。喜悅不是一種持久的狀態，再怎麼好吃的東西，吃久了還是會膩。

愉悅、預測和驚喜

我們一直在預測接下來會發生什麼。去一家餐廳之前，我們會預測食物有多好吃。如果我們預期食物很普通，結果卻很好吃，這就是科學家所謂的「正向預測誤差」（positive prediction error）：你錯了，但錯得好。那種令人欣喜的誤判會啟動多巴胺，因為我們都喜歡驚喜。

營造這種正面驚喜的一種常見策略是小心管理預期。看到捷步的員工帶著一雙免費的手套站在你家門口，你會感到欣喜，那主要是因為你沒料到這種事情竟然會發生。事實上，如果消費體驗沒有超乎預期，我們可能會轉往他處尋找新的樂趣——所以商業上有句俗話說：「承諾力求保守，表現則要超乎預期。」

捷步的成功就是建立在這點上，尤其是他們早期的出貨策略。在亞馬遜收購捷步以前，捷步是一家不按牌理出牌的新創企業。它是率先向世界證明人們願意上網買鞋的公司之一。在早年的電子商務中，上網購物者往往把上網購物及出貨緩慢聯想在一起。「四到五個工作日」到貨是一般的預期。捷步刻意在不告知顧客下，採用「兩天送達」的原則。為什麼？因為顧客原本期待一週內拿到新買的 Nike 球鞋，兩天到貨打破了預期，這種驚喜感也放大顧客收到新鞋的喜悅。

捷步不是唯一利用預期為顧客塑造正面體驗的公司。想像一下，你的航班預定在下午兩點半抵達聖地牙哥，但機長開心地透過廣播宣布，抵達時間是下午兩點！機上每位乘客聽了都很開心。你有沒有想過，為什麼你搭乘的飛機經常提前到達？凱洛格商學院（Kellogg School of Business）的研究人員也很納悶[8]。研究人員發現，過去二十年間，公布的飛行時間增加百分之八以上，但飛行時間延長不是因為由甲地到乙地所需的時間變長。他們發現，這些額外的時間是「策略性緩衝」。航空公司刻意把公開的飛行時間拉得比預期還長，如此一來，他們宣布到達時間提前時（其實那才是真正預計的抵達時間），就可以給乘客一個驚喜。準時或提前抵達的航班都會讓顧客心情愉快。而我們對於準時或提前的觀感，主要是看原始預期而定。

不過，這種做法的效果還是有限。如果一家航空公司每次都剛好提前十分鐘抵達，藉此讓顧客「驚喜」，久而久之，顧客會識破這種伎倆。下次他們搭飛機時，預期就會改變。由於預期提高，他們的預測誤差會變小，愉悅的程度也會減少。多巴胺會讓我們重新調整預期。每增加一個資料點，都會拉近預期的愉悅與實際的愉悅，使預測誤差逐漸縮小。多巴胺不僅與愉悅的**預期**有關，也與瞭解愉悅及何時可以感到愉悅有關。

歐普拉與超乎預期

如何把「承諾力求保守，表現超乎預期」套用在標準很高的人身上？例如你為歐巴馬夫婦或歐普拉主持派對時，如何做到這點？你可以對歐普拉說：「這會是一場非常有趣的派對，但別期望太高。」然後私底下偷偷規劃，讓她大吃一驚嗎？這正是黛比．莉莉（Debi Lilly）多次面臨的情況。她曾為歐普拉辦過多場知名的活動，包括在電視直播中為她慶祝五十大壽，特別來賓包括約翰．屈伏塔（John Travolta）與蒂娜．透娜（Tina Turner）。莉莉說：「面對這些重大活動，那句話早就拋到九霄雲外了。」然而，驚喜依然很重要，「令人驚訝的小小舉動，就能發揮驚人的效果。例如在一場活動中，請一個人帶著充滿巧思或令人驚訝的東西出現在你面前，或以當地生產的禮品來製造驚喜[9]。」

莉莉與她的團隊策劃史上最多人提及的電視活動之一：二〇〇四年歐普拉的汽車大放送[10]。「**你**有車！**你**也有車！**每個人**都有車！[11]」即使你已經看過那段影片無數次，也很難不被那種情緒所感染。為什麼呢？因為那個活動穿插許多歡樂、期待與驚喜，並把握每個機會發揮最大的效果。

首先，歐普拉從觀眾席中隨機挑選十一個人上台，騙他們說節目要獎勵他們的教師身分。如果活動到此結束，那十一人應該會開心地回家。但這時整個計畫才剛剛展開，歐普拉告訴他們：「其實我一直在騙你們，我現在對你們坦白。你們每個人都有一個瘋狂的夢想，你們每個人都非常需要……」（多巴胺上場了）「……一輛新車！」這十一人聽了欣喜若狂。觀眾爆出如雷掌聲，分享臺上的喜悅。但這只是熱身表演。

等觀眾平靜下來以後，歐普拉說，她又撒謊了。她告訴現場觀眾，還有一輛車要送出去。觀眾雀躍不已，充滿**期待**。接著，莉莉的團隊開始行動。他們穿過觀眾的走道，發放綁著蝴蝶結的銀色小盒子。歐普拉說明：「現在先不要打開，那些盒子裡，有一個裝著最後一輛龐帝克（Pontiac）G6的鑰匙！」每個觀眾都在想自己是不是那個幸運兒，現場的**期待感**愈來愈強烈。

歐普拉這時請音效室放出擊鼓聲（更多的多巴胺！），然後告訴觀眾：「打開盒子。」當然，那個**驚喜**就是每個盒子裡都有鑰匙。每個打開盒子的人都認為自己是贏家。每個人不僅因為得到G6而欣喜，也因為自己是隨機獲獎的幸運兒而覺得自己很特別。

每個人都體驗到這種隨機發生的個人愉悅時，現場的所有觀眾都爆出純粹的喜悅。接著，慢慢地，他們開始環顧四週，看到每個人都握著一把鑰匙。然後，歐普拉說出那句出名的臺詞：「**你**有車！**你**也有車！**每個人**都有車！」當下比幸運獲得一輛新車更好的事，或許是感受到這股愉悅的快感，知道自己參與電視史上千載難逢的一刻。

值得思考的是，這種喜悅的層層堆疊有多重要。如果歐普拉一走進攝影棚就馬上宣布：「你有車！你也有車！每個人都有車！」那無疑也可以讓現場觀眾非常開心。但是，把驚喜層層疊加上去，盡可能地提高多巴胺反應，節目把這個體驗帶到一個近乎超凡脫俗的境界。

即使在期望本來就很高的情況下（例如歐普拉的汽車大放送），你還是可以把驚喜融入設計中。優秀的活動設計者憑直覺就知道這點：出乎意料的禮物是一個很好的開始，但不止禮物本身很重要，送禮的方式也很重要。出乎意料的愉悅，使感受更為強烈。而且，當愉悅一再打破預期時（即隨機性），更會顯著影響行為。

隨機性與行為

一九六〇年代，行為心理學家邁克・賽勒（Michael Zeiler）的開創性研究，首次揭露隨機性對行為的影響，他比較鴿子對於獎賞時間的改變有什麼不同的反應[12]。鴿子像狗一樣，學得很快。牠們啄動槓桿，看到食物掉出來，很快就學會那個動作並反覆進行。鴿子似乎永遠吃不飽，只要提供牠們簡單的玉米粒，牠們就吃得很開心。

在賽勒的實驗中，鴿子可以在兩個槓桿之間自由選擇。其中一根槓桿是每啄一次，就會掉出食物。另一根槓桿也會提供食物，但掉出食物的機率只有百分之五十到七十，且出現的時間難以預測。結果似乎很好猜，鴿子應該會選擇那根每次都提供食物的槓桿。但事實不然，當獎勵不可預測時，鴿子花兩倍的時間啄那根獎勵無法預測的槓桿。

這種實驗結果已經在其他的物種上（包括人類）重複證實數百次，結果出奇地一致。隨機性對我們有莫名的吸引力[13]。說到行為的強化，多變的獎賞時間表（你知道某個時刻會有獎賞，但不知道什麼時候出現），比始終如一的獎賞時間表更有效。

既然我們很喜歡一種東西，為什麼它出現的時間不固定時，我們反而更想要它呢？上一章伯恩斯的果汁實驗顯示，對大腦來說，不一致比一致性更令人愉悅。期待本身就是一種回報。此外，當我們的預期因不一致而降低時，超乎預期的愉悅也令人驚喜。「果汁會出現嗎？現在

嗎？現在會出現嗎？啊，終於出現了！」

這種多變性往往會一再地吸引我們。當我們採取行動後，無法預測下一步會發生什麼時，我們更有可能重複那個動作，因為我們下意識會想要瞭解那種難以捉摸的關係。這促成強迫行為——有些人（包括我們）稱之為上癮。

多巴胺的特殊活動可以解釋，為什麼賭場拉斯維加斯到處都是滿懷希望的吃角子老虎機愛好者。儘管那些賭客長時間下來的獲利很少，但他們就像賽勒實驗中的鴿子一樣，會一直拉動吃角子老虎機的拉把，預期這次能大撈一筆。

就上癮而言，社群媒體平臺與賭博的共通點比尼古丁還多。每次我們瀏覽臉書的動態消息，就像拉動社群媒體的吃角子老虎機拉把。我們預期那樣做會得到回報——預期看到新影片或朋友結婚的消息等。但我們獲得的愉悅程度是不可預測、隨機的。不是每則臉書貼文都讓我們驚訝，有些貼文很無聊，有些很煩，有些甚至很無禮。儘管如此，我們還是持續滑動螢幕，因為我們覺得甜美的獎勵可能就快出現。

帕克是臉書的早期投資者，也是該公司的第一任總裁〔賈斯汀·提姆布萊克〔Justin Timberlake在電影《社群網戰》（*The Social Network*）中飾演此角色〕，他太瞭解這點了。臉書是為用戶體驗中的多巴胺活動而設計。帕克說：「我們需要每隔一段時間就給你一點多巴胺刺激，例如有人對你的照片或發文按讚或留言[14]。」由於這種體驗是動態的，我們永遠不知道愉悅感何時會出現或從哪裡出現，所以我們一再打開臉書查看。就像賽勒的鴿子一樣，多變性讓我們不斷地猜測，使我們的多巴胺濃度不斷地變化。

動態消息的奸巧

動態消息如此強大又如此熟悉，我們已經很難想像沒有動態消息的世界是什麼樣子。據傳它的緣起是這樣：臉書二〇〇四年推出，一開始只是哈佛大學校內的社群網站，後來慢慢擴展到其他大專院校，最後才擴及社會大眾。即使在早期，臉書也是一個發展迅速的敏捷平臺。隨著臉書陸續採用許多新功能，個人檔案的頁面變得愈來愈精緻：一開始可以寫部落格，接著可以放照片，後來可以標記朋友。臉書用戶的成長很穩健，在二〇〇四年底（上線不到一年內）累積一百萬名用戶。兩年後，臉書的估值已逾十億美元。

儘管臉書發展迅速，但當時整個網站的結構仍比現在簡單許多，只有個人頁面（個人的塗鴉牆）。這種用戶體驗與現在截然不同，社交互動較差。你可以隨意加好友或取消好友，但如果你想知道某個朋友在做什麼，你必須造訪他的個人頁面，滑動他的消息。臉書還沒提供動態消息以前，用戶僅一千多萬人，上面的活動很單純：用戶可以互戳，運氣好的話，會有人到你的塗鴉牆上留言。

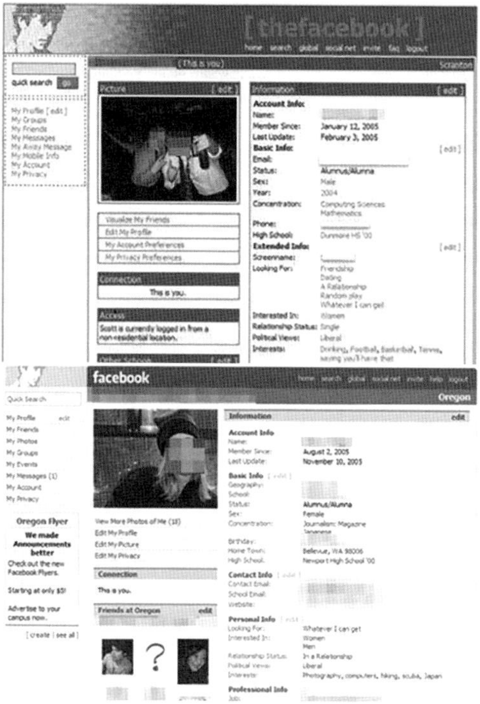

虛擬的記憶之旅：2004 年（上）與 2005 年（下）的臉書。

二〇〇六年九月六日，一切都變了。臉書做出迄今為止最重大的改變：推出「動態消息」。這個功能體現了馬克．祖克伯（Mark Zuckerberg）對臉書的遠景，他把臉書視為一種充滿活力的透明社群電郵。祖克伯曾預言，網際網路的未來是一組精心策劃的資訊流。

動態消息是第一個真正的社群資訊流，它體現了這個概念。

臉書用戶肯定很喜歡這個新功能，對吧？當時，所有人的反應都是負面的，這個改變掀起用戶的怒火。負責「動態消息」的產品經理魯奇・桑維（Ruchi Sanghvi）在網路上遭到撻伐。動態消息推出後，臉書上成長最快的群組是「魯奇是魔鬼」。動態消息推出後的翌日上午，憤怒的記者與用戶甚至聚集在門洛帕克（Menlo Park）的臉書總部外面抗議。

儘管大家恨死這個新功能，但臉書分析用戶停留在臉書上的時間時，卻發現一個驚人的現象：儘管用戶惡評如潮，不過大家待在臉書上的時間比以前更長了。魯奇在她的臉書狀態中記錄這個現象（黑體是作者加的）：

> 很多人希望我們關閉「動態消息」這個功能，其他的公司可能會從善如流，尤其是在百分之十的用戶揚言抵制產品之下，他們應該會順應民情。但我們沒有……「動態消息」確實發揮效果了。在一切混亂與民怨中，我們注意到一個不尋常的現象。儘管每

個人都聲稱他們討厭那個功能，**但他們的參與度卻增加了一倍。**

沒錯，用戶的參與度增加了一倍。「變動強化」（variable reinforcement）——就像賽勒的鴿子一樣——正式進駐社群媒體。

隨著用戶愈來愈習慣動態消息，負面反應開始緩解，用戶參與度與用戶活動反而加快。臉書透過每次更新，逐漸把動態消息塑造成如今的模樣：攔截注意力的傑作。二〇〇九年，臉書的動態消息更新，取消時間順序，改用一種新的神奇演算法，由演算法決定你何時看到什麼貼文。這次更新大幅提升隨機性，奪走用戶對發文的最後一塊掌控權：用戶看到的貼文順序。

「動態消息模式」平臺提供一種令人愉悅的體驗，但在傳遞這種愉悅的過程又有變化——如今在社群媒體界已是稀鬆平常的常態。Instagram 和 Snapchat 都採用幾乎一樣的機制。連長久以來大家認為老派、乏味且保守的社群媒體平臺 LinkedIn 也採用動態消息模式，大幅增加用戶在網站上停留的時間。二〇一二年《廣告週刊》（*Adweek*）的研究發現，LinkedIn 的用戶平均每月在該站停留的時間僅十二分鐘，少得可憐。但隔年推出動態消息的機制後，用戶參與度飆升百分之四十五以上，近半數的用戶每週在該網站上花超過兩小時的時間[16]。

未完成的感覺

傳遞愉悅的方式，對行為有很大的影響——這也可以從「完整性」的心理著手。人性先天追求完整。想像一下，好友跟你講一個懸疑的故事，快講到結局時，突然轉身離開。你一定會感到不滿，這可以理解。因為你在得知結局之前，很難專注在其他事情上。

這種一心掛念著未完成事情的現象，稱為柴嘉尼效應（Zeigarnik effect），是以發現這現象的立陶宛心理學家布盧瑪．柴嘉尼（Bluma Zeigarnik）的名字命名。它是指我們一旦全神貫注於某件事情並致力完成它，就很討厭被打斷的感覺。當我們無法完成正在做的事情，得不到渴望的解決方案時，我們的行為會以一種具體的方式受到影響：任務未完成的不適感會一直纏繞著心頭，直到我們想辦法終結為止。我們會感到壓力，掛念著那個任務，對停頓之處的記憶也會更加強烈。

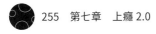

柴嘉尼效應的早期實驗案例，出現在與記憶有關的課堂上[17]。老師要求學生記憶一組單字，但中途被另一項任務打斷，結果學生對那些單字的記憶反而比能夠「完成」任務的記憶要深。此外，不管學生一開始覺得任務有多無聊，被打斷的學生一有機會完成任務時，都會展現出完成任務的強烈欲望。

人性先天喜歡做事有始有終，如果做不到，就會感到不安。這會產生一種未滿足的需求，讓我們覺得必須儘早滿足它。那些爭搶注意力的平臺喜歡創造這種未滿足的需求，讓我們有一股衝動一直尋找完成感，但永遠無法完成——因為你花愈多時間去追尋永遠無法滿足的完成感，你為那些平臺賺的錢愈多。

釣魚文的柴嘉尼效應

在上癮2.0時代，利用柴嘉尼效應吸引消費者的注意力已經發展到極致。但這種運用其實不是什麼新鮮事。幾十年來，電視新聞一直是使用這種方法吸引觀眾在廣告過後繼續收看，他們在進廣告之前可能會說：「廣告後，我們來看一位民眾如何與無人機變成好友，及更多的新聞。」《運動中心》(*SportsCenter*)之類的運動新聞節目是在進廣告前先問觀眾一個小問題，藉此吸引觀眾繼續收看。不給答案的小問題就是典型的柴嘉尼效應。這些問題吊足了觀眾的胃口，增加觀眾繼續收看的動力。

Netflix 的「自動播放／推薦下一集」功能也是採用一種特別強烈的柴嘉尼效應。有了「自動播放／推薦下一集」功能後，你看完《怪奇物語》(*Strange Things*)第一集之後離開，感覺就像你看一場八小時的電影卻中途離開一樣。但 H B O 改編自喬治．馬丁(George R.R. Martin)系列小說的熱門劇《權力遊戲》不用「自動播放／推薦下一集」功能，卻依然有柴嘉尼效應，這是怎麼回事?它是怎麼辦到的?它有許多發展中的故事線，涵蓋數十個角色。劇中未完成部分實在太龐大，觀眾與讀者根本看到欲罷不能。

在敘事方面，最擅長製造大規模柴嘉尼效應的，或許是漫威工作室(Marvel Studios)的漫威電影宇宙(Marvel Cinematic Universe, MCU)。截至二〇一九年底，漫威電影宇宙是有史以來票房最高的系列電影，光是電影票房就高達二百二十八億美元(而且還在成長!)[18]。漫威電影觸發柴嘉尼效應的方式不止靠片尾彩蛋，也靠二十三部獨立電影中那三十二個超級英雄角色所交織而成的共同故事情節。人物、情節、次要情節和次次要情節的規模之大，給人一種未完成的感覺，只能靠新的漫威電影才能滿足。

所以，雖然柴嘉尼效應的運用比現代科技還早，但如今的數位行銷已經把它轉變成一種藝術形式。現在的「釣魚文」以誘人的格式（以片段資訊創造尋求解答的需求）作為誘餌，以吸引上網者點擊。

一般的上網者不太可能聽過 Outbrain 或 Taboola，但他們絕對看過這些公司在網路文章底下放的「贊助內容」。「她現在的樣子會讓你大吃一驚！」這句話很眼熟嗎？不管這種釣魚文章放在敘利亞內戰的報導底下有多怪，他們還是照放不誤。Outbrain 和 Taboola 是這類贊助內容廣告背後的主導者，他們肆無忌憚地濫用柴嘉尼效應，例如「三個阿姆斯特丹人走進 J. Crew 的拍攝現場……」、「男人愛這種內衣的原因」。

二〇一四年，時代公司（Time Inc.）與 Outbrain 簽了價值一億美元的合作協定[19]。有線電視新聞網（Cable News Network, CNN）、Bleacher Report、Slate 和 ESPN 等媒體都是 Outbrain

的客戶。在撰寫本文之際，Taboola 與 Outbrain 正在討論合併計畫，合併之後將使他們的市值超過十億美元。不管網民多討厭它們，那篇敘利亞內戰報導底下的詭異廣告（「性感的棒球太太」）仍不會消失。

還有一家公司也很擅長利用柴嘉尼效應傳播多數記者所謂的「偽新聞」：BuzzFeed。它們的傳播效果無庸置疑：每月有九十億次的內容瀏覽，每月有二・五億個獨立訪客，公司的市值高達十七億美元[20]。如何做到的？他們的文章都是吊足胃口的標題黨，誘發一種未完成感，唯有點進標題一探究竟才能解決。新聞誠信已死，你可以試著抗拒以下的標題：「湯姆・哈迪（Tom Hardy）樂勝天下男人的二十四件事」、「這可能是全球最可怕的祕徑，你永遠猜不到在哪裡，令人難以置信」。

停不了？

釣魚廣告的運作方式是創造一種不完整感，迫使我們點進連結以求抒解。我們只要點進去，就可以馬上獲得抒解，一切就此打住了。然而，如今的網路平臺，尤其是社群媒體，並非如此。

他們採用令人上癮的技術讓我們無法完結，創造出一種持續不斷的需求，需要持續掛在上面尋求難以捉摸的解方。這是我們難以克制自己、不斷地刷 Instagram 或臉書的原因。由於不提供明確的「結束」，這些應用程式等於把用戶放進一個未完成的盒子裡。歡迎來到數位地獄，或者更精確地說，是歡迎來到柴嘉尼煉獄，這裡到處都埋了強迫行為的種子。

在日常生活中，我們通常可以把生活「分段」，藉此滿足我們先天對「結束」的需求。閱讀的時候，我們可以讀完一章才離開咖啡館。工作的時候，我們可以寫完電郵再出去用餐。但無論是在 Tinder 上一直滑動螢幕，還是不斷刷著永無止盡的動態消息，用戶體驗都沒有心理上的停止點（沒有里程碑），也沒有終點線讓人在通過以後說：「好了，我已經完成了。」以永無止盡的動態消息來說，我們永遠得不到滿足感，因為沒有一個點讓我們覺得任務完成了。

業界所謂的「無限捲動」（continuous scroll）模式，已經蔓延到社群媒體之外。例如二〇一五年 Time.com 更新網站時，也加入無限捲動介面。更新後，網站的參與度幾乎立刻提升，跳出率（bounce rate，造訪者只看一個頁面就離開網站的比例）降了百分之十五[21]。運動網站 Bleacher Report 在取消傳統的首頁，改用無限滾動設計後，也使跳出率顯著下降。二〇一二年，專門報導流行與科技新聞的大型數位媒體公司 Mashable 重新設計手機版及桌機版的網站頁面，讓新聞以源源不斷的塊狀模式顯現。你到 Mashable.com 上試著找網頁的底部，千萬不要屏住呼吸。如果你覺得滑動那些塊狀新聞的視覺效果很眼熟，你可能也在 Pinterest 上花了不少時間。Pinterest 有效地結合隨機性與柴嘉尼效應顯示圖片。尺寸及間隔剛剛好的方塊圖，以令人賞心悅目的方式呈現，而且看似源源不斷。難怪 Pinterest 是網路史上最快累積一千萬名用戶的網站，而且可以那麼快上市，目前的市值接近一百三十億美元。下次你連上最喜歡的網站或應用程式時，看它是採用傳統的主頁，還是提供無止盡的內容以盡量提高柴嘉尼效應。

數位健康

由於我們瞭解「變動強化」及柴嘉尼效應，所以知道網路平臺為何會採用那些做法及如何成為全球獲利最好、最強大的公司。但現在我們該怎麼辦呢？難道我們註定要花愈來愈多的時間刷 Instagram 或 Snapchat 嗎？

這是崔斯坦．哈里斯（Tristan Harris）深思的問題。三十三歲的哈里斯直言不諱地批評現代平臺綁架我們的注意力，有人說他是矽谷中最接近良心的東西[22]。哈里斯對注意力經濟的運作方式有切身的體會：二〇一二年他推出一款應用程式，此應用程式能在一些知名的網路平臺上安裝彈出式廣告。不久，公司被Google收購，哈里斯因此幫忙將此應用程式整合到Google的廣告產品組合中。

哈里斯加入Google後，宛如置身矽谷的天堂。對多數人來說，那是美夢成真。但哈里斯與一般人不同，他總覺得自己的工作不太光彩。他去火人節（Burning Man）度過一個週末後，終於受不了了，徹底醒悟。他做了一百四十一張投影片，於二〇一三年發布，寫出大型科技公司有責任「以有道德的方式吸引注意力」，說他們設計的平臺不該只是一味地吸引用戶，也應該考慮用戶的長期健康[23]。那份投影片很快在Google內部流傳，有五千多名Google員工看過，包括Google的高層。令哈里斯驚訝的是，他並未因此遭到解僱，執行長賴利・佩吉（Larry Page）找他面談，並給他一個正式的職銜「道德長」（Chief Ethicist）。

哈里斯敦促科技公司採用道德設計原則，但他也鼓勵消費者更小心地面對這些公司製造的誘惑及難以抗拒的衝動。他與發布Moment應用程式的公司創辦人喬・艾德曼（Joe Edelman）

合作，共組一個非營利組織，名叫「善用時間」（Time Well Spent）。這個組織背後的理念，是要讓大家好好關注自己的注意力。更具體地說，它的目的是幫科技用戶對抗漫無目的的強迫行為。它的建議看似簡單，卻很有效：關閉應用程式的通知；自訂智慧型手機的主螢幕；建立一種日常慣例，每天剛睡醒及睡前不看手機螢幕。他們也鼓勵用戶使用多種應用程式追蹤自己在那些平臺上停留的時間，藉此減少那些網站的使用。

「善用時間」組織吸引一批擁護者，一些科技公司的創辦人也仿效哈里斯與臉書的投資者帕克的做法，站出來反對他們幫忙開發的產品。羅蘭．布里切爾（Loren Brichter）為行動裝置設計類似吃角子老虎機的「下拉刷新」機制，他說：「下拉刷新令人上癮，Twitter 令人上癮，這些都不是好東西。我開發這些東西時，還不夠成熟，沒有顧慮那麼多。我的意思不是說我現在成熟了，而是我比以前成熟了一點，我為那些東西的缺點感到遺憾。」

在臉書推出動態消息近十年後，大眾開始意識到科技平臺變得多強大。這個不定時炸彈終於在二〇一八年引爆。史丹佛大學的研究發現，用智慧型手機拍照，其實減少攝影者對觀看的事物形成記憶的能力[24]。賓州州立大學（Pennsylvania State University）的研究也發現，青少年對社群媒體的沉迷與憂鬱之間有密切的關連[25]。愈來愈多的科技創業者與先驅提出他們的擔憂，最終他們的發言已經大到難以忽視。無論是出於什麼原因，總之，二〇一八年成了美國意識到科技成癮現象的轉捩點。大家終於從低頭滑手機抬起頭來，意識到科技正在讓他們上癮，造成他們的痛苦。

面對大眾的頓悟，市場的反應非常迅速。除了可能是數位排毒先鋒的 Moment 外，現在還有其他的商業工具可以幫用戶提高意識與自主權。例如總部位於洛杉磯的新創企業 Boundless Mind 致力利用上癮技術的力量，引導大家養成更健康的習慣。「我們談的是洗腦，天啊，對吧？」共同創辦人拉穆齊．布朗（Ramsay Brown）告訴 Time.com，「不過，我們是要把那些洗腦工具賣給你，幫大家戒掉這些成癮，或是以更有意義的方式溝通呢？為什麼我們不能把你的大腦設計成你想要的樣子？[26]」

除了數位解方外，科技成癮引發的反應中，最極端的現象或許是數位勒戒中心的激增。這種勒戒中心有多種形式，例如有的度假村鼓勵遊客「斷線」[27]，或有些地點提供獎勵給在一定時間內不用手機的顧客，有的則是合法成立的數位戒癮中心。它們就像字面上看起來那樣：有實體的住房，通常位於偏遠的鄉野地區，主要目的是幫人徹底擺脫數位成癮。那裡嚴禁各種手機、筆電、平板電腦和其他數位裝置的使用，報到時就要交出所有的數位裝置。例如位於華盛頓的 reStart 提供六週與十週的戒癮方案，裡頭還有好幾位全職的戒癮輔導員[28]。

我們撰寫本書之際，臉書還沒有採取任何措施以鼓勵用戶認真看待他們使用臉書的方式。不過，蘋果和 Google 等科技巨擘在二〇一八年對審慎使用科技的訴求做出回應，它們在各自推出的智慧型手機中（iPhone 和 Pixel）提供數位健康應用程式。兩應用程式很相似，iPhone 版的優點是顯示用戶使用的資料量，讓用戶知道哪個應用程式占用他們大部分的時間、用戶平均每天收到多少通知及來自哪些應用程式。

悲觀者可能會說，這些智慧型手機的應用程式是治標不治本，確實如此。你開車的時候，肯定看過那些車速感應路標（你的車速約為時速七十六公里），提醒你減速。那些路標只有在符合以下條件時才有效果：

1. 我們都認同超速不好，對駕駛與其他人的安全不利。

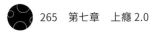

2. 你超速會面臨法律與財務上的後果。

數位健康應用程式就像在一個人們不相信超速是壞事、也沒有任何法律禁止超速的國家中設置速度感應路標一樣。當然，那可能會讓少數人放慢速度，但多數人依然快速通過。說到科技產品的使用，大眾通常尚未意識到這些設計有多容易上癮，而有些立法者甚至到現在才發現iPhone是蘋果製造，不是Google製造的[29]。唯一意識到這種影響的人，是靠我們使用應用程式成癮賺錢獲利的人。

最終，時間會證明這些數位健康應用程式是否有效。目前看來，想在當前的數位環境中賺錢，就要吸引用戶的注意力。成功做到這點的公司，獲利都相當傲人。減少產品的上癮程度，等於是減少產品的利潤。消費者在你的平臺上少待一分鐘，你的收入就會愈少。至少目前為止，消費者並沒有要求業者提供不上癮的版本，而且消費者也不願為不上癮的版本付費。

除非消費者對於自己的時間與健康有足夠的重視，願意克服這些「免費」上癮平臺的誘惑，否則這種商業模式很難真正改變。雖然Google、蘋果等品牌為了讓大家覺得他們比競爭對手更有道德，有本錢犧牲「網站停留時間」。其他在注意力經濟中運作的較小品牌，並沒有本錢或不願那樣做。如果久而久之競爭對手搶走 Google 或蘋果的市占率，股東可能會說服 Google 或蘋果重新考慮立場。

消費者有一種選擇：如果你不花錢取得那些服務，就得花注意力取得。目前為止，大家預設的方式都是以注意力換取服務。我們希望大家能回到以前那樣，以金錢換取服務。

上癮科技的未來

上癮不單只是對實體商品的依賴。在數位中，上癮是一種「參與」：投入注意力。我們對賭博之類的事情設有年齡限制，因為我們知道賭博會導致強迫行為。然而，社群媒體卻沒有這種限制，甚至不像音樂或電影那樣標明「需要家長指導」。隨著全球愈來愈多人開始使用這些平臺，我們為關注廣告所付出的代價只會持續增加，這些平臺只會變得愈來愈擅長綁架我們的注意力。誠如哈里斯所言：「有一個遠比我們強大的系統，而且它只會變得愈來愈強大[30]。」

平面世界的螢幕成癮現象已經夠強大了，如今虛擬實境及擴增實境的技術才剛開始在3D立體空間及其他領域中擴大「參與性」。上癮3.0將使用虛擬實境及擴增實境實現更深入、更誘人的體驗。這也難怪臉書斥資二十億美元收購虛擬實境電玩系統Oculus Rift，二〇一六年創投業者在虛擬實境及擴增實境新創事業上的投資近十九億美元[31]。從《精靈寶可夢GO》（Pokémon GO，二〇一六年夏季有一億次下載量）風靡全球的跡象來看，這還只是擴增實境轉變注意力經濟的開始而已。

如今已經很難想像大家明天醒來，不再受到科技與網路平臺的誘惑。我們也很難想像那些大型科技公司願意放棄數十億美元的廣告收入，把平臺改得比較不易成癮。

科技產品的獨特之處在於缺乏透明度。你不能像買鞋那樣，把它拿起來檢查它的組成及運作方式。在這個領域中，產品的商業模式也一樣晦澀難懂。你買鞋時，「買一送一」簡單明瞭。但你買科技產品時，「免費」從來不是真正的免費。畢竟，在商言商。他們的產品——尤其是那些「免費」的產品——只有在改變我們的注意力與行為以符合他們的利益時才算成功。

在科技日新月異下，未來搶奪注意力的競爭只會愈演愈烈，這涉及的利害關係非常龐大。時間與注意力是我們擁有的最寶貴資源，我們選擇如何投資時間與注意力，決定我們過怎樣的生活。世上一些最古老的哲學家（從佛陀到蘇格拉底）都告誡我們，要小心看待這些資源，要注意我們把心思放在那裡，不要被生活中的旁騖所惑。例如亞里斯多德就曾擔心，書寫的出現會占據我們的思想，消耗寶貴的注意力，使我們誤入歧途[32]。我們只能想像他要是看到Tinder的威力時，會有什麼反應。也許，明智的做法是聽從斯多葛學派的哲學家愛比克泰德（Epictetus）的告誡：「你關注什麼，就會變成什麼。」

8

我們為什麼會喜歡？

喜好的奇妙科學

「聯合國教科文組織（UNESCO）的格言是：『戰爭起源於人之思想，故務需於人之思想中築起保衛和平之屏障。』在剛剛經歷戰爭之後，這句格言給了我足夠的動力，讓我參與可能有助於防止未來戰爭的科學計畫[1]。」

這段話是羅伯．扎榮茨（Robert Zajonc）說的，他是二十世紀最具影響力的心理學家之一，他的研究為喜好的心理學奠定基礎。

扎榮茨的個人經歷與他的研究一樣引人注目。一九三九年，納粹入侵波蘭時，他與父母被迫逃離家園。不久，他們藏身的大樓遭到轟炸，扎榮茨死裡逃生，但父母未能倖免於難。幾年後，扎榮茨設法進入華沙的一所地下大學就讀，後來再被送往德國的勞改營。他設法逃離營區，但遭到逮捕，被送進法國的監獄。於是，他再次逃獄[2]。戰後，他在德國的圖賓根大學（University of Tübingen）繼續研究，後來到美國的密西根大學攻讀心理學博士學位。

扎榮茨早年的經歷促使他開始研究心理學，並從研究種族主義及刻板印象開始著手。然而，在他職涯的後半段，他致力研究一個看似簡單的問題：為什麼我們會喜歡某些東西？

他發現，「喜歡」某些東西並不像我們所想的那麼簡單——我們基本上並不知道那些影響我們偏好的因素。這個發現改變現代心理學的樣貌。即使你沒聽過他的研究，但他的研究確實影響你在消費世界的偏好。

重複曝光效應

研究發現，人類往往對影響個人偏好的原因渾然不知。有時候，我們的喜好源自於看似無關的經歷。在扎榮茨的研究中，最一致的發現是：人類對熟悉的事物有出奇的偏好。這種偏好在塑造我們的喜好與追求方面（包括消費世界），扮演非常重要卻遭到低估的角色。一家公司只要提升你對其產品或服務的熟悉感，就能大幅提升你對其產品或服務的好感度。

有趣的是，我們對這種現象（偏好熟悉的事物）卻渾然不知。在扎榮茨的一項經典研究中，他向說英語但不懂中文的受試者展示一組漢字。他沒有要求他們完成任何任務，只要求他們專心看那些漢字。後來，他再讓那群受試者看另一組漢字，其中有幾個字曾經出現在上一組中，但這次他要求受試者猜每個漢字的意思。由於受試者完全不懂中文，他們只是隨便瞎掰幾個單字，例如「狗」、「杯」、「帥」、「足球」。

從受試者的角度來看，他們只是隨便亂猜。但扎榮茨覺得他們的猜測並不是隨機：如果受試者曾看過那個字，即使只是短暫看過，他們更有可能認為那個字與正面的事物有關。例如他們猜測那些比較熟悉的字時，會猜那個字的意思是「快樂」或「愛」等，也覺得自己看過那些字後比看過不熟悉的字更快樂[3]。在後續的實驗中，儘管受試者都聲稱他們不記得看過那些漢字，但這種效果依然存在。

培養熟悉感的最簡單方法，就是讓人盡可能多花點時間在此事物上。扎榮茨把這種現象稱為「重複曝光效應」（mere exposure effect）：其他的條件都一樣下，你愈常接觸某個東西，就會愈喜歡它。

這個效應對消費世界的意義，值得在此特別強調。接觸百事可樂廣告愈多的消費者，會購買更多的百事可樂——這看起來並不瘋狂，但扎榮茨的研究發現，曝光的影響其實遠比這些還深遠。即使你深居簡出，從來沒聽過百事可樂或汽水或英語，光是看過百事可樂的標誌，也會使你比較喜歡百事可樂。也就是說，即使只有一點點熟悉感，也可以發揮很大的影響力。

兩百多項涵蓋多元領域的研究都證實重複曝光效應：我們確實比較喜歡自己曾看過的東西[4、5]。在動物身上也發現類似的結果，包括仍在蛋裡孵化的小雞。研究人員對兩組孵化中的雞蛋播放兩種不同頻率的音調。當小雞剛出生時，會比較喜歡牠以前聽過的音調[6]。

這種效應在動物界很普遍，可見這可能是演化所致。重複接觸某種東西好幾次，尤其那個東西又對意識沒有影響時，這表示此東西應該是無害。從生存的角度來看，無害確實是好的。

行銷中有一個老定律叫「七定律」（Law of 7），那是指顧客需要看你的廣告七次，才會想要買你的產品。這條定律是源於一九三〇年代的電影業，當時行銷團隊一致認為七是打廣告的神祕數字：要吸引一個人進電影院看一部新電影，需要讓他看七次廣告。沒有人針對七這個數字做過任何研究。事實上，現在有用戶追蹤及資料分析功能後，這個迷思已經遭到破解。一個人是否決定看電影或買產品，是取決於個人、產品、他們看到的廣告類型和朋友的口碑等。不過，這個迷思確實觸及廣告的一個基本真理：愈多愈好。

這也是我們不斷看到知名品牌打廣告的原因，例如可口可樂、蘋果或Nike。你已經喝過可口可樂，知道它是什麼味道，我們認識的人也都喝過，但可口可樂依然不斷地花錢打廣告。難道某處還有潛在顧客沒聽過可口可樂，可口可樂迫不及待想要接觸他嗎？可口可樂的知名度早已達到顛峰，為什麼還要繼續打廣告？因為每次重複曝光，都會**稍微**改善你對可樂的看法。

第一章提過，大公司致力為品牌創造正面關連。或許這方面找不到比可口可樂做得更好的公司了。可口可樂花了數十億美元把品牌和快樂的概念連結在一起。即使不考慮那種人為設計的關連，光是看到可口可樂的名稱那麼多次，就可以增加消費者對它的好感度。可口可樂每年在廣告上的花費近四十億美元[7]。對全球七十五億人口來說，那相當於每年對地球上每個人的大腦做五十美分的廣告。十年來，它在全球每個人的身上花了五美元。過去十年間，你有沒有買過價值五美元的可樂呢？你的答案很可能是：有。電影《風流教師霹靂妹》（*Election*）中的主角崔茜．弗利克（Tracy Flick）說得好：「可口可樂是全球排名第一的汽水，而且它在廣告上的花費比任何公司還多。我想那正是它們持續稱霸的原因。」

如果你有機會在洛杉磯的第三街行人徒步區漫步，我們建議你玩一個小遊戲，那個遊戲叫

「有幾家星巴克？」」。撰寫本書之際，那條路上至少有五家相隔很近的星巴克。在舊金山，遊戲則改成市場街上「有幾家沃爾格林（Walgreen）？」」。沃爾格林公司在紐約市也擁有連鎖藥妝店杜安里德（Duane Reade），截至二〇一九年，該公司開了四百多家門市。重複曝光效應意味著，每開一家新門市除了多一個服務據點以外，也可以提升消費者對那個連鎖事業的好感度。

對市場上占主導地位的品牌來說，純粹的擴張是很好的方法，因為它們有財力虧本經營一兩個據點以抑制該區的競爭。但是對知名度不高、資本較少的公司來說，冒這種風險也是值得。新創的咖啡連鎖店 Joe & The Juice 就是採用這種策略，它鎖定舊金山、雪梨、阿姆斯特丹和倫敦等人口稠密的城市展店。在這些大城市開店的租金成本相當可觀，所以很多門市是虧本經營。不過，這些店開在曝光率高的地方也提高討喜度，為公司提供傳統損益表以外的價值。

這不僅適用於店面。很多公司每年花數百萬美元在計程車的外觀上打廣告，但汽車公司是免費做同樣的廣告。每次你開你的 Honda Accord 上路時，你其實是在開一個裝上輪子的廣告看板——即使本田（Honda）根本沒付錢給你（是你付錢給它！）。

於是，這帶出一個最特殊的例子：Google。Google是科技界最大的廣告公司，但Google並沒有在廣告上花太多錢。Google成立於一九九八年。然而，他們的第一支廣告是二〇一〇年的超級盃（Super Bowl）廣告。二〇〇九年Google的市值接近二千億美元，所以Google顯然有充分的財力，可以做更多的廣告。既然重複與曝光那麼重要，為什麼Google不這麼做呢？答案很簡單：Google已經打造出一個引人注目又實用的產品，他們並不需要廣告。Google透過它在消費者的日常生活中所扮演的角色，獲得它想要的一切曝光。每天的**每分鐘**，全球使用Google搜尋的次數高達三百八十萬次[8]，Googl何必花錢尋求曝光呢？相較之下，可口可樂每年花四十億美元打廣告突然變得很合理，因為它的產品與Google完全相反——缺乏任何真正的實用性。

特斯拉仿效Google，創造出一款引人注目、自帶大量曝光度的產品。特斯拉不去超級盃打廣告，而是把錢花在為孩子製作「迷你版」的Model S上。媒體當然喜歡這種新聞，特斯拉透過媒體報導，獲得大量的曝光。你可以說，特斯拉最有效的曝光預算是零美元，那但書呢？這需要搭配SpaceX的獵鷹火箭（Falcon rocket）。特斯拉宣布它的跑車搭SpaceX的火箭上太空時，不需要花錢打廣告就獲得曝光了。

這種不打廣告的曝光方式，比傳統的廣告更有效。看 Google 上的廣告及使用 Google 有同樣的效果：增加 Google 的曝光。但是，你不會把使用 Google 網站視為廣告，這又使「重複曝光效應」變得更強了。當你知道汽車廣告是廣告時，那個訊息就失去效力。你知道公司在對你推銷，那感覺不真實，所以廣告效果不彰。我們將在下一章討論同理心時，回頭再討論這點。現在你只要知道，當你想要一個間接接觸的產品時，你會覺得那是你自己的主意，是你真的想要——幾十年前的研究證實了這點[9]。那就像大腦給予品牌在金錢上的誘因，讓它們偷偷摸摸地影響你！

「重複曝光效應」確實有一個但書：它只對你最初至少有點興趣的東西有效[10、11]。你在剛剛的三十秒內看了九次「可口可樂」，並不表示你一定會更喜歡可口可樂。如果你對它從來不感興趣，看再多次也不會讓你更喜歡它。如果你第一次聽〈Call Me Maybe〉這首歌就不喜歡，你聽第一百零一遍也不會變得比較喜歡。（不過，如果你第一次聽不覺得討厭，你聽電臺播十幾次以後，可能會愈聽愈喜歡。）

流暢效應

「重複曝光效應」不是多次曝光提高討喜度的唯一原因。一個東西看過很多次以後，也比較容易記住——我們也喜歡這樣。前面提過「最少動腦定律」：大腦通常不喜歡思考及動腦計算。處理新事物比處理熟悉的事物更費神，所以我們比較喜歡容易想起來的事情。這種效應很像「重複曝光效應」，名叫「流暢效應」（fluency effect）。

流暢效應在消費世界中有一些令人驚訝的效果。紐約大學亞當·奧特（Adam Alter）的研究發現，大腦對流暢度的偏好會影響散戶在股市中的投資。短期內，股市代碼比較流暢的股票（如 GOOG）表現明顯優於代碼不流暢的股票（如 NFLX）[12]。

流暢度也會影響我們的真實感。閱讀下面兩句，你覺得哪句話感覺比較真實？

選項一：Baltimore is the capital of Maryland.（巴爾的摩是馬里蘭州的首府。）

選項二：Baltimore is the capital of Maryland.（巴爾的摩是馬里蘭州的首府。）

你可能是選第一個。選項一是使用 Verdana 字體，字體大小是 11。選擇二是使用 Times New Roman 字體，字體大小是 11。軟體可用性與研究實驗室（Software Usability and Studies Lab）調查幾種字體的易讀性，結果發現 Verdana 字體最易讀，Times New Roman 字體最不易讀[13]。我們不僅比較喜歡易讀的敘述，也比較可能認為易讀的敘述是正確的[14]。愈容易理解的事情，我們愈有可能相信它是真的。哦，順道一提：馬里蘭州的首府是安那波利斯（Annapolis），不是巴爾的摩。

可得性偏差

我們回想起某件事情的容易度，會以另一種方式影響我們對其真實性的觀感：它會影響我們對那件事的普遍性感覺。我們常覺得容易回想起來的資訊比較重要，這稱為「可得性捷思法」

（availability heuristic），又名為「最近你為我做了什麼」（what have you done for me lately）偏誤。

如果有人問你美國的犯罪率是呈上升趨勢、還是下降趨勢，你會怎麼說？你可能會回應，趨勢正在上升，而且不止你這麼回應。許多民調顯示，多數美國人認為犯罪率正在上升。然而，所有的證據都顯示，事實正好相反。每萬人的犯罪率是呈下降趨勢（而且這個趨勢已持續十幾年了）。為什麼民調與事實脫節呢？這是可得性捷思法所造成。

假設某晚你看電視新聞，地方新聞報導往往把焦點放在聳人聽聞、煽情的事件上，飛車追逐及闖空門的事件很常見。雖然這些新聞比C-SPAN運動節目更能吸引你緊盯著電視，但它們的頻繁報導會使你的大腦以為那些事件很常發生。你腦中還想著剛剛電視上報導的一系列闖空門新聞時，你連上臉書看朋友的假期過得如何……結果看到另一位住在不同州的朋友貼出類似的闖空門新聞。你家附近闖空門案件的實際數量可能不比上週高，甚至可能比上週低，但你的大腦現在對闖空門發生的頻率及你家被闖空門的機率，都有非常不準確的感覺。

研究發現，在重大兒童誘拐案件發生後的幾週內，民眾往往會高估誘拐率。此外，民眾看愈多的暴力媒體，也會覺得犯罪率愈高[15]。腦中最容易浮現的事情，對我們的世界觀影響最大。

二〇〇九年，達美樂披薩（Domino's Pizza）吃足了苦頭才明白這點。北卡羅來納州康諾弗市（Canover）某家達美樂披薩店的兩名員工在準備外送的三明治時突發奇想：把乳酪塞進鼻子，再連同鼻涕一起放進三明治上。此舉違反了許多衛生標準。他們覺得這樣惡搞很有趣，所以把「惡作劇」的過程錄下來，上傳到YouTube。達美樂公司得知這個消息時，根本笑不出來。價值數百美元的食物不得不立即丟棄，公司的公關團隊忙著出來滅火。

那些影片造成的傷害既龐大又深遠。達美樂的全美銷售額受到重創，生意清淡了好幾個月。這是「可得性偏差」引發的公關噩夢。那些影片發布後，幾天內的瀏覽量就超過七十萬次。在Google的搜尋結果中，達美樂排名第一的搜尋結果就是這樁醜聞。消費者調查公司YouGov的調查顯示，民眾對達美樂的品質評價，幾乎在一夜間由紅翻黑。這樁醜聞實在鬧得太大了，執行官派翠克·博伊爾（Patrick Boyle）不得不在一支全國播放的廣告中直接說明這件事[17]。不用說，那兩名員工立即遭到解僱，他們上班的那家店也因為生意不好而關門大吉。

有人在你的三明治裡放鼻涕的機率非常低，無論是哪家商店都是如此。但是，人們想到達美樂時，首先想到的就是這個單一事件，因此他們對於這種事情發生在自家附近達美樂的機率，會產生看法上的偏差。第六章提過，痛苦給人的感覺比快樂更強烈。你對遭到惡搞的三明治特別敏感，因為大腦先天厭惡損失。你可能看過資料，客觀上你知道你的三明治遭到惡搞的機率微乎其微，但是那依然無法阻止唾手可得的影像潛入你的腦海中，影響你對餐廳的選擇。

由於我們對損失很敏感，心理上我們會格外在意犯罪及遭到汙染的食品。但是，可得性偏差也適用在正面的事情上。想想《歐普拉秀》（*The Oprah Winfrey Show*），大家第一個想到的可能是一群死忠、熱情的中年美國人，坐在歐普拉節目的攝影棚內。尤其，讀者看了上一章的內容後，第一個想到的可能是那群剛發現自己獲得免費汽車的現場觀眾。通常，歐普拉不會在節目上送汽車。但那次特別引人注目的事件大幅影響你對此節目及其粉絲的看法，因為那件事很容易就浮現在你的腦海中。

誠如可得性偏差所示，曝光與討喜度之間的關係並不完全直接。在消費者的心中，一次醜聞就足以抹煞累積十年的正面曝光。所以，品牌必須不斷地推動新的正面曝光以塑造公共形象。

新穎又安心

現在是暫停下來、好好檢視的好時機。你有沒有注意到這一章與第三章談的編碼經驗相互矛盾？

回想一下，第三章提過不流暢有很大的優勢：像 Sans Forgetica 這種難以解讀的字體，會使人集中注意力，幫助記憶。也就是說，辛苦付出，才有收穫。但這一章卻說，字體流暢度可增加討喜度及真實性。增加阻力可強化記憶，但無助於討喜度。哪一種比較好呢？那要看你想提升什麼而定：你想強化記憶呢，還是提升討喜度？

但是，除了這種表面衝突以外，還存在一個更大的矛盾。這一章是談為什麼你的大腦會喜歡某些事情。如果你把熟悉度、流暢度和可得性的吸引力，歸納成**大腦喜歡熟悉度帶來的安全感**，那樣講並沒有錯。但是，前幾章提過的概念可以歸納出完全相反的結論：**大腦喜歡新奇事物帶來的新鮮感**。

第二章提過，打破現有的關連（例如吉百利廣告中的大猩猩為柯林斯的歌曲〈In the Air Tonight〉擊鼓）之所以會引起我們注意，有兩種原因。第六章探討愉悅的科學時，則是歌頌新奇的事物：你想要新奇，但一旦你熟悉新東西後，就會開始想要別的東西。上一章提到「正向預測誤差」，那是指我們從意想不到的事情中獲得真正的愉悅。

一方面，我們說一個好體驗是全新的驚喜時，會讓我們覺得很棒。但另一方面，我們又說熟悉與重複的東西會增加我們喜歡它的機率。為什麼會這樣呢？這兩種說法要怎麼兜起來？

一九七〇年初期，一位雄心勃勃的年輕電影導演完成他的導演處女作。那部電影代表他多年的心血，他不僅磨練技藝，也培養承接高難度電影的勇氣。他不是那麼認同好萊塢的主流風潮，所以在這部電影中構想全然不同的東西。這部電影名為《THX 1138》，講述一個反烏托邦的未來。在那個未來中，性愛違法，且須強制服用精神藥物。結果，那部電影的票房很慘。

票房慘澹給這位年輕的導演帶來沉重的打擊，但他還是堅持下來了。他做了一系列的研究後，馬上投入另一部創作中。儘管製片公司對他的創作感到懷疑，但後來他們還是批准他的劇本，並同意出資拍攝。結果那部電影成為史上票房最高的系列電影——第一部《星際大戰》（*Star Wars*）*。這位導演就是年輕的喬治．盧卡斯（George Lucas）。

盧卡斯做研究時所讀的那些書，對他影響很大，尤其是喬瑟夫．坎伯（Joseph Campbell）探究神話的著作：《千面英雄》（*The Hero with a Thousand Faces*）。在書中，坎伯詳細敘述許多英雄神話有驚人的相似之處，他提到不同的文化都有這個現象，因為那是人類與生俱來的天賦。坎伯為「英雄之旅」歸納出一套常見的範本，盧卡斯覺得那個範本與《星際大戰》中路克．天行者（Luke Skywalker）的旅程很相似。它幫助盧卡斯把人們熟悉的（英雄的神話）與新的（太空旅行和科幻小說）結合起來。

現在，我們回頭來看最初的問題。究竟是熟悉促成物以類聚，還是新奇導致異類相吸呢？答案似乎是兩者皆有。有時大腦想要熟悉的東西，有時大腦又想要新奇的東西，但大腦**真正喜愛**的是兩者的完美結合。

這番見解不是來自現代神經科學，而是來自二十世紀中葉的美國設計師雷蒙德．洛威

（Raymond Loewy）。洛威可能是遭到歷史遺忘的人當中最具影響力的，他的設計理念塑造一九五〇和六〇年代的審美觀，從家具到時尚、再到商標，都受到他的影響。其設計理念的核心是，肯定我們既喜愛新的事物、也畏懼新的事物，並想辦法化解這種矛盾。洛威的理念簡單而深刻，先進但平易近人。要讓人喜歡新事物，需要給人熟悉感；要讓人喜歡熟悉的東西，需要給人一點新鮮感。換句話說，你需要在新奇與熟悉之間拿捏恰好的平衡——使它既新穎又安心（New and Safe），也就是所謂的ＮａＳ。

第一部《星際大戰》的成功是ＮａＳ力量的一大例證。《THX 1138》失敗的部分原因在於它只令人感到新奇。那個概念太新、太前衛了，觀眾缺乏熟悉的基礎，無法讓他們產生安心感。第一部《星際大戰》為現有的範本注入剛剛好的新穎度，觀眾可以從無數的冒險故事與神話中感受到那個範本的熟悉感。換句話說，《星際大戰四部曲：曙光乍現》是當時最新穎又令人安心的科幻電影。

關於品牌一致性的重要，我們看到證據顯示，重複太多也可能是個問題[18]。深入探索「重

*內文提及的《星際大戰》，是一九七七年《星際大戰》系列最初的一集，然而若按劇情排序則為第四集，因此在一九八一年被重新命名為《星際大戰四部曲：曙光乍現》（*Star Wars Episode IV: A New Hope*）。

複曝光效應」的文獻後發現，雖然你看某個東西愈多次，會愈喜歡它，但反覆看約十五次以後，報酬率便急劇下降[19]。事實上，你回過頭看最初以漢字做的「重複曝光效應」實驗，當受試者意識到他們之前看過那些漢字時，那種效應就消失了[20]。你接觸某些東西愈多次，你會愈喜歡，但前提是你沒有被疲勞轟炸。重複太多次很可能造成反效果。收音機傳出那首朗朗上口的流行歌曲，聽久了也可能令人厭煩。（例如五分錢合唱團的任何歌曲。）

其實只要添加一點新奇感，就能產生很好的效果。研究人員史都華．夏皮羅（Stewart Shapiro）和他的同仁在平面廣告中測試這個概念[21]。在這些廣告中，他們把商標（熟悉的東西）放在廣告的不同區域（新鮮的東西）。例如，商標通常是放在廣告的左下角，但研究人員把它移到右上角，結果呢？這種廣告設計的微妙改變，使受試者對該品牌的偏好增加百分之二十。此外，所有的受試者都表示他們並未察覺細微差異。進一步的研究證實，不同形式的廣告中確實有這種效應[22]。

就像第一章提到的多感官體驗一樣，熟悉與新鮮之間並沒有特定的神奇比例。訣竅在於過猶不及，你需要在熟悉與新鮮之間拿捏恰到好處的平衡。

我們從食物趨勢中看出這種NaS的最適點。為什麼園遊會賣那麼多奇怪的油炸食物，例如油炸奶油條、油甜甜圈球或油炸啤酒餃？因為NaS。這也是蜂蜜披薩、美乃滋霜淇淋和花生醬果醬起司漢堡受歡迎的原因。

想一想食物的搭配。有些食物搭配存在已久，有些是實驗混搭。起司配葡萄酒或壽司配清酒是存在已久的搭配，在我們的大腦中有既定的脈絡，令人熟悉又安心。但它們一開始並非如此，我們很容易忘了如今的經典食品（例如瑞氏的花生醬杯、花生醬果醬三明治，甚至紅牛配伏特加）其實是以前的NaS。儘管威士忌配黑巧克力或拉麵漢堡等實驗性的搭配可能只是曇花一現，但食物搭配是歷久不衰的概念。以熟悉的食物搭配出不熟悉的組合，就是大腦喜歡的「安心新奇」感。

流行文化、電影、音樂產業中的NaS

我們在《星際大戰》中看到NaS在流行文化中是特別強大的推動力。雖然創作電影、小說、音樂是一種藝術，但出售它們是一門生意，非常需要靠NaS獲利。

音樂串流服務 Spotify 非常成功，撰寫本書之際，Spotify 的用戶每年成長近百分之五十。Spotify 首次為新音樂推出播放清單時，是根據使用者過去聽音樂的資料，為使用者提供個人化的音樂推薦。結果誠如預期，使用者透過按讚、播放、分類和儲存音樂所提供的資料愈多，他們對 Spotify 的推薦反應愈好。後來，Spotify 在無意間發現了 NaS。

二〇一五年，由於工程團隊的失誤，同樣的推薦歌單中（裡面充滿新歌），意外地混入用戶最常聽的歌曲。於是，意想不到的結果發生了。那些聽到「錯誤」歌單（混合新歌與熟悉的歌曲）的用戶聽那個播放清單的時間更長！執行長麥特．奧格爾（Matt Ogle）接受《大西洋》採訪時表示：「每個人都回報那是錯誤，所以我們把錯誤修好後，推薦歌單又全部變成新歌[23]。」但他們恢復原來的版本後，收聽率就下降了，奧格爾表示：「事實證明，添加一點點熟悉感可以培養信任。」

另一個令人難忘的 NaS 例子不僅讓它的創作者賺錢，也改變買家的行為：《格雷的五十道陰影》（*Fifty Shades of Grey*）。

BDSM 是綁縛與調教（Bondage & Discipline）、支配與臣服（Dominance & Submission）及施虐與受虐（Sadism & Masochism）的縮寫。在《格雷的五十道陰影》出現以前，BDSM 是一種地下的次文化。派對遊戲與地牢之夜等活動都是私下偷偷邀請，不是臉書上的公開活動。只有在性愛方面熱愛探索或嚐鮮的人，才會冒險參與 BDSM。

後來，《格雷的五十道陰影》出現了。那套書一開始是以《宇宙主宰》（*Master of the Universe*）之名出現，是《暮光之城》（*Twilight*）的熱門同人小說，發布在 FanFiction.net 上。所謂的同人小說，是指粉絲拿電視劇、漫畫、電影或書中的人物或故事情節自創的小說。在《宇宙主宰》一書中，作者詹姆絲（E. L. James）把「新的」BDSM 主題套用在大家熟悉的貝拉（Bella）與愛德華（Edward）這兩個角色與關係上。這種創作讓《暮光之城》的同人小說讀者覺得 BDSM 既新奇又安心。接著，作者把人名從貝拉與愛德華改成安娜與克里斯欽，並以《格雷的五十道陰影》之名出版一般大眾版。結果，這部從《宇宙主宰》發展出來的作品，在英國亞馬遜上的銷量，超過哈利波特全系列的總銷量。

《格雷的五十道陰影》及其續集也大幅推動性愛玩具公司的發展，他們的業績主要來自首購顧客。總部位於英國的性愛玩具製造商 LoveHoney 的利潤成長了兩倍，從電影上映前一年獲利一百一十萬美元，增至二〇一四年一月的三百三十九萬美元。獲利的增加完全是來自《格雷的五十道陰影》中出現的物品，包括手銬、短馬鞭、羽毛撓癢器、震顫拍板和眼罩等。曼哈頓情趣商店 Babeland 的發言人潘蜜拉·多恩（Pamela Doan）也表示，電影上映後，店內的收入多了一倍。「顧客真的很興奮，他們一走進店裡，就提到《格雷的五十道陰影》……甚至有些顧客以前從未光顧過情趣用品店[24]。」

NaS也可以解釋嘻哈音樂製作中的音樂取樣（sampling）。肯伊·威斯特（Kanye West）常從沒有交集的類型中選歌，仿效「吹牛老爹」尚恩·庫姆斯（Sean Combs）的商業模式。威斯特在二〇〇〇年代的做法，跟庫姆斯在一九九〇年代的做法如出一轍。例如庫姆斯取用大衛·鮑伊（David Bowie）一首歌的節拍，製作饒舌歌手 The Notorious B.I.G. 的一首歌。他也取用放克樂團 Mtume 的〈Juicy Fruit〉，製作出聲名狼藉先生（The Notorious B.I.G.）最暢銷的歌曲〈Juicy〉。庫姆斯與威斯特都是取用熟悉的東西，加入創新的新奇元素，進而創造出熱門歌曲。

想想電子舞曲是如何在美國流行起來的。二十一世紀初，電子舞曲（electronic dance music,

EDM）還是新玩意兒——對多數的美國聽眾來說太新了。大衛．庫塔（David Guetta）是電子舞曲的推廣大使。他把這個新東西用包裝在亞瑟小子（Usher）、黑眼豆豆團長威爾（will.i.am）、妮琪．米娜（Nicki Minaj）、史努比狗狗（Snoop Dogg）和路達克里斯（Ludacris）等令人安心的流行藝人上。

電子舞曲在美國電臺普及後，一些電子音樂DJ利用NaS，進一步擴展此音樂類型。艾維奇（Avicii）在邁阿密音樂週首次發表〈Wake Me Up〉這首歌時，把現場的鄉村音樂歌手請上台演奏他們的招牌反覆節奏（riff），觀眾一開始感到困惑不解。但是那首歌上市不久，大家對電子舞曲與鄉村音樂反覆節奏的結合已經聽到欲罷不能。

碧昂斯在〈Mi Gente〉中也是使用NaS，把雷鬼舞曲的新奇感與流行音樂的熟悉感結合。那首歌也主打雷鬼舞曲的超級巨星巴爾文（J. Balvin）和壞痞兔（Bad Bunny）。饒舌歌手納斯小子（Lil Nas X）與鄉村傳奇歌手比利．雷．希拉（Billy Ray Cyrus）合作的〈Old Town Road〉，也是NaS的實例，一舉衝上二〇一九年夏季音樂排行榜的榜首。音樂界及其他領域結合新奇與熟悉的藝人不勝枚舉，而且還會持續增加——因為NaS很有效。

你現在知道大腦喜歡的東西是可以建構出來的。「重複曝光效應」、「流暢效應」和「可得性偏差」都對廣告有很大的幫助。一般來說，廣告業更精準的名稱應該是「曝光業」。世界各地像Google、臉書或音樂電視網（Music Television, MTV）這樣的媒體，都因為公司付費取得曝光而大發利市。整個產業——從網路搜尋與社群媒體，到電視、廣播與印刷——都是建立在重複曝光效應的效果上。

下次你必須從一堆能量飲料中挑選一種時（價格不是問題），你會挑選你最近最常接觸的品牌。其實那罐能量飲料早就為你選好了，只是你會覺得那是你自己挑的。熟悉度真的很有效。

但新奇度也很有效。大腦會關注那些違反預期的事情。你追逐新鮮的事物時，大腦會分泌多巴胺來獎勵你。每當有新奇的事物讓你感到驚喜時，大腦就會放大多巴胺的獎勵效果。新奇促使你更喜歡、想要更多。

大腦非常需要保養，它既需要新奇的新鮮感，也需要熟悉的安全感。NaS隨處可見，甚至在本章開篇提到的扎榮茨實驗中也是如此。所有的受試者都不懂中文，所以漢字對他們來說是**新鮮**的。他們之前短暫看過的漢字再次出現時，他們的大腦會覺得那些字很**熟悉**，儘管那組漢字整體給人的感覺是新的。結果，他們看到那些新鮮又熟悉的漢字後，感覺比較快樂，對那些字更有好感。

NaS協調大腦相互矛盾的偏好，但還是有一些人不理會這種原則，尤其是電影業與音樂產業。NaS原則的批評者說，那種做法是在「欺騙」大眾。洛威不覺得這是一種批評，他是自豪的民粹主義者。當目標是盡可能增加消費時，找不到比NaS更好的方法了。關於這點，最有力的辯駁來自饒舌歌手兼商業大亨Jay-Z，他自己就是把新奇事物與熟悉事物混在一起的專家：

> 我讓歌曲更平易近人，好讓收入倍增。
> 他們因此批評我，但他們都大喊：「哇！」*

*〈Moment Of Clarity〉一曲中的歌詞。

9

同理心與共鳴

品牌的祕密語言

想像你是一位高中女孩，幾週前你寄出申請函到美國芭蕾學院，忐忑不安地等待幾週後，終於收到回信：

親愛的申請者：

謝謝你來函申請芭蕾學院。很遺憾，你並未入選。你的腳型、外開腳位（芭蕾基本腳位）、跟腱、腿與軀幹的長度都不合適。你的身材不適合跳芭蕾，但可以成為拉斯維加斯的職業舞者。而且，十三歲已經超過我們的年齡考量。

一位十三歲的女孩剛剛被告知，她的身材不適合在劇院中跳芭蕾，比較適合在拉斯維加斯的舞臺上表演。這封拒絕信（寄給一位十三歲少女的真實信件）給你什麼感覺？或許是生氣，或許是悲傷，很可能你也感受到這個女孩收到消息時所產生的許多情緒。

注意你剛剛心境上的轉變：一段短短的文字改變你的心境，並顯著地改變你的情緒。這就是人類交流的奇妙力量。

交流遠遠超越讀、寫和說的行為，也遠遠超越了語言。溝通是一種與他人分享內心最深處狀態——我們的思想、情感和觀點——的能力。它為同理心提供基礎：理解周遭的心理與情緒狀態的能力。簡言之，同理心是人類社交的基礎。

根本上來說，溝通反映人際連結的能力。溝通最基本的形式，是藉由資訊交流與他人聯繫。例如一個陌生人向你問路，你與他分享腦中的實用知識，你就是透過那個知識建立聯繫。我們也可以在情緒層面上，透過交流產生共鳴。如果你看到某人笑得合不攏嘴，通常你也會感染那種情緒。以微笑來說，你看到別人微笑時，自己也會覺得比較開心。但我們也可以透過故事與他人建立聯繫，這種方式比較沒那麼直接，但或許更為深刻：這裡的故事是指傳達複雜想法與觀點的敘事，目的是為了觸發同理心。

對品牌來說，可能找不到比溝通更重要的能力了，因為品牌的目的就是為了建立聯繫。品牌是為了在公司、資訊和產品之間建立一種資訊的、情感的、文化的，甚至是個人的聯繫。

當然，這不見得是件容易的事。人際交流面臨許多挑戰。當你從人類擅長的一對一交流，轉向品牌必須做的一對多交流時，挑戰變得更加複雜。然而，當品牌做對時，就能在產品與消費者之間建立一種聯繫——這種聯繫就像人際聯繫一樣強大、令人脫胎換骨。

交流有如打網球

想瞭解品牌與公司如何溝通，我們需要先瞭解人類如何溝通。我們先從基本組成開始看起：一個人如何向另一人傳達一個簡單的想法。

研究人類心理學的時間越長，就越有可能得出同樣的結論：人類實在很愚蠢。多數時候，很多事情我們都做得很糟。在本書中，我們一再看到：人們的感官能力與注意力很有限，所以我們感知現實時，或多或少會自己捏造。我們的決策機制有嚴重的缺陷，以至於行為經濟學這個研究領域主要是在講人類的不理性。

接著，你開始研究交流，覺得那充滿了新意，令人耳目一新。你觀察人類交流時，會不自覺地驚嘆人類的神奇。首先，我們必須儲存非常豐富又複雜的語言知識，必須搞清楚我們想脫口說出什麼，並選用貼切的措辭，以合理的方式建構及組合那些字句。接著，交流還有實體的層面。我們必須協調喉嚨裡的肌肉組織，以便以共同語言的慣例，發出清晰的聲音。我們的交談對象必須有能力理解及詮釋那個共同的語言。而且，這還只是為了傳達一個句子而已，更遑論傳達一個想法、故事或複雜的情感了。

這一切是怎麼辦到的？社會神經科學不斷地成長，開始為我們揭開這個問題的答案。神經科學家在溝通進行時，偷窺溝通者的大腦活動，因此發現：從最基本的層面上來說，**溝通是說話者把圖像與想法植入聆聽者腦中的能力**。當你腦中有想要傳達的想法時，你就是溝通的發送者，你想溝通的對象是接收者。身為發送者，你的任務是在接收者的大腦中重新創造你自己腦中的狀態。

普林斯頓大學的尤里．哈山（Uri Hasson）利用特殊的功能性磁振造影，算出「受試者間的相關係數」（inter-subject correlation，也就是比較不同的人聽到同一故事時的大腦反應），讓大家更清楚看到大腦是如何運作。結果不出所料，處理基本聲音的聽覺皮質在處理同一故事時，每個人的反應大同小異。不過，在大腦比較高階的區域（例如跟詮釋及意義有關的額葉皮質），每個人的大腦狀態則非常不同。在大腦中，即使我們**聽到**的都一樣，但我們對它的**詮釋**卻並不相同。這就是為什麼，即使我們都聽到五分錢合唱團的歌曲，有人聽到熱淚盈眶，有人聽到痛苦流淚、苦不堪言。

有趣的是，講者與聽者的腦中有一種特殊的相似性，哈山稱之為「神經耦合」（neural coupling）。當你講故事時，大腦中有一群神經活動，它們代表著這個故事[1]。有趣的是，**聽者的大腦中也有類似的神經活動**。此外，你與聽者的大腦狀態愈相似，溝通效果愈好——這是關鍵。哈山對聽者做故事理解力的測試，結果發現，聽者的得分與聽者和講者之間的神經耦合度非常相關[2]。大腦狀態愈相似，理解力愈好。

在大腦的層面上，**溝通是講者與聽者之間的神經耦合**。我們傳達想法時，是把自己的大腦狀態傳給對方的大腦。有效的溝通就像兩人連續對打網球，目標是讓對打盡量持續下去。如果你想讓搭檔能夠回球，你需要把球打到他習慣打球的那隻手及那個方向。同樣地，有效的溝通者能夠把訊息塑造成適合對方吸收的模式。你愈擅長這樣做，溝通能力愈好。

我們說話時都會在潛意識中調整自己，使自己與溝通對象盡量配合。你可能會注意到，你與祖母說話的速度和語氣，比你和計程車司機或服務生說話的速度慢一些。你與最親近的家人說話的方式，肯定和你跟公司執行長說話的方式不一樣。你可以使用不同的措辭，刻意凸顯或淡化口音，或以不同的語速或節奏說話。就像打網球的人會逐漸瞭解彼此的優缺點與偏好，在語言交流的過程中，我們也會逐漸調整自己以配合對方的風格。

蘇格蘭的語言學家馬丁．皮克林（Martin Pickering）和西蒙．加羅德（Simon Garrod）把這種現象統稱為「互動協同」（interactive alignment）[3]。他們的研究顯示，與人交談時，即使才短短幾分鐘，我們的音色、音幅、語速甚至姿勢，都會在無意間微妙地改變，以配合交談的對象。與此同時，對方也會逐漸配合我們。雙方不知不覺中慢慢地聚合到一個共同的交會點上，這個過程自然有助於溝通。雙方交流的時間愈長，彼此的風格會愈相似，進而更瞭解彼此。下次你與人交談時，可以注意這點。在談話過程中，如果你慢慢把身體往後傾，對方可能也有同樣的變化。同樣地，如果你在外國生活很長一段時間，你會發現，你不止學到一種語言，連你的語速、甚至你的口音都可能會變，以便適應說話風格的文化差異。這些語言與非語言的轉變，都是為了暗中配合溝通的對象，以建立神經耦合，提高溝通效率。

重點是，你愈模仿對方的溝通方式，你們的溝通效果愈好，你傳遞的資訊越有說服力。

然而，配合新的網球夥伴調整自己，需要花時間。最初幾次的嘗試可能令人沮喪，你可能花較多的時間撿球，而不是打球。我們都有複雜的經驗、特質和聯想，那些都會影響我們對他人話語的理解。有效的溝通是指對共用的語義有共同瞭解。這些是你只對一個聽者溝通時的狀況，這已經夠難了。隨著聽者數量的增加，難度也愈來愈高。

消費世界中的神經耦合（與脫勾）

為了銷售產品或服務，公司需要與現有及潛在的顧客溝通。但行銷溝通與人際溝通不同，必須集中產生並集體發布。要讓我們的大腦與坐在我們對面的人同步已經夠難了，品牌是在同一時間試圖與數百萬人同步。

沒有建立神經耦合時，某些語義只是假設，麻煩也隨之而來。二〇一七年夏天，服裝公司KA Designs發布一系列明亮的彩虹色T恤，醒目地展示納粹黨的黨徽「卐」[4]。他們在臉書的廣告中解釋他們這樣做的理由：「數千年來，卐這個符號帶有正面的意味。但有一天，納粹主義……永遠地汙蔑了這個符號。卐回來了，跟著和平、愛、尊重和自由一起回來了。」

嚴格來講，卐符號確實是源自古印度傳統，是吉祥好運的象徵，但如今一般消費者已經不知道這個意義。如今的卐與仇恨、納粹主義、種族滅絕是同義詞。當然，設計師使用這個符號時，知道這個符號意味著和平、愛、尊重、和自由，但這顯然不是觀眾腦中的想法。這是一次神經耦合的大失敗。在功能性磁振造影的研究中，KA Designs 與潛在顧客之間的「受試者間的相關係數」幾乎是零。這個 T 恤系列的設計師未來受聘的機會也是微乎其微。

抗議聲浪來得又快又猛，KA Designs 公司的推特與

KA Designs 公司惡名昭彰的「卐」符號 T 恤系列

電郵信箱馬上湧入大量的負評。持平來說，他們確實獲得一則正面的支持：「我很感激這些嬉皮終於跟進了，我支持這些T恤。」這則評論是來自新納粹網站《風暴日報》（*The Daily Stormer*）的創辦人安德魯·安格林（Andrew Angling）。這實在不是理想的Yelp*評論。於是，KA Designs大幅讓步，先是道歉，接著發布一款印著卍符號的新T恤，上面多了一條刪除的紅線。然而，傷害已經造成。

KA的宣傳活動太慘烈了，這種事情竟然會發生在現代，實在令人難以置信。他們難道完全沒察覺情況不太對勁嗎？事先都沒料到會掀起軒然大波嗎？KA這個錯誤很極端，但其他比較溫和的語義錯誤也一點都不罕見。二〇一七年，臉書上出現一支多芬（Dove）乳液的廣告，廣告中的女人脫下T恤後，變成另一個女人。表面上，那支廣告想要傳遞的訊息是多芬的客群有多元種族。但多芬因為廣告中的一個轉變而遭到猛烈批評：一個黑人女性轉變成白人女性，那簡直跟「洗白」沒什麼兩樣。

*美國最大評論網站。

不過，二〇一七年，神經耦合錯誤最誇張的例子，應該是百事可樂請坎達兒・珍娜（Kendall Jenner）代言的那支廣告。在那支廣告中，珍娜扮演一位維權人士，把一罐冰涼的百事可樂遞給一位身穿防暴裝的鎮暴警察，因此化解了緊張的局勢。百事可樂藉由這支廣告，無恥地把維權人士的抗議形象加以商品化，同時刻意淡化警方處理種族議題的粗劣方式。這支廣告引發激烈的反彈，導致百事可樂幾乎馬上撤下廣告並正式道歉。

KA、多芬和百事可樂的例子顯示，隨著觀眾日益擴大與多樣化，建立神經耦合變得愈來愈難。這就好像試圖和數百個人同時打網球一樣，每個人都有非常不同的風格。

言外之意

在其他的條件相同下，你的溝通方式愈能迎合目標受眾，你傳達的訊息愈有效。對公司來說也是如此，這為「瞭解客戶」（Know Your Customer）這個常見的商業格言增添重要的細膩差異：不僅要瞭解客戶的偏好與需求，還要瞭解他們的溝通風格。敏銳的品牌非常注意客戶的措辭。他們的目標受眾說話是快是慢？他們講話是浮誇還是簡略？他們用字遣詞比較粗俗還是文雅？

溝通風格很重要。家長想讓十幾歲的孩子吃得更健康，但提出再多的理性論點時（例如抗氧化劑與膳食纖維的長期健康效益），孩子都聽不進去。或許家長可以下載Snapchat，以青少年的流行語跟孩子溝通（好吧，別傻了）。但講正經的，大家很早就注意到，青少年對彼此的影響，比父母的影響大得多[6]。這很可能是因為青少年以他們特有的流行語溝通[7]。青春期本來就是比較想脫離父母、爭取獨立的時期。孩子透過語言隔離古板的父母，藉此限制父母威權對他們的說服力。

為了打造迎合受眾的溝通方式，老年產品的廣告常由老人慢吞吞的話語述說，青少年產品的廣告則採用青少年流行語。不過，溝通方式不適配時，結果可能很糟。

成人紙尿褲品牌「得伴」（Depends）就是一例。在迎合千禧世代與Z世代的產品行銷上，使用網路主題標籤（hashtag）是很常見的做法，但是在老人產品的行銷上，通常不會使用這種方式。得伴是例外。二〇一四年，得伴推出一項社群媒體行銷活動，鼓勵顧客上傳他們穿著得伴紙尿褲的照片，並使用#DropYourPants這個標籤提高大家對成人漏尿問題的瞭解。

如果你以為你剛剛眼花看錯了，可以再看一遍：得伴的社群媒體行銷活動，鼓勵顧客上傳他們穿著得伴紙尿褲的照片，並使用 #DropYourPants 這個標籤，提高大家對成人漏尿問題的瞭解。你跟爺爺解釋電郵怎麼加附件已經夠難了，現在還要教他怎麼使用 Instagram 貼出穿尿褲的照片？這個行銷活動的失敗讓大家都覺得謝天謝地，真是夠了。

二〇一七年，千禧世代的購買力超過一兆美元，那年千禧世代也變成美國勞力人口比例最高的世代[8]。各家公司不僅想把產品賣給千禧世代與Z世代，也想僱用他們。每一代的溝通風格與用字遣詞都不太一樣。看看下面這封微軟發出的郵件，信中大量使用千禧世代與Z世代的流行詞彙，以努力模仿受眾的溝通風格：

嘿，親愛的實習生！ᐱᏳ

嗨！我是小金，是微軟大學的招聘人員。七月十一日，我的團隊將從西雅圖的總部南下，在 Internapalooza* 與你及灣區的實習生相見歡。

但更重要的是，當晚我們將在舊金山的微軟辦公室，舉辦一場專屬的派對，歡迎你來參加！現場有超多美食美酒和最炫的音樂，就像去年一樣，我們將在Yammer*提供的桌子上玩投杯球（beer pong）遊戲！太棒了，我們將在週一夜晚飲酒作樂！

〔讀者可以上我們的資源網站，看這封電郵的實際影像。〕

得伴與微軟這兩個神經耦合失敗的例子都令人莞爾。不過，當客群有所轉變，但品牌不能（或不願）調整溝通方式時，可能會危及生意。哈雷機車（Harley-Davidson）就是一例。這個傳奇的機車品牌顯示，神經耦合失敗可能導致一個品牌完全停擺。哈雷機車是在嬰兒潮世代崛起時，建立了事業與品牌。但隨著那個世代迅速老化，該公司過去十年的主要任務一直很簡單：接觸千禧世代。表面上看來，這很簡單。哈雷應該很容易推銷給千禧世代，因為哈雷機車省油、復古，又訴諸千禧世代無拘無束的自由精神。二〇一七年，哈雷機車的執行官馬修·勒

*矽谷的人才招募活動。

*微軟旗下的企業用社群網路服務。

瓦蒂奇（Matthew Levatich）還說：「很多千禧世代騎摩托車，我們只需要鼓勵他們騎哈雷、投入哈雷就好了。」但他們的行銷策略很失敗，因為他們的廣告不是採用千禧世代的語言（下圖）。

哈雷機車是少數你可以在某個人口族群的小腿、手臂和屁股上看到的品牌刺青，因為它與那些族群有深刻的共鳴。但這個傳奇的美國品牌，銷量已連續萎縮十年，股價在二〇一四年夏季到二〇一九年夏季之間穩步下跌，從每股七十二美元跌至三十一美元[9]。顯然，哈雷機車並沒有抓住千禧世代的心，因為他們嘲笑千禧世代對社會福利、失業、甚至智慧型手機文化的關注。這種嘲諷可能會讓現有的年長受眾更喜歡它們，但是對最重要、即將接班的潛在騎士世代來說卻毫無作用。

勒瓦蒂奇非常清楚吸引新一代買家的必要性，但是對於千禧世代愛用智慧型手機的現象，他也堅持非批評不可。「我們必須

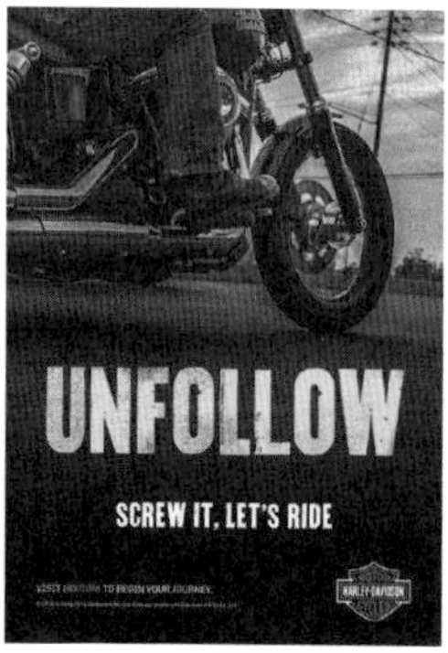

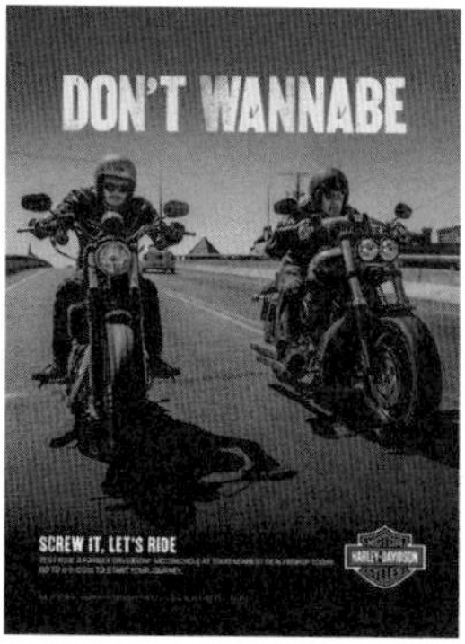

找到追求自由與冒險的騎士，他們想過真實的生活，抽離智慧型手機，騎車上路。」換句話說，他們希望千禧世代不是千禧世代。

截至二〇一九年，哈雷正考慮推出一款電動摩托車，徹底脫離品牌核心，藉此放手一搏，以吸引年輕的騎士[10]。時間會告訴我們，這樣做是否太保守、太晚了及他們無法與千禧世代溝通是不是導致這個品牌消亡的原因。

想想你熱愛及捍衛的產品、服務與品牌。那些品牌的溝通方式與你的溝通方式有多相似？

Netflix 是在神經耦合方面做得不錯的例子。Netflix 不是逕自對消費者說話，而是與消費者對話。最重要的是，他們說的是現代消費者的語言：「網路用語」。網路用語充滿迷因、貼圖、流行文化與科技文化的指涉，是你用 NaS 濾鏡檢視 Reddit 用戶的次文化時所看到的網路用語。你看一下 Netflix 的 Twitter 與 Instagram 帳號，就可以看出這個品牌多擅長與講網路語言的消費者進行神經耦合了。他們以貼圖回應粉絲，就像朋友之間傳簡訊一樣。他們會把握每個使用迷因的機會，敏銳地跟隨網路趨勢，機靈得要命。底下 Netflix 紐澳分公司因應推特字數限制的方式就是一例：

← **Tweet**

Netflix ANZ
@NetflixANZ

Did we do it right? #280characters

8 November 2017 at 1:07 pm

Piper Chapman, Alex Vause, Healy, Miss Claudette, Red, Crazy Eyes, Poussey , Doggett, Morello, Pornstache, Nicky, Taystee, Daya, Burset, Caputo, Mendoza, Norma, Matt Murdock, Karen Page, Foggy Nelson, Wilson Fisk, Elektra Natchios, Claire Temple, Madam Gao, Luke Cage, Misty Knight, Cornell "Cottonmouth" Stokes, Diamondback, Mariah Dillard, Jessica Jones, Trish Walker, Malcolm Ducasse, Jeri Hogarth, Killgrave, Danny Rand, Colleen Wing, Ward Meachum, Joy Meachum, Harold Meachum, Bakuto, Davos, Mickey Dobbs, Gus Cruikshank, Joyce Byers, Hopper, Mike Wheeler, Eleven, Dustin, Lucas, Nancy, Jonathan, Will Byers, Steve Harrington, Bob Newby, Billy Hargrove , Sun Bak, Nomi Marks, Kala Dandekar, Riley Blue, Wolfgang Bogdanow, Lito Rodriguez, Will Gorski, Capheus, Amanita Caplan, Whispers, Jonas Maliki, Pablo Escobar, Javier Peña, Steve Murphy, Pacho, Gilberto Rodríguez Orejuela, Miguel Rodríguez Orejuela, José "Chepe" Santacruz-Londoño, Queen Elizabeth II, Philip, Duke of Edinburgh, Princess Margaret, Winston Churchill, Peter Townsend, Clay Jensen, Hannah Baker, Jessica Davis, Tony Padilla, Justin Foley, Alex Standall, Courtney Crimsen, Bryce Walker, Zach Dempsey, Tyler Down, Holden Ford, Bill Tench, Debbie Mitford, Wendy Carr, Shepard, Count Olaf, Lemony Snicket, Violet Baudelaire, Klaus Baudelaire, Sunny Baudelaire, Marty Byrde, Wendy Byrde, John Rayburn, Danny Rayburn, Meg Rayburn, Kevin Rayburn, Diana Rayburn, Frank Castle, Kimmy Schmidt, Titus Andromedon, Dev Shah, Rachel Silva, Arnold Baumheiser, Brian Chang, BoJack Horseman, Princess Carolyn, Diane Nguyen, Todd Chavez, Mr. Peanutbutter, Sarah Lynn, Lorelai Gilmore, Rory Gilmore, Lane Kim, Luke Danes, Michel Gerard, Emily Gilmore, Richard Gilmore, Sookie St. James, Kirk Gleason, Paris Geller, Miss Patty, Dean Forester, Okja , Archie Andrews, Betty Cooper, Veronica Lodge, Jughead Jones, Kevin Keller, Fred Andrews, Josie McKoy, Cheryl Blossom, Jason Blossom, Alice Cooper, Hermione Lodge, Hiram Lodge, Reggie Mantle, Michael Burnham, Saru, Ash Tyler, Paul Stamets, Sylvia Tilly, Gabriel Lorca, Grace Hanson, Frankie Bergstein, Robert Hanson, Sol Bergstein, Nwabudike, Bergstein, Katie, Brianna Hanson, Joel Hammond, Sheila Hammond, Abby Hammond, Eric Bemis, Zeke Figueroa, Shaolin Fantastic, Mylene Cruz, Ra-Ra Kipling, Boo-Boo Kipling, Dizzee Kipling, Cadillac Caldwell, Papa Fuerte, Jean Holloway, Michael Holloway, Sidney, Pierce, Sam Duffy, Larin Inamdar, Rebecca Rogers, Allison Adams, Alexis Wright, Claire Rogers, Marco Polo, Kublai Khan, Empress Chabi, Crown Prince Jingim, Byamba, Princess Kokachin, Ahmad, Hundred Eyes, Jia Mei Lin, Kaidu Khan, Niccolò Polo, JJ, Coop, Claire, Mark, D.J. Tanner-Fuller, Stephanie Tanner, Kimmy Gibbler,Jackson Fuller,Max Fuller, Ramona Gibbler, Fernando, Olivia Godfrey, Roman Godfrey, Peter Rumancek, Dr. Johann Pryce, Destiny Rumancek, Dr. Norman Godfrey, Shelley Godfrey, Frank Murphy, Sue Murphy, Kevin Murphy, Maureen Murphy, Chip, Dennis, Elsa Gardner, Sam Gardner, Casey Gardner, Julia Sasaki, Doug Gardner, Ruth Wilder, Debbie Eagan, Sheila the She-Wolf. Sophia, Annie, Shane, Ethan Turner, Max Adler, Nick, Sam, Marianne, Lisa Turner, Felix, Hormone Monster, Andrew Glouberman, Elliot Birch, Jessi Glaser, Jay Bilzerian, Peter Maldonado, Sam Ecklund, Dylan Maxwell, Lucas Wiley, Brianna Gagne, Mackenzie Wagner, Trevor Belmont, Alucard, Sypha Belnades, Vanessa Helsing,Axel Miller, Sam, Flesh, Mohamad, Tracey, Candice, Connor, Joy, Cynthia, Aaron, Sandy Wexler, Jessica James, Miranda Sings, Bethany, Emily, Patrick, Jim, Samantha White, Troy Fairbanksm, Lionel Higgins, Coco Connors, Gabe Mitchell, Reggie Green, Joelle Brooks, Ruth Whitefeather Feldman, Travis Feldman, Dank Dankerson, Dabby Shapiro, Olivia, Carter, Jenny Pete, Maria Bamford, Bruce Ben-Bacharach, Marilyn Bamford

Netflix 以過人的巧思，用一則貼文歸納電影的劇情：

Netflix US
@netflix
8 Mile, the heartwarming tale of a nauseous young man who cures his sweaty palms through the power of mom's spaghetti, is now streaming.
12/2/17, 2:22 AM
7,159 Retweets 22.7K Likes

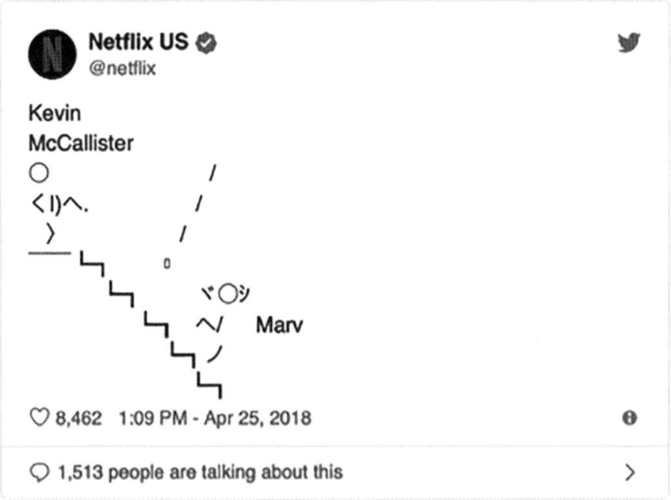
Netflix US
@netflix
Kevin
McCallister
Marv
8,462 1:09 PM - Apr 25, 2018
1,513 people are talking about this

Netflix 使用碧昂絲的貼圖回應活潑的粉絲：

消費者把 Netflix 這種神經耦合做得特別好的品牌視為朋友。這不僅滿足他們的溝通需求，也培養信任與歸屬感。

鏡像神經元

神經耦合使我們的大腦與他人的大腦連接以分享資訊。但人類先天習慣配合互動的對象，不止是為了溝通想法。周遭的人會影響我們，我們也會影響他們。這種影響是透過他們的行為，甚至他們只要在我們的附近，就對我們有影響。你曾經看到別人打哈欠後，跟著打哈欠嗎？或者，看到對面的人伸手進口袋拿手機，你也跟著這樣做嗎？我們之所以會想跟著採取同樣的動作，是因為模仿他人是人類社交性的一個核心特質。

周遭的人時時刻刻都影響著你的大腦狀態，你也影響著他們的大腦狀態。你走在辦公室的走廊上，看到電梯的門關起來，撞上一個人的肩膀。你下意識會感同身受，跟著縮一下肩膀。或者，你正在看一場足球賽，當跑衛在五十碼外起跑時，你會跟著心跳加速。或者，你看到一名女子拿起一杯熱騰騰的香醇咖啡，你會因為這種熱呼呼的飲料而感覺溫暖起來。你會自動地模仿周遭人物的心理狀態。

人類這種先天的傾向，主要是額葉的一小簇神經元——貼切地命名為「鏡像神經元」（mirror

neurons）所造成。鏡像神經元是約十年前由義大利帕爾馬大學（University of Parma）的賈科莫．里佐拉蒂（Giaccomo Rizzolati）發現。里佐拉蒂與他的團隊當初並沒有計畫發現這個人類社交性的基本關鍵。他們本來想瞭解猴子如何產生簡單的動作，卻在過程中意外發現了這點。他們使用單細胞記錄裝置，在猴子完成幾項動作時，追蹤其額葉皮質中個別神經元的活動。當猴子彎腰撿起食物時，大腦額葉皮質的特定細胞會出現活動。目前為止，並沒有什麼特別之處。我們老早就知道，大腦的額葉區域與動作密切相關。真正有趣的是，猴子看到另一隻猴子伸手去拿食物時，牠自己的同一區域——實際上是同樣的神經元也會活躍起來！

經過進一步的研究，他們發現這些神經元不僅對**動作**有反應，它們對動作背後的**意圖**也有回應。早在行為出現以前，鏡像神經元就能偵察到動作意圖中極其細微的差異[11]。也就是說，你看到某人伸手撿起一顆蘋果時，你的鏡像神經元在當下已經能夠分辨，對方是打算把蘋果放到嘴裡吃掉，或只是把蘋果放在某處。換句話說，額葉皮質有一群神經元，當我們打算做某事或別人打算做同樣的事情時，那些神經元就會活躍起來[12]。

對人類進行的許多研究已驗證及擴展上述的結果。馬可．亞科波尼（Marco Iacoboni）和他在加州大學洛杉磯分校的同仁推論，這些神經元支持我們對**外部**心理狀態的自動與即時**內部**模擬[13]——這把我們與他人緊密地連在一起。所以，看到某人咬一口不好吃的食物時，我們會不自覺地皺起鼻子；看到演講者因過度緊張而表現失常時，我們也會跟著感到尷尬而畏縮。鏡像神經元也讓我們洞察到這種模仿的過程：不是像機器人那樣只會模仿他人的動作；我們也會**不由自主地**模擬對方的心理狀態及動作背後的意圖。

有樣學樣

儘管如此，鏡像神經元還是被過分誇大了。上Google快速搜尋一下，你可能會認為，從自閉症到語言演化，再到人類文明的誕生，一切都是由鏡像神經元所造成。它們在人類社交性中扮演的角色，遠比流行文化所指的還要微妙[14]。但有一件事很明確：它們對於我們理解及模仿他人的意圖與行為的能力非常重要。在消費世界裡，誘導模仿是一種非常有效的工具。

說到誘導模仿，可口可樂再次證明它為什麼是全球頂級的品牌。可口可樂以推出歡樂廣告聞名，廣告中常顯示一群喜歡玩樂的人，展現出可口可樂所期望的行為：喝下及享受可口可樂所推出的棕色冒泡飲料。以可口可樂的〈Taste the Feeling〉廣告為例[15]，那支廣告通常是在電影院內電影即將播放之前顯示。廣告一開始顯示幾個年輕人買了可口可樂與爆米花，他們坐在電影院裡，一邊跟著活潑的歌曲哼唱，一邊吃著爆米花與可樂。鏡頭中共有二十一人，每個人看電影時都握著或喝著可樂。

這個廣告不僅展現出可口可樂公司想要消費者參與的行為（購買可口可樂），也展現出人們參與這種行為時的心理狀態。他們喝著可樂，面帶微笑，雖然有點誇張。他們的微笑所象徵的情感，放大了行為。那驅使觀眾不僅跟著買可口可樂，也在購買可樂後，跟著模仿廣告中呈現的情感與心理狀態。藉由這種依賴「人類模仿天性」的廣告，可口可樂公司在公然把可樂與「暢爽開懷」連結在一起之前，就已經把可樂變成快樂的同義詞了。

看到和你相似的人享用某種產品，會促使大腦模擬你自己擁有那個產品的體驗，進而讓你更想擁有那個產品。我們有理由相信，在服飾方面更是如此。二〇一七年秋季，女性時裝出租服務 Rent the Runway 想出一種讓「每個女人」展示個人服裝的務實新方法。他們請那些到該公司租過衣服的女性主動提供照片，讓他們在網站上使用。Rent the Runway 的資料顯示，女性看到長相與自己相似的女性所穿的衣服後，租那件衣服的機率比看模特兒穿上那件衣服高出百分之二百[16]。

其他公司也迅速跟進。Lululemon 要求顧客上傳自己穿著 Lululemon 服飾的照片，並附上標籤 #thsweatlife，因此獲得二百多萬次的頁面瀏覽量及 Instagram 一百萬個按讚數。Coach 請顧客上傳他們日常生活中使用 Coach 包包的照片，一夕間就累積了二萬六千多則貼文。經常參與這種風潮的凱薩琳・林（Katherine Lin）接受《華爾街日報》（*The Wall Street Journal*）訪問時表示：「這顯示品牌多想與消費者建立連結……在真實活動中看到真的消費者穿戴產品，讓產品感覺更加真實[17]。」下次你上 Adidas 或 Reebok 的網站購物時，你也會看到「分享你的穿法」這一區。那是公司從 Instagram 下載顧客穿著產品的真實照片，放到電子商務的網頁上。

不止是你看到會啟動鏡像神經元，聽到也會。鏡像神經元可以解釋為什麼笑有感染力，為什麼電視上的罐頭笑聲會沿用那麼久。

如今罐頭笑聲可能像恐龍一樣消失了，但從一九五〇年代查爾斯・道格拉斯（Charles

Douglass）發明這玩意兒到二十世紀末，罐頭笑聲確實是美國電視圈的一大創意。罐頭笑聲穿插在笑話中以強調笑點，有如笑話中的驚嘆號。但罐頭笑聲的作用不僅是用來強調笑點，它也使笑話變得更有趣。從鏡像神經元的層面來看，聽到別人笑會讓你想要反映笑的情緒與動作。本來聽笑話不會笑的人，在增添罐頭笑聲後，會對同一個笑話咯咯發笑。

二〇一〇年代，罐頭笑聲變成瀕危物種，部分原因在於現代觀眾知道罐頭笑聲不太真實。這種意識反而使罐頭笑聲變成幽默的阻力，而不是助力。相較於以前節目的靜態布景，如今的節目劇情複雜，更容易突顯出這種笑聲的虛假。你能想像在《權力遊戲》中提利昂．蘭尼斯特（Tyrion Lannister）說「我無酒不飲，無事不曉」時伴隨著罐頭笑聲嗎？

同理心

前面提過，鏡像不僅模仿心理狀態，也模仿情感狀態——這就是所謂的同理心現象。

研究一再證實，人類先天具有同理心。如果你曾在托兒所待過，你應該很清楚這點：一個孩子笑時，所有的孩子都會跟著笑；一個孩子哭時，所有孩子都跟著哭了起來。功能性磁振造影發現，我們感到疼痛時，大腦啟動的區域跟我們看到他人疼痛時一樣[18]。我們先天就有感同身受的能力，這種情感反映是人類的一大特質。看完《權力遊戲》中的血色婚禮（Red Wedding）後，我們感到恐懼及悲傷；看到暴君喬佛里（King Joffrey）終於喪命時，我們感到高興（小心劇透！）。

然而，我們的同理心系統有一個重大的缺陷：它關注的是個人，不是群體。我們對一個人的關注，更勝於對一群人的關注。我們對一個孩子的困境深表同情，但是一大群孩子的痛苦太抽象了，難以誘發同情。根據我們對人類演化的瞭解，這種現象其實很有道理。幾萬年來，人類活在小而緊密的社群中。我們關心的圈子——我們賴以生存的人及那些依靠我們生存的人——就是我們周遭那幾個重要的人，不會超出這個小範圍。

我們回頭看本章一開始引用的那封拒絕信。這次，你不是想像一個十幾歲的女孩，而是想像一群中學的芭蕾舞者申請美國芭蕾學院。拒絕信是這樣寫的：

親愛的申請者，

謝謝你們來函申請芭蕾學院。很遺憾，你們並未入選。你們的腳型、外開腳位、跟腱、腿與軀幹的長度都不合適。你們的身材不適合跳芭蕾，但可以成為拉斯維加斯的職業舞者。而且，十三歲已經超過我們的年齡考量。

多數人看第二封拒絕信時，比較無法感同身受。但兩封信唯一的區別只是把名詞與代名詞從單數改成複數罷了。我們的大腦先天對一個人（單數）比較有同理心，對一群人（複數）的同理心較少。**同理心無法大幅延伸。**

俄勒岡大學（University of Oregon）的保羅．斯洛維克（Paul Slovic）領導一項研究，系統化地探索這種偏誤——所謂的「心理痲木」（psychic numbing）——如何影響我們的判斷與行為[19、20]。在一次實驗中，他讓一組大學生看一張貧童的照片，問他們願意捐多少錢以幫助這個不幸的孩子。他向另一組學生提出同樣的問題，但照片上是兩個貧童。看單一貧童照片的那一組所捐的錢，遠比看兩位貧童照片的那組還多。後續的研究也精準地顯示，我們的同理心與助人的意願，會隨著關注對象的擴大而減弱。

這結果在我們的道德直覺中造成很大的矛盾。如果我們關心一號孩子，也關心二號孩子，我們對那兩個孩子的關心，至少應該和只關心任一個孩子一樣多才對，但事實並非如此。那等於是說，一與一的總和不僅小於一加一，甚至還小於一。而且更誇張的是，即使把我們單獨關心的那個孩子放進那群孩子中，我們對一群孩子的關心依然不如對一個孩子的關心！彷彿我們對一個人的同理心，在那個人與其他人合成一個群體後就消失了。德蕾莎修女（Mother Teresa）是現代史上最有同理心的人之一，她一語道盡此現象：「看到一群人時，我不會有所行動；看到一個人時，我一定會去做。」

影響單一個體的事件，很容易觸動閱聽者的心弦。這點從媒體報導某些事件的數量與類型即可見得。一九八七年是有記錄以來最暴力的一年，全美共發生二萬多起謀殺案。然而，最引人關注的事件，卻是一樁小嬰兒與死神搏鬥的故事。十月十四日，十八個月大的潔西卡．麥克盧爾（Jessica McClure）掉入德州米德蘭市（Midland）的一口井裡。救援人員花了兩天才把她救起來，那兩天，全美有近百人（包括幾名兒童）遇害，但全世界屏息關注潔西卡獲救時，觀眾幾乎都不知道其他人喪命的消息。小嬰兒受困的新聞引起全球的關注，每晚都有無數小時的全國新聞報導。當她終於被拉到安全的地方時，她馬上變成名人，吸引多家媒體前去採訪。美國廣播公司（American Broadcasting Company, ABC）幫她拍了一齣電視劇，她還受邀到白宮參訪。老布希總統說：「這段期間，每個美國人都成了潔西卡的乾爸與乾媽。」二〇一〇年，《今日美國》（*USA Today*）把她列入「影響深遠人物」榜單的第二十二位[21]。

嬰兒潔西嘉的報導很誇張，但是像她那種扣人心弦的故事極為常見。從二〇〇四年娜塔莉．霍洛威（Natalee Holloway）在阿魯巴失蹤的悲劇，到一九九六年瓊貝妮特．拉姆齊（JonBenet Ramsey）遭到謀殺的神祕事件，有無數個個體成為我們同情的焦點，並因此受到全國關注。我們的同理心只關注個人。精彩動人的故事，是一舉放大我們對個體發揮同情心的最佳方式。

同理心的載體

如果你覺得我們喜歡某些故事可以用單一因素解釋，那就太簡化了。人們喜歡某些故事，可能有五花八門的原因。不過，如果只能選一個因素的話，那麼影響最大的因素應該是同理心。

一個故事放大及傳輸同理心的威力相當驚人。你對站在你面前的人感同身受，那是很自然的反應，但故事可以把我們和從未接觸過、八竿子打不著的人連在一起。誠如已故的社運人士詹姆斯・鮑德溫（James Baldwin）所言：「你認為你的痛苦與心碎在世界史上是前所未有的，但你開始閱讀後，發現事實不然。」

然而，並非所有的故事都能獲得同等的同理心。很多故事的共通點是，它們往往圍繞著單一個體發展。例如，《星際大戰》中有路克・天行者扛起整個劇情；孤兒皮普（Pip）是《孤星淚》（*Great Expectations*）的核心人物；東尼・索波諾（Tony Soprano）則領導《黑道家族》（*The Sopranos*）。

由於我們知道如何避免心理麻木，以這種方式書寫故事其實很合理：把焦點放在單一個體上，可以盡量提高同理心。

本書作者直接測試故事與同理心之間的關連，探究它如何影響我們的消費體驗[22]。我們創造成對的故事，故事的場景都是可信的（例如飛奔穿越機場，差點趕不上飛機），一個故事是一個人做這件事，另一個故事是一群人做這件事。一組受試者看到的故事是：女子艾倫差點趕不上飛機的故事，她排隊接受安檢時，請安檢人員讓她先通過，並以極快的速度通過安檢，在登機口正要關門前衝上飛機。另一組受試者看到同樣的故事，但主角不是艾倫，而是一家人差點趕不上飛機，代名詞由單數變為複數（不是「她飛奔穿越機場」，而是「他們飛奔穿越機場」）。

結果發現，在各種故事與情節中，以一個個體為主軸的故事比一個家庭為主軸的故事更能激發同理心。個體化的描述可以讓人產生最多的同理心。

這種個體化的描述不僅激發同理心，還會影響購買行為。在實驗中，受試者讀完每個場景後，接著收到一個**行動號召**（這是告訴顧客接下來該做什麼的行銷術語），例如「現在就買」、「瞭解更多」、「放入購物車」。在這個例子中，兩版故事結束後，接著都出現「買 Acme 鞋」的行動號召。研究人員問受試者，他們購買故事中提及的產品的可能性有多大。結果顯示，看單一個體故事（例如艾倫的故事）的受試者比看群體故事的受試者更有可能購買產品。

我們都喜歡故事。品牌很擅長利用這點來改善行銷方式：透過人物敘事激發同理心，讓大家更願意掏錢出來購買產品。當你把大腦對個體的同理心及對故事的先天喜愛結合在一起時，效果會變得難以抗拒。

你回想一下最近那些牽動你心弦的廣告，很可能那些廣告都是在講單一個體的故事。例如，Nike 在〈你的動機是什麼？〉系列廣告中，展現年輕運動員的日常訓練。其中一個故事是描寫一個十幾歲的少年凌晨起床，前往球場練習跳投，一直練到他想達到的投籃狀態才回家，那時已是日落。這是令人震撼的廣告，觀眾幾乎不可能不為那個少年的勤奮所感動。要是廣告把焦點放在整支高中籃球隊上，描述他們從黎明開始練跳投到日落，我們很難想像這樣的廣告會激起類似的反應。

同理，英國體育協會（English Sports Council）發起的「女孩也行」（This Girl Can）運動，是近年來獲得最多迴響的廣告之一。那系列廣告的目的，是鼓勵更多的女性參與運動。每支廣告都把焦點放在單一女性上，她沒有典型運動員的身材，但是跟著蜜西．艾莉特（Missy Elliotts）的歌曲〈Get Ur Freak on〉旋律，投入跑步、拳擊有氧或舉重等運動。《富比士》（*Forbes*）把這一系列的廣告評為二〇一五年最佳運動行銷活動。該協會推出的首支影片，在當年就累積八百萬次以上的瀏覽，#ThisGirlCan 在社群媒體上出現上百萬次[23]。

品牌也是人

我們很容易對單一個體產生同理心，這點也衍生一種比較深遠的影響：我們很自然地把物體、複雜的實體或公司之類的大群體視為如個體一般的有個性。換句話說，我們會把不是人的物品擬人化。

智慧型手機故障時，我們會問它：「你為什麼要這樣對我？」，或說它「不喜歡我」。我們會給愛車命名，受試者對他們使用的電腦特別有禮[24]，甚至對他們連上的網站也彬彬有

英國體育協會的 #ThisGirlCan 廣告

禮，彷彿希望電腦或網站也像人一樣懂得禮尚往來[25]。

這種擬人化會自然延伸到我們看待公司的方式。我們也常把品牌擬人化，就像我們把汽車、筆電和寵物擬人化一樣。對我們的大腦來說，品牌也是人，我們與品牌建立關係，就像我們與生活中的人建立關係一樣。

有時，品牌會自己創造出虛構人物促成品牌的擬人化。例如家樂氏麥片的東尼虎（Tony the Tiger）、皮爾斯伯里公司的麵團男孩（Pillsbury Doughboy）和蓋可保險公司的壁虎（GEICO Gecko）。有時，品牌可能使用真實的「角色」講述公司的故事。例如伊隆．馬斯克（Elon Musk）與特斯拉、貝佐斯與亞馬遜、亞利安娜．哈芬登（Arianna Huffington）與《哈芬登郵報》（*HuffPost*）。

創造虛構角色及炒作真實員工都有一樣的品牌目的：給你單一個體作為發揮同理心及建立連結的對象。接著，品牌再利用這種同理心與你建立持久的關係。

利用大腦對人物敘事及品牌擬人化的喜愛來行銷很有效，這點可以說明為什麼品牌要花數百萬美元找代言人。公司真正花錢買的是同理心與連結。把消費者對品牌的擬人化與合適的名人連結起來，不僅可以激發共鳴，名人的正面特質也可能轉化為品牌性格。這也難怪野火雞（Wild Turkey）和林肯汽車（Lincoln Motors）請馬修．麥康納（Matthew McConaughey）當代言人、優衣庫（Uniqlo）贊助羅傑．費德勒（Roger Federer）、迪奧（Dior）找莎莉．賽隆（Charlize Theron）當品牌大使。

這些活動需要大量的重複，也需要付出大量的代言費，但可能非常有效。市場觀察（MarketWatch）估計，一般代言可直接帶來百分之四的銷售成長。誠如《新世代消費者內心大解碼》（*Decoding the New Consumer Mind*）的作者基特．亞羅（Kit Yarrow）所言：「消費者想迅速瞭解你的品牌價值時，會為你的品牌賦予一種個性。不管他們有沒有意識到這個行為，都會這樣做。你的品牌代言人，也是消費者對品牌觀感的一部分[27]。」身為消費者，我們會把我們對代言人已有的觀感及同理心延伸到品牌上。

以安德瑪為例。運動用品業競爭激烈，充斥著Nike、Puma和Adidas等巨頭，一九九〇年代末期安德瑪進入市場時，只是一個不成氣候的新進業者。所以他們尋找運動員作為第一個代言人時，不會像Nike或Adidas找充滿傳奇色彩的超級巨星簽約〔當時Nike找勒布朗．詹姆士（LeBron James），Adidas找上保羅．博格巴（Paul Pogba）〕，而是走全然不同的路線：一條符合該公司精神與品牌「個性」的路線。結果他們挑選誰來代言呢？

一位芭蕾舞者。

沒錯，一位芭蕾舞者。讓我們歡迎安德瑪的化身米斯蒂．科普蘭（Misty Copeland）登場。

科普蘭不是一般的芭蕾舞者。你在本章一開始讀到的那封的拒絕信，就是她少女時期收到的。她為安德

這是科普蘭為安德瑪拍攝第一支廣告的開場畫面，稱她是「勝利的弱勢者」。

瑪拍攝的廣告中，一開始是以足尖「全踮立」（en pointe），展現出健美的身材。旁白朗讀著那封拒絕信。科普蘭以另一個優雅的姿勢結束那個廣告，接著螢幕漸漸淡入，顯示安德瑪的商標及「I will what I want」（做我所想）的字樣[28]。

科普蘭的童年過得很苦。她的母親結了四次婚，生下六個孩子，她是其一。繼父虐待她，常對她說一些種族歧視的言語。儘管經歷種種艱辛，科普蘭依然成為美國芭蕾學院第一位黑人的首席舞者。安德瑪把科普蘭定位成品牌的化身，把她從弱勢中脫穎而出的故事和品牌的故事連結，以六句話在兩分鐘內博得大量的同理心，一舉把該品牌變成美國運動用品的熱門話題。

溝通看似簡單，但誠如前述，這個「自然」的任務絕非易事。有效溝通有如俄羅斯方塊版的社交遊戲，技巧在於重新排列訊息以便貼近聆聽者。

品牌有動機向消費者進行巧妙的溝通。品牌訊息透過神經耦合與消費者相連時，可以促進更深層的溝通與連結。由於人類先天喜歡模仿，我們會不自覺地模仿周遭人物的行為、語言，甚至模仿他們的心理與情感狀態，即使那些人在廣告中也一樣。誠如一句俗諺所言：「你周遭的人是什麼樣子，你就是什麼樣子。」這句話比我們想像的還要真實。

大家都知道，心理交流的潤滑劑是同理心。在與消費者建立深層的連結方面，如今的廣告只接觸到皮毛而已。人工智慧（artificial intelligence, AI）與虛擬實境為品牌與消費者之間更深入的神經耦合提供創新的平臺。鏡像與模仿可能變得更微妙、更強大，使我們的同理心偏誤受到更大的影響。

不過，目前來講，品牌激發同理心、進而驅動行為的最強大方式，依然是說故事。這也是為什麼《權力遊戲》中蘭尼斯特要選故事最有說服力的候選人，藉此證明他為維斯特洛（Westeros）挑選的下一任國王是合理的：「什麼東西可以把大家團結起來？軍隊嗎？黃金嗎？旗幟嗎？都不是，是故事。世界上找不到比好故事更強大的東西了。任何東西都無法阻止它，任何敵人都無法打敗它。」而且，任何消費者都無法抗拒它。

萬物的本質

本質主義的科學及它如何促進喜愛（與業績）

創作模版畫並不難，只要畫出或印出一個輪廓，沿著輪廓剪開，把它放在一個表面上，再噴點漆，就完成了！二〇〇六年有人創作了一幅模版畫，但在十二年後的二〇一八年十月，那幅畫在倫敦的蘇富比拍賣會上，以一百四十萬美元的價格售出。

花一百四十萬美元買一輛跑車也許還有點道理，畢竟，你無法自己製造汽車。但是，花一百四十萬美元買一幅模版畫呢？人類評價物品的方式確實很奇怪。

不過，這幅上百萬美元的模版畫在賣出之後，又變得更奇怪了。拍賣槌一敲下，表示那幅畫已賣給一位未透露姓名的買家，但畫作卻當場「自毀」了。畫框頓時變成了碎紙機，把畫作拉進刀片中切割損毀。現場每個人看到畫框底部把畫作切成碎紙條時，都嚇得倒抽一口氣。那幅價值一百四十萬美元的畫作，被碎紙機切到一半才停止。那幅半毀的畫作肯定不值一百四十萬美元了，對吧？

買主決定留下那幅畫，她解釋：「上週拍賣槌一敲下，畫作馬上遭到損壞時，起初我很震驚，但我逐漸意識到，我得到一份屬於我的藝術史。」那個損毀畫作的人，正是創作那幅畫的藝術家本人：班克斯（Banksy），他在畫框中內建碎紙機，並把它設定成有人得標就啟動銷毀。那幅畫原本名為《氣球女孩》（*Girl with Balloon*），現在重新命名為《在垃圾桶裡的愛》（*Love Is In the Bin*）。在那場拍賣會上，班克斯並未毀掉一件價值上百萬美元的藝術品，而是創造一個藝術品。

班克斯這一招，是近年來藝術界討論最熱烈的事件之一，也是大家公認有史以來最高招的「行為藝術」之一。這件事最諷刺的是（或許也是班克斯想表達的部分觀點），毀損一幅畫反而使畫作變得更有價值。這幅畫的競拍者決定留下畫作，如果她以後決定轉售，這個半碎的版本應該會賣到更高的價格[2]！

從第一章以來，我們一再看到，我們所體驗的世界，並非世界的真實樣貌，而是有段差距。我們不是直接體驗某件事，而是體驗大腦建構出來的心智模型。簡單的感官就會影響我們的心智模式（例如比較響亮的「喀吱」聲，意味著洋芋片更香脆），就像我們對一種產品或品牌的信念（例如相信貴的葡萄酒比較好喝；知道自己喝的是可口可樂時，才覺得可口可樂比較好喝）也會影響心智模型。客觀現實與我們內心的主觀體驗之間存在著差距。在那個空間中，我們的感官與信念會影響（有時甚至會改變）我們的觀感。

但是，感官與信念不是造成那個差距的唯一因素，還有一種不同類別的信念也會影響我們的心智模型：那種信念與實體世界的玄妙性質有關。班克斯的《氣球女孩》就是一例，那個例子清楚顯示，我們對某個物件的觀感遠不止於它的實體性質。

超越實體的部分，是我們對物件的「靈魂」所抱持的隱含信念，或者套用心理學家保羅·布倫（Paul Bloom）的說法，是物件的「本質」（essence）。這種本質超越它的實體性質。即使物件的實體遭到毀損，其本質——我們對這個物件的根本信念，對自己述說的物件故事——依然存在。我們所重視的及令我們感到愉悅的，是物件的本質。物件的本質與物件本身一樣重要，甚至比物件本身還要重要。班克斯的《氣球女孩》一開始之所以有價值，主要是因為它為班克斯**創作**。它的起源已經是模版畫故事（它的本質）的一部分。毀掉作品並不會使那個藝術品失去本質。相反地，那個破壞行為還**強化**它的本質，並在過程中增加它的價值。

班克斯那幅畫的例子讓我們洞悉本質的心理學及我們為什麼會以那種方式欣賞藝術。不過，本質主義的信念不止在藝術領域發揮效用，公司也亟欲在他們的產品與品牌中注入本質，因為就像在藝術中浥注本質一樣，這些本質徹底改變我們對產品與品牌的觀感。

本質主義：意義的科學

探索本質主義在消費世界的地位之前，讓我們先深入研究一下本質主義的科學。

本質主義可能根植於人類發展中。從年紀很小開始，人類就必須學習概括這個世界，瞭解人事物的表面如何在時間變化下依然存在。你的父親不會因為刮了鬍子就不再是你的父親，冰箱裡的冰也不會因為融化了就不復存在。唯有瞭解本質主義，你才能放心地相信世界是穩定的，從而在這個世界上運作。

這與我們對所有權的重視有很大的關係。或者，套用行為經濟學的說法，這與稟賦效應（endowment effect）有關：一旦我們擁有某個東西，我們會因為擁有它，而賦予它較高的評價。這種現象主要和我們厭惡損失的天性有關。一旦我們擁有某個東西，就捨不得放棄。我們避免潛在損失的動機，會比獲得潛在效益的動機更強烈。但有時候，其他因素也會影響我們的心態：我們之所以重視自己擁有的物品，是因為我們與它們之間有獨特的歷史。

心理學家布倫對此做了直接的測試，他讓一些孩子相信他複製了他們最喜歡的填充玩偶[3]。接著，他讓孩子選擇他們要帶哪隻填充玩具回家：是原版、還是複製品。儘管外形特徵相同，孩子依然都選擇原版。換句話說，原始的泰迪熊帶有它獨特的本質，那是無法複製的。就像喬丹上場穿過的球衣有情感價值一樣，本質超越了實體。

隨著年紀增長，我們對世界的瞭解愈來愈複雜，但大腦永遠偏愛本質主義。大腦賦予事物的本質，影響著我們最終的愉悅，我們對事物的價值觀，當然，也影響我們的消費行為。

以球隊為例，是什麼因素使某支球隊成為某人的最愛？為什麼球迷會喜歡洛杉磯湖人隊（Lakers）？他們不可能只是因為球員而喜歡那支球隊，因為球員經常更換。一九八〇年代魔術詹森（Magic Johnson）所屬的湖人隊，和二〇〇〇年代俠客．歐尼爾（Shaquille Shaq）與柯比．布萊恩（Kobe Bryant）所屬的湖人隊，沒有一個球員是相同的，更別說是二〇二〇年代勒布朗．詹姆士所屬的湖人隊了。球迷也不可能是因為教練或管理高層而喜歡球隊，因為管理者的更換和球員一樣頻繁。球迷更不可能是因為球隊所屬的城市而喜歡那支球隊，因為湖人隊最初是來自明尼蘇達州的明尼亞波里斯（Minneapolis）。洛杉磯還有另一支NBA球隊：快艇隊（Clippers）。如果球迷是因為喜歡洛杉磯市而喜歡湖人隊，那**應該**兩支球隊都喜歡。假設湖人隊搬到拉斯維加斯，許多球迷應該會繼續喜歡那支球隊，即使湖人隊失去那個客觀的地理關係。事實上，這種情況曾經發生在突擊者隊（Raiders）身上。這支美式足球隊原本在洛杉磯，後來搬到奧克蘭。在二〇二〇、二一年賽季，他們成為拉斯維加斯突擊者隊。很多（不是全部）球迷不管這支球隊搬到哪裡，依然支持球隊，因為歸根結底，他們追隨的是球隊正在發展的故事——它的本質。

味覺的本質

第一章提過，在人類的所有感官中，味覺最容易受到影響。味覺的心智模型可能就和黏膠玩具（Silly Putty）沒什麼兩樣。說到本質，更是如此，這也是餐廳努力為餐點浥注本質的原因。

想像一下，你在一家不錯的餐廳，請侍酒師推薦搭配主菜的葡萄酒。侍酒師推薦幾種選擇，你問他：奇揚地酒（Chianti）是什麼味道。侍酒師說：「前味是柔和的水果味，中味是果醬與黑巧克力味，後味是濃郁的煙燻味，嚐起來像欣賞秋天的日落。」在你完全掌握侍酒師的描述所喚起的一切感覺、聯想、記憶（包括意識與潛意識）之前，他又接著講述釀酒師的生平，為什麼他以大女兒的名字為那瓶酒命名，說他的大女兒本來不喜歡紅酒，直到品嚐那瓶酒之後才愛上紅酒。侍酒師藉由提供葡萄酒的相關細節，在你的腦中浥注葡萄酒的本質，並改變你為它建構的心智模型。當你終於喝到那瓶葡萄酒時，那又深深地影響到你品嚐它的滋味。

烹飪公司 CatchOn 做過一項測試，比較用餐者對兩道菜的反應，藉此證實講故事對味覺本質的強烈影響[4]。其中一道菜是以一張不起眼的卡片列出食材，並把卡片放在每個用餐者的面前。另一道菜是由廚師親自介紹，他向用餐者分享啟發那道菜的童年回憶。那一群用餐前先聽故事的受試者，覺得整體用餐經驗比較好，儘管他們吃的菜和只看食材的那一組完全一樣。

在另一項研究中，康乃爾大學（Cornell University）的科學家發現，用餐者相信葡萄酒來自何處，可能影響他們對餐點的評價[5]。研究人員提供所有的用餐者同一道餐點及同樣的 Charles Shaw 葡萄酒。Charles Shaw 葡萄酒是喬氏超市（Trader Joe's）的自家品牌，很便宜，俗稱「兩元酒」。但他們告訴一半的受試者，那杯葡萄酒是來自北加州的諾亞酒廠；並告訴另一半的受試者，那杯酒是來自北達科他州的諾亞酒廠。但北達科塔州的葡萄酒不是那麼有名，相信那杯葡萄酒來自加州的用餐者覺得他們的酒比較好喝。有趣的是，他們也覺得那道餐點比較好吃，並說他們再訪餐廳的機率較高。

每次用餐時，大腦都在消化食物味道以外的感官資訊，包括氣味、口感、聲音和視覺呈現。不過，就在你等待食物上桌時，你的大腦已經吸收食物的本質：餐廳的背景與創始、廚師的生平、菜餚的靈感和葡萄酒的地理等。在你品嚐第一口以前，大腦就已經嚐到那一餐的滋味了。

電視節目《波特蘭迪亞》（*Portlandia*）在一齣名叫〈雞是在地的嗎？〉（Is the Chicken Local?）的短劇中滑稽地誇大這點。一對夫妻考慮點一份雞肉餐，為此詢問餐廳那隻雞的生平、名字（牠叫科林）、品種、是不是在地養的、牠平日遊蕩的面積幾英畝及是誰養的等。雖然這是為了搞笑而刻意誇大，但這齣短劇確實一針見血地講到了重點：用餐的樂趣不止於食物的風味，也在於食物的**故事**。

誠如《品味製造者》（taste-*MAKERS*）的主持人兼製作人凱瑟琳．內維爾（Catherine Neville）接受《富比士》的採訪時所說的：「餐飲業不再只是把焦點放在『從農場到餐桌』的餐廳上，也就是說，他們不再只是強調廚師使用在地食材。如今，顧客希望他們吃的每樣菜都有那種連結，他們想知道誰烘焙了他們的咖啡、誰烘烤了他們的麵包，誰醃製了他們的蔬菜。他們想知道他們花的錢是支持哪些人，他們想與社群建立連結[6]。」

這類例子不僅在餐飲業很常見，在食品業也很普遍。知道你喝的便宜啤酒產自何處真的有差別嗎？如果你這樣問庫爾斯釀酒公司（Coors Brewing Company），答案是肯定的。它的每支廣告幾乎都強調他們源自洛磯山脈。同樣地，山姆亞當斯啤酒（Sam Adams）最近推出一項宣傳活動，詳細介紹他們「刻意採用缺乏效率」的釀造流程，並強調他們的傳統製造及對每瓶酒的關注。品牌需要浥注本質，並以創意手法來包裝及銷售本質。做得恰到好處時，大腦會覺得品牌難以抗拒。

本質如水

說到缺乏本質的消費品，找不到比一般商品（commodity）更空洞的物品了。一般商品是指每家公司實體上賣的東西一模一樣，例如汽油、水。瓶裝水的pH值或鈉含量可能有微小差異，但消費者難以察覺那些差異。對他們來說，那些產品都一樣，所以是什麼因素造成差異呢？撇開價格不談，為什麼消費者會選擇某個品牌，而不是另一個品牌呢？

從品牌的角度來看，這些產品之所以吸引人，是因為它們只能以一種方式清楚地區分：消費者對它們的觀感。當然，消費者對一個品牌的觀感愈好，對它的需求愈大，它的定價可以愈高。你如何區分一種基本商品呢？賦予它一種本質。

如今你走進任一家超市，都會看到貨架上擺滿各式各樣的瓶裝水。然而，在某些高級超市中，有的瓶裝水可能標價特別高。不過，如果你能穿越時空，回到一九六〇年代告訴當時的人這些事情，他們會說你瘋了。事實上，古斯塔夫·勒凡（Gustave Leven）打算說服美國人付錢買水時，所有的專家就是對他這麼說，包括麥肯錫在內的頂尖顧問公司也是如此。畢竟，既然你可以免費取得飲用水，你又何必花錢買水呢？當時，家家戶戶及辦公室都有唾手可得的飲用水。

勒凡是沛綠雅泉水（Source Perrier）的董事長。公司的歷史記載，勒凡於一九四七年收購那家衰頹的法國公司，因為他認為，「如果維吉斯（Vergèze）的在地人可以用葡萄酒的三倍價格出售天然礦泉水，該公司肯定有驚人的潛力[7]。」勒凡在法國稍有斬獲後，開始把目光放在美國。不過，沛綠雅礦泉水在美國並未一炮而紅。事實上，最初幾年的銷售數字證明批評者說的沒錯。那個看起來很時尚的法國名稱騙不了任何人，沒有人願意為他們可免費取得的東西付費。但是，這一切在一九七七年發生了變化，當時勒文把行銷大師布魯斯．內文斯（Bruce Nevins）從利惠牛仔褲挖角過來，請他負責沛綠雅的行銷。內文斯隨後推出一項行銷活動，永遠改變了瓶裝水這個產業。

沛綠雅在內文斯設計的行銷活動上花了約二百五十萬至五百萬美元，加倍強調產品的來源，主打本質主義。沛綠雅與當時銷售的其他水有一個明顯的區別：氣泡。那不是顧客特別感興趣的特色，但是透過本質主義行銷，沛綠雅賦予那個特色深度及大膽的吸引力。他們的新口號是什麼呢？「從地球中心自然冒出[8]」。內文斯甚至用一架飛機滿載著記者，前往沛綠雅的源頭：法國的維吉斯[9]。那個年代最經典的沛綠雅廣告，是搭配奧森．威爾斯（Orson Welles）的旁白。攝影機的鏡頭戲劇性地垂直上移到一個冒泡的瓶子上，旁白說道：「在法國南部的平原深處，有一個數百萬年前開始的神祕流程，大自然為一處泉水的冰涼水域增添了生命——沛綠雅[10]。」⑨如果把廣告末尾提到的沛綠雅移除，這則廣告也可以用來描述一種神話生物的起源故事。

那支廣告一推出，銷量馬上暴增[11]。一九七五年，也就是廣告推出以前，美國人買了二百五十萬瓶沛綠雅。一九七八年，沛綠雅的銷量已逾七千五百萬瓶！到一九八八年，沛綠雅每年在美國的銷量近三億瓶，幾乎占所有進口礦泉水的百分之九十。在一九八〇年代末期之前，沛綠雅已經鞏固全球第一礦泉水品牌的地位。

除了爆紅以外，沛綠雅也為其他販售瓶裝水（包括蒸餾水與氣泡水）的公司敞開了大門。一九八三年四月，《紐約時報》指出，在沛綠雅推出那成功的行銷活動幾年內，眾多的競爭對手湧入市場，使紐約市看似「淹沒在碳酸水域中」。施格蘭（Seagram's）、舒味思（Schweppes）和其他品牌紛紛把握機會，說服精打細算的消費者購買他們的名牌高價產品。

自從沛綠雅爆紅後，瓶裝水便不斷地成長。瓶裝水是一個蓬勃發展的產業，其中又以美國市場最大。我們每年花在瓶裝水上的消費額超過一千五百億美元。二〇一七年，瓶裝水的銷量達到約一百三十七億加侖的歷史新高，超越了牛奶、咖啡、果汁和酒精。而且，儘管多數美國人都能從水龍頭免費獲得乾淨的飲用水，如此驚人的銷量依然發生了。半數的瓶裝水還有聽起來充滿異國情調的品牌，以暗示它來自海外……儘管 Poland Spring、百事公司的 Aquafina、可口可樂的 Dasani 和雀巢的 Pure Leaf 等品牌的瓶裝水都是取自公共水源[12]。那些水都是處理過的自來水，以本質加以包裝及建構品牌。

回顧沛綠雅的驚人崛起，該公司在七〇年代末期透過行銷向消費者灌輸的本質主義信念是關鍵。沒有業者針對沛綠雅做過類似「百事挑戰」的實驗，所以它與可口可樂不同，難以直接衡量其品牌資產。不過，還有另一種方法可以衡量。一九七九年，內文斯在現場廣播中，不情願地參加一場盲測。在那場測試中，他無法分辨沛綠雅與其他起泡水的區別。電台主持人邁可．傑克森(Michael Jackson) 是沛綠雅宣傳活動的批評者，他把七個紙杯放在桌上。六個杯子裡裝滿蘇打水，一個裝滿沛綠雅。內文斯嚐了每一杯，並從其中挑選一杯。他試了五次，才辨識出沛綠雅[13]。

畢竟，水是一種一般商品。業者的巧思在於行銷其本質——最終連商品的創造者也被自己創造的本質所騙了。

本質不僅影響我們對個別產品的觀感而已，它還能徹底改變我們對整個產品類別的看法，連水這樣無處不在的東西也是如此。我們在超市，看到貨架上擺滿十幾種不同品牌的瓶裝水時，應該感謝沛綠雅。但是，如果本質可以為「水」這種一般商品創造價值的話，在更廣大的消費世界中，當產品**確實**有所不同時，本質對價值的影響會有多大？

本質與消費者的錢包

說到本質對我們的觀感及評價事物的影響，米其林星級餐廳的餐點與瓶裝水都是同一回事。它們都涉及到我們最弱、最容易受騙上當的感官——味覺。本質也可以為日常物件增添價值嗎？

重要物件專案（Significant Objects Project）顯示，答案是肯定的。人類學家羅布·沃克（Rob Walker）與約書亞·葛蘭（Joshua Glenn）在 eBay 上買了一系列普通的物件，例如塑膠小鴨、貝思糖果盒（Pez dispenser）和花園小矮人。他們取得每件物品的平均價格是一·二五美元。接著，他們找專業作家來為每件物品創作一篇介紹文。然後，再拿上 eBay 拍賣，並使用專家寫的介紹文當拍賣文案。同樣的東西，現在充滿了本質，值多少錢呢？平均價格遠遠超過一百美元。總計，這個專案創造了八千美元的營收（分給了那些專業作家）[14]。

在消費世界裡，我們經常看到浥注本質的實例。差別在於，為那些物品浥注本質的故事是真實的。

聽過一九二六年份的麥卡倫威士忌「華雷利奧艾達米」（Macallan Valerio Adami）嗎？二〇一八年十月，這瓶威士忌以一百一十萬美元的價格拍賣成交，成為世界上最貴的酒[15]。這瓶酒的本質與它的價值息息相關。

首先，麥卡倫這個品牌在威士忌的世界中備受推崇。這家釀酒廠是由亞歷山大·里德（Alexander Reid）創立的，其家族在美國成為國家之前就開始種大麥了。瓶裡的酒是六十年的單一純麥威士忌，只生產四十瓶，每個標籤都是手工繪製的。這瓶威士忌是以著名的流行藝術家華雷利奧·艾達米（Valerio Adami）的名字命名。他為這些酒創做了十二張標籤。另外十二張標籤是出自彼得·布萊克（Peter Blake）之手。他最著名的作品是為披頭四的專輯《比伯軍曹寂寞芳心俱樂部》（*Sgt. Pepper's Lonely Hearts Club Band*）創作專輯的封套[16]。

那瓶酒的傳說超越瓶內威士忌的實體特質。大腦對主觀故事的重視，更勝於對客觀屬性的重視。有趣的是：歷史上只有一瓶「華雷利奧艾達米」被拍賣。二〇〇七年，它的拍賣價是七．五萬美元。當時的售價還真划算！

在Etsy上，本質主義已經融入平臺。「讓商業人性化」是這家電商的口號。在亞馬遜獨霸電商領域之下，其他的電商只能勉強生存，Etsy是如何蓬勃發展的呢？依靠本質！如果你想要純粹實用的東西，可以上亞馬遜購買。那裡有產品規格讓你檢閱，到貨時間較快，買價通常也比其他地方便宜。Etsy提供的效益，則與純粹的實用正好相反。從Etsy購買的咖啡杯，價值超越其實體的實用因素，因為它充滿了本質。

你從Etsy購物時，可以閱讀賣家的介紹及促使他們上Etsy開業的原因。你知道誰為你製作商品，商品是如何製作的，有時還知道創作背後的靈感。那些商品可以訂製、個人化，是某個人為另一個人所獨創。消費者可與Etsy的賣家建立一種關係，但消費者與亞馬遜的賣家無法做到那樣。

從Etsy商品獲得的快樂，不單只是來自該商品的實體，也來自本質。Etsy的顧客通常願意為商品支付比亞馬遜還高的價格，而且收貨時間幾乎都比較久。這就是本質的力量。

公司的本質

本質不僅存在個別的產品中，也不僅存在於產品的製造方法中。創造這些產品的組織，也帶有一種本質。想像一下，你走進一家老派的義大利雜貨店，那家店已經開業一百五十年了，裡面的商品都是手工做的。店鋪、生意和食譜都是代代相傳。每面牆上都掛著家族成員微笑及大笑的老舊黑白照片。現在想像一下，你買了一些義大利麵後，走出那家店。那包義大利麵仍使用一百五十年來的包裝與標籤，你買的不單只是義大利麵而已，也買了那家店一部分的故事：它的本質。

迪安·斯莫（Dean Small）是食品業顧問公司「綜效顧問」（Synergy Consultants）的創辦人兼執行長。這家公司二十五年來一直為一些大型餐飲業者提供諮詢服務，例如水牛城辣雞翅（Buffalo Wild Wings）、羅曼諾義式餐廳（Macaroni Grill）和橄欖園（Olive Garden）。他親身體會到本質的重要。「在餐廳中，故事非常重要。」他說：「故事訴說著這家餐廳的起源，真實的『開店緣由』。」不過，把事業拓展成全國連鎖或品牌，說起來容易，做起來卻很難。斯莫指出：「紐約的百年老店凱茲熟食店（Katz Delicatessen）就是很好的例子。它的概念很棒，但難以擴大與複製[17]。」

事實上，引人注目的真實故事和大品牌很難結合在一起，但這並未阻止某些品牌努力那樣做，尤其是老字號的品牌——他們有時會美化公司的故事，以大規模地浥注本質。

賓士（Mercedes-Benz）就是一個成功的例子，這家公司以在行銷中強調公司歷史而聞名。二〇一九年春季，賓士推出一支長達四分鐘長的戲劇性廣告[18]，講述遠溯及一八八八年的公司歷史。當時貝爾塔．賓士（Bertha Benz）率先展開有史以來第一次的長途汽車旅行。⑥另一支廣告僅三十秒，提供同樣引人入勝的公司歷史之旅。⑥這種對過去的強調，以具體的例證說明公司是永恆的，超越世代、國家、模式，甚至燃料來源。

梅西百貨（Macy's）也是多次深入挖掘其本質，以避免陷入零售末日。少了電商巨擘的便利性，他們除了善用自己的傳奇歷史以外，還能指望什麼？他們發布一支「梅西百貨一百五十年」的電視廣告[20]，裡面包含多年來流行文化中提到梅西百貨的小片段。觀眾很難不被這種廣告所打動。從《我愛露西》（*I Love Lucy*）、《34街的奇蹟》（*Miracle on 34th Street*）、《范戴克秀》（*The Dick Van Dyke Show*），到《歡樂單身派對》（*Seinfeld*）和《蓋酷家庭》（*Family Guy*），這些知名戲劇中都提到梅西百貨的名字。廣告中甚至包含一段肯伊·威斯特（Kanye West）歡樂地在百貨公司的走道上跳舞的片段。廣告結尾寫道：「一百五十年來，只有一個明星成為你生活的一部分。」

幾年前，富國銀行（Wells Fargo）經歷一連串引人注目的醜聞，二〇一八年它們利用類似的策略，試圖重塑品牌。富國銀行的連串醜聞中，最令人震驚的是，員工為了達成激進的業績目標，在顧客不知情或未經顧客同意下，幫顧客開了多達二百萬個存款帳戶及信用卡帳戶[21]。這支電視廣告像一部迷你紀錄片，描述該銀行從加州淘金熱時期以來的歷史[22]。「這個國家向西淘金的時候，我們是把黃金帶回東部的人。我們用蒸汽船、馬車、火車……」它以黑白鏡頭，然後再以彩色鏡頭，描述它作為美國人信賴銀行的傳奇歷史。接著，廣告以戲劇性的手法，突然變暗，旁白說：「直到我們失去了（那種信賴）。」然後，廣告展現出現代人的笑臉，繼續說：「但故事並未就此結束。」它繼續講述富國銀行為了贏回消費者的信賴所做的改變，包括明確提到不再要求員工達到業績配額。最後，廣告把歷史與現代結合在一起：「富國銀行迎接新的一天，但那很像我們的第一天。」🔊廣告說，「別讓最近的醜聞矇騙了你，我們仍是一直以來的樣子。」換句話說，它們的原始本質依然維持不變。

幾家歷史更悠久的公司甚至使出渾身解數來慶祝公司的歷史，以具體的例證來說明其本質。例如，宜家家居（IKEA）在祖國瑞典開設自己的博物館，以輪流展覽商品、放映紀錄片、提供導覽和為學校提供教育活動。勞斯萊斯為其歷史悠久的品牌做了類似的事情，在祖國英國及奧地利開設幾個具有歷史意義的展示廳[23]。你在IKEA的博物館中找不到任何瑞典肉丸子，但可以一窺該公司的迷人歷史。你可以在勞斯萊斯的展示廳裡看到一些小軼事，例如共同創辦人查理斯．勞斯（Charles Rolls）是航空愛好者，也是第一個在飛機空難事故中喪生的英國人。勞斯萊斯著名的引擎蓋徽飾「歡慶女神」（Spirit of Ecstasy）講述的是汽車運動的先驅蒙塔古勳爵（Baron Montagu of Beaulieu）與徽飾的原型埃莉諾．貝拉斯科．桑頓（Eleanor Velasco Thornton）之間的一段祕密情史[24]。

藝術館藉由展示藝術家的作品型錄、歷史與本質來幫助藝術家——這一切都提高其作品的價值。所以，何不把同樣的方式套用在品牌上呢？

本質與我們

我們遇到的每個公司、產品和物件都有一個故事——一個本質。不過，我們也一樣。第四章提到，人類永遠處於實體改變的狀態（其實所有的生物都是如此），每七年左右，身體就會完全更新一次。生活不只是一系列的經歷而已，也是一個故事。那個故事是把所有的經歷黏在一起的黏著劑。對我們的快樂與幸福來說，這種故事黏著劑比個人的一切經歷加起來還要重要。故事與本質的最終影響，是我們自己的生活。

「個人故事」有助於理解「快樂科學」研究中的一個奇怪發現。在一項迄今為止規模最大的快樂研究中，康納曼讓德州的一千名女性填寫一份日常問卷，詳細說明她們所做的一切及她們當時的快樂程度。他發現讓那些女性最快樂的活動是性愛、社交、放鬆、祈禱和冥想。那些事情看起來都是很合理的愉悅活動……直到你發現裡頭少了什麼：花時間陪伴孩子。由於大家常說孩子是人生一大滿足的來源，這是一項明顯的遺漏。

由此可見，帶給我們即時享受的事情，與帶給我們長期成就感的事情，顯然是脫節的。而且，這種模式在研究中一再出現。受訪者表示，擁有的汽車愈貴，心裡愈快樂。但是，如果你問他們，他們每天實際坐在車子裡通勤時有多快樂，這種相關性卻是零。由此可見，我們從汽車獲得的快樂，不是從駕駛它的實際體驗取得，而是來自它的抽象概念——這個例子再次顯示，當下讓我們快樂的，與帶給我們長期生活滿足感是不同的。

康納曼在關於快樂及如何評價事物方面，可說是全球最頂尖的專家。在投入這項研究之後，他最終得出什麼結論呢？「我逐漸相信，人們其實不想要快樂，他們只想對自己的生活感到滿意，並不想獲得我定義的那種快樂：當下的體驗。在我看來，他們覺得，從『我記得』的角度講述生活中的故事、體會生活的滿足感更重要[26]。」

我們講述自己的生活故事，才是持久快樂的泉源。那些故事填補每個時刻之間的空隙，並在過程中造就了我們。

物件與公司的故事影響我們對它們的評價。同樣地，我們講述的個人故事，也影響我們如何評價自己的生活。

本書一開始提過，我們對某件事的信念，會影響我們對它的觀感。如果你認為某種酒很貴或用精緻的酒杯去喝它，那麼你會真的覺得它比較好喝。如果有人誤導你相信某副太陽鏡很貴，你會覺得那副眼鏡的遮光效果更好。

我們對一個物件的信念，超越了其特徵、成本等世俗的實體性質，延伸到更抽象的價值類別。想想你的結婚戒指，或者你從已故某人獲得的禮物。那些物件承載著超越實體的情感價值。如果要複製你的婚戒，逐一原子複製，它實體上是完全相同的，但它對你的價值驟減。或者，想像一下，你接住了你最愛的棒球明星所擊出的全壘打，你從小就把那顆球收藏在玻璃盒中做紀念。如果小偷半夜闖進你家，以複製品偷換走那顆球，你根本不會注意到。然而，如果你知道原來的球被偷換了，它在你腦中的價值會驟降成零。人類真是多愁善感的奇怪動物。

我們天性就會注意事物中隱藏的本質，這種天性為品牌提供很大的機會，可為原本普通的物件浥注難以置信的價值，並在過程中徹底改變我們對物件的看法與評價。即使是最微不足道的產品，也可以浥注本質，使它們在消費者心中的價值，遠遠超出其實體部分的總和。

我們不止受到物件本質的吸引，也受到其故事的吸引。我們可以用諾貝爾物理學獎得主理查．費曼（Richard Feynman）描述物理的方式，描述「說故事」這件事：「那就像性愛一樣，當然，它可能帶來一些實際的結果，但我們不是為了結果而做那件事。」簡言之，我們都愛聽故事。

故事，以及故事為平凡事物浥注本質的能力，為消費世界帶來了一種神奇、近乎超凡的特質。撇開消費主義不談，一個精心建構的故事可以為一個普通的物件賦予深度與意義，那是很不可思議的事。

什麼時候一扇門不是門呢？當行銷人員講一個有關那扇門的故事給你聽了以後。

閾中

閾中行銷的科學

也許你聽過這個故事。那年是一九五七年，經典電影《野宴》（*Picnic*）放映到一半時，整個電影院的觀眾突然都出現想吃爆米花配可樂的衝動。這種突然湧現的衝動不知從何而來，大家面面相覷、一臉不解。接著，他們成群湧向電影院的零食販賣部。戲院老闆詹姆斯・維卡里（James Vicary）表示，戲院的業績驟升，可樂與爆米花的銷量分別上漲了百分之十八和五十八。

是什麼原因導致觀眾突然想吃爆米花配可樂？維卡里指出，是電影中小心嵌入的潛藏資訊所造成。就在女主角金・露華（Kim Novak）正要在公園中親吻柯利弗德・羅伯森（Clifford Robertson）時，螢幕上突然閃現「喝可樂」與「吃爆米花」等字樣。那些字樣一閃而過的速度實在太快了，觀眾完全沒注意到——也就是說，廣告是潛意識的，或者低於感官或意識的閾值。維卡里指出，這些潛意識的資訊，把特定的欲望嵌入觀眾的潛意識，使他們產生買零食的衝動。

然而，這個事件其實並未發生。維卡里後來坦言，整個故事都是捏造出來的，只是為了吸引大眾關注他那家生意清淡的戲院罷了。畢竟，他是行銷者。儘管如此，他的「實驗」還是引發了一些重要的問題：我們可能完全跳過消費者的意識，直接對他們的潛意識說話嗎？如果可以的話，你應該那樣做嗎？於是，「閾下促發」（subliminal priming）的概念就此誕生。

這聽起來像科幻小說的概念，但它的原理其實很簡單。一項行銷若要成為真正的潛意識行銷，它必須客觀地存在消費者的意識之外。例如，我們至少需要五十毫秒（ms）才能處理視覺資訊，如果東西閃過我們眼前的速度比那還快，我們就不會意識到它。潛意識行銷的一個實例是，你每次打開智慧型手機時，都在三十毫秒內閃過「PEPSI」（百事可樂）這個字。一個廣告策略是否有潛意識效果，是一翻兩瞪眼的二元結果。如果資訊抓住消費者的注意力，那就不是潛意識的效果。

維卡里搞出那個宣傳噱頭後，後續的數十年間，世界各地的實驗室都研究了閾下促發（這是支撐閾下行銷的神經科學）。雖然那些研究不能完全證明維卡里的說法可信，但實際的對照研究顯示，閾下促發是一種真實的現象，其運作方式與維卡里最初的描述相似，但沒有誇張的洗腦效果。

在閾下促發中，一些東西（科學家稱之為「刺激」）在你無意識下通過你的一種感官導入你的腦中。接著，這個東西（刺激）會以某種方式影響你的行為（科學家稱之為「反應」）。換句話說，閾下促發是指感官刺激影響你時，你的未來行為可能在你無意識下受到影響。

在一項研究中，研究人員讓受試者從電腦螢幕上看一系列的普通照片（例如女人洗碗或孩子吃三明治之類的簡單畫面）。看完每張圖片後，研究人員問受試者，照片中的人心情是好是壞。很簡單吧？然而，螢幕出現每張照片之後，馬上以三十毫秒的時間（低於大腦的視覺感知閾值）閃過另一張圖片。

潛意識圖像的內容其實沒那麼微妙，它們要麼非常負面（例如腐爛的屍體或起火的房子），要麼非常正面（例如冰淇淋或小狗）。螢幕上閃過正面圖像時，受試者幾乎都表示那張洗碗照片中的人心情很好。相反地，螢幕閃過負面圖像時，受試者幾乎都認為洗碗照片中的人心情不好[2]。當實驗結束後，研究人員問受試者是否意識到閾下圖像時，每個人都說他們完全沒注意到。

許多刺激也出現類似的效果，包括生動的性愛照片。研究人員發現，讓受試者觀看一般照片之前，如果先對他進行明顯的性愛閾下促發，受試者的性慾會稍稍被喚起。受試者在實驗後也說，他們完全沒注意到促發訊號[3]。在《鬥陣俱樂部》（*Fight Club*）中，布萊德．彼特（Brad Pitt）飾演的角色泰勒．德頓（Tyler Durden）為了惡搞，把色情畫面拼接到家庭影片中。那一幕其實不像你想像的那麼難以置信。

然而，研究潛意識技術在消費世界中的效果時，卻發現效果有好有壞。一項研究發現，在潛意識中閃現「LIPTON」（立頓）這個字，會讓人更喜歡立頓冰紅茶。然而，只有在受試者感到口渴時，受試者才會變得更喜歡立頓冰紅茶。對不覺得口渴的受試者來說，這種效果就消失了。不過，這還是令人毛骨悚然。

潛意識行銷不僅直接影響我們的行為，而且是在我們的意識之外影響行為——這個事實放大我們對潛意識行銷的不安感。如果事情發生在我們的意識之外，我們不會認同它。

一九五七年，有人批評維卡里的做法，那批評一語道盡了這種直覺：

潛意識是整個宇宙中最微妙機制的最微妙部分。我們無法為了提高爆米花或其他東西的業績而弄髒、玷汙或扭曲潛意識。在現代社會中，沒有什麼比保護人類靈魂的隱私更困難的。

幸好，立法者肯定了閾下行銷的非自願性質。美國聯邦通信委員會（Federal Communications Commission）明文禁止使用本書所謂的「純」閾下技術[5]，英國、澳洲和許多國家也是如此，這點也許可以讓你放心。然而，閾下促發與主流行銷之間的界限究竟在哪裡？我們來看英國廣告事務委員會（Committee of Advertising Practice）描述其禁止「閾下促發」的措辭：「在消費者不知情下，任何廣告都不得使用非常短暫的圖像，或任何其他可能影響消費者的手段[6]。」如果你省略句子中「使用非常短暫的圖像」的條件，那剩下的字眼其實就是指「行銷」。

想像一下，速食餐廳肯德基（KFC）製作兩支幾乎一模一樣的電視廣告，以推銷一美元的辣味雞肉堡。兩支廣告都顯示大學生在找便宜的用餐場所，他們發現了辣味雞肉堡，因此到肯德基用餐。廣告結束之前，把鏡頭切到辣味雞肉堡的特寫。但是，在第一版廣告中，在切換到特寫鏡頭以前，螢幕先閃過「現在就買」的字樣約三千毫秒。在第二版廣告中，在廣告最後四秒的特寫鏡頭中，生菜上方出現了一張小小的美鈔圖像。

你覺得兩版廣告差不多呢？還是其中一版廣告比另一版好？

你可能覺得，帶有潛意識行銷的「現在就買」版本比較糟，為什麼呢？假設相較於毫無伎倆的第三版廣告，那兩支廣告都使辣味雞肉堡的銷量增加百分之二十。你依然覺得第一版廣告比較糟嗎？那兩支廣告除了讓消費者更有可能購買辣味雞肉堡以外，對消費者都沒有長期的影響。此外，那兩支廣告的策略也沒有破壞觀眾的自覺意識。那麼，它們究竟有什麼不同呢？

幸好，潛意識溝通是非法的，所以第一版廣告是我瞎掰的。壞消息是，潛藏鈔票的第二版廣告其實是真實的肯德基廣告，而且完全合法，你可以親眼看看[7]。

品牌行銷的許多方面是在比較隱蔽的層面上運作。雖然那不是純粹的潛意識，但那些閾中策略（midliminal tactics）是品牌行銷者不可或缺的利器。相較於閾下促發（只用於對照研究中），這些閾中方法更普遍，對我們的心理與行為有更強大的影響。

閾中促發

回想一下，閾下促發是指在你沒有意識到的情況之下，影響你與你的行為的任何刺激。但是，促發不一定是在我們沒有意識到的情況下發揮作用，即使我們有**意識到**（或至少**可以意識到**），促發還是可以在無意間影響我們。最有效的促發，通常不是在我們眼前太快閃過，導致眼睛無法處理訊息。而是，它就在我們的眼前，隱藏在視線內。我們稱之為閾中促發（midliminal priming）。

閾中促發必須是我們**能夠**看見、但通常視而不見的。就像第二版的肯德基廣告，有人指出美鈔圖樣時，我們可以看到美鈔。閾中資訊不必以快於五十毫秒的速度閃過你眼前，以避免你意識到它的存在。事實上，閾中資訊就一直在你的面前，直接與你的潛意識對話。以聯邦快遞（FedEx）的商標為例。你注意到E和X之間有一個箭頭嗎？你注意到亞馬遜商標上的微笑嗎，從A開始到Z結束？

聯邦快遞商標的箭頭，會讓你聯想到該公司的快速遞送服務。亞馬遜的商標帶有微笑的視覺效應，那反映了你的正面情緒反應，同時強調亞馬遜的商品包羅萬象，無所不賣。

閾中資訊之所以有效，是因為大腦很容易受到促發，無論那促發是不是有意的。促發是藉由影響大腦創造的心智模型發揮效用（還記得第一章嗎？）。無論某個促發最後是否影響我們的行為，它都會在大腦中留下印記。

因此，這些閾中促發可能比你想像的更強大。想想你一生中見過的所有手錶廣告。你看一下各種不同的品牌與款式，有沒有注意到什麼特殊的型態？手錶的指針通常指在同一時間十點十分。這不是巧合，那些照片不是都剛好在那個時間點所拍攝，而是刻意設計。十點十分的位置，讓時鐘的指針看起來好像時鐘在「微笑」。這樣做也不單只是鐘錶業的迷信。在對照研究中[8]，相對於把指針擺在十一點半之類的中性時間，擺在十點十分會對觀看者的情緒產生顯著的正面影響，並提高他的購買意願。這一切運作都沒有讓受試者明確地注意到指針正在微笑。

某種程度上來說，**所有**的廣告都是閾中促發。商店的陳列是促發，名人代言是促發，電影與電視中的置入性廣告是促發。促發是為了曝光。觀眾愈沒有注意到，促發的效果愈好。

為什麼置入性廣告那麼貴

這是置入性廣告意外造成促發的故事。

在編寫電影《浩劫重生》（*Cast Away*）的劇本時，其中一位編劇刻意讓自己受困在島上一週。那段期間，他偶然發現一顆排球——戲中的威爾森（Wilson）就是這樣誕生。假設你已經忘了那部電影的內容，這裡稍做提醒：在《浩劫重生》中，湯姆．漢克（Tom Hanks）飾演一位聯邦快遞的員工，他駕駛的聯邦快遞貨機墜毀在一座無人島。在那次墜機中，倖存下來的物件之一是一顆排球，漢克斯把它命名為威爾森（以球面上印的品牌命名）。在整部電影中，他與那顆排球有很多對話。

置入性廣告的用意，在於以一種夠微妙的方式，把品牌或產品呈現給觀眾，使觀眾不會想要問為什麼那個產品出現在那裡。威爾森巧妙地變成電影中的一個角色，它的效果之所以那麼好，原因之一在於我們接觸它的性質。

還記得第八章提到的「過度曝光效應」嗎：我們看一個東西愈多次，會愈喜歡它。當我們沒有意識到每一次的接觸時，這種曝光效應會放大[9]。以威爾森的促發而言，我們不會每次看到它時都想到：「那顆威爾森排球又出現了。」我們會專注在電影與威爾森那個角色上。但你的潛意識裡，仍會記住威爾森是顆排球（一個產品），及威爾森是一個品牌。

置入性廣告之所以是一個產值數百萬美元的產業，就是因為「廣告」是發生在潛意識層面，而且效果比直接打廣告更好。你可能也沒注意到，在二〇〇七年的電影中，四輛變形金剛車（Transformers）都是吉姆西（General Motors Truck Company, GMC）的車（雪佛蘭的Camaro，龐蒂克的Solstice、GMC的TopKick、悍馬的H2）[10]，但你的大腦可能注意到了。雖然威爾森不是付費的置入性廣告，但它的運作方式一樣。看過《浩劫重生》的一億多名觀眾，在戲中聽到威爾森這個品牌提及三十四次。如果威爾森是付費的置入性廣告，那廣告費將高達一千兩百萬美元以上[11]。

另一個意外促成的置入性廣告例子，是在《權力遊戲》第八季的某一集中，一位工作人員不小心把一個咖啡紙杯留在現場。在最後剪接出來的影片中，可以清楚看到那個紙杯，結果星巴克因此聲勢大漲，那一幕的截圖迅速爆紅。根據社群媒體追蹤平臺 Talkwalker 的統計，在短短四十八小時內，推特（Twitter）和其他網站上提到星巴克、《權力遊戲》或該劇的其他標籤就超過十九萬三千次[12]。這些免費公關的總估價是多少？超過二十億美元。真正諷刺的是什麼？那個外帶杯甚至不是星巴克的！（那張截圖太暗了，看不清楚商標，但粉絲認為那很像星巴克的杯子，就認定那是星巴克的。）

像這種促發，把品牌天衣無縫地融入故事中（或者，以《權力遊戲》的例子來說，顯然是無意的），效果更好，因為感覺更真實。它們不會啟人疑竇，因為看起來不像廣告。但你依然被推銷了，只是你沒意識到。

如果你看一部電影，裡面的主角穿著一雙 Nike 的球鞋追捕壞人，下次你去連鎖鞋店 Foot Locker 時，更有可能挑選 Nike，而不是 Adidas——但你不會知道是觀影經驗影響你的偏好。看《浩劫重生》時，你以為你只是坐在那裡觀賞一部電影，但每次你看到那顆排球時，你也在無意間慢慢地累積你對威爾森這個品牌的好感。

為了強化免費置入性廣告的效果，威爾森（體育用品公司，不是那個角色）推出電影聯名款排球，球面上還印了電影中的標記。從亞馬遜上超過五百條評語來看（充滿了無數雙關語），這款排球賣得很好。唯一的缺點是：亞馬遜使用優比速（United Parcel Service Inc, UPS）送貨，而不是聯邦快遞。

當然，置入性廣告不見得都是巧合，通常是需要付費置入，而且很貴。以二〇一三年由亨利．卡維爾（Henry Cavill）主演的《超人：鋼鐵英雄》（*Superman, Man of Steel*）為例。那部新翻拍的電影在尚未賣出電影票以前，就已經獲得一．六億美元的收入了。這是怎麼辦到的？電影中置入性廣告的售價創下了影史的紀錄。事實上，光是二〇一八年的美國，企業就為置入性廣告支付了近九十億美元[13]。促發是一門大生意。

感官的閾中促發

目前為止，我們討論相當複雜的視覺促發，例如錶面指針的位置和電影中的置入性行銷，但促發也可以來自比較簡單的刺激。促發不見得是視覺效果，也可以透過其他感官促成。

接下來，讓我們更深入探究感官的神經科學及品牌如何在每種感官上使用閾中促發，影響你的行為。

視覺

人類主要是視覺動物。誠如第一章所述，視覺在大腦中占用的區域最大，約莫占大腦皮質的三分之一，而且有三十幾條路徑將眼睛輸入的視覺連接到大腦。大腦也以特定的區域負責特定的視覺功能。例如腦中有一個專門負責看動作的區域，還有一個專門認臉的區域，名叫梭狀回（fusiform gyrus）。梭狀回受損的人可以看到任何東西，就是認不得臉龐，導致臉盲症。由於視覺占用的大腦區域最多，又各自有不同的專屬功能，因此視覺比其他的感官更重要。

即使是最簡單的視覺刺激也都帶有關連，可以促發特定的反應或感覺。例如顏色是一種促發，顏色在閾中行銷遊戲中扮演關鍵要角，可以刻意用來促發你的行為。

最近一項實驗顯示，紅色可以促發吸引力[14]。這個實驗請女性在路上主動找人搭便車。結果發現，異性戀的男性駕駛看到同樣的女性穿紅上衣要求搭便車時，停下來的頻率變成兩倍（但紅上衣對異性戀的女性駕駛沒有明顯的影響）。在女服務生的身上也有類似的效果：男客人給紅衣女服務生的小費，比穿其他顏色衣服的女服務生多百分之二十四[15]。

在西方文化中，紅色通常與愛及性聯想在一起，品牌會利用這種聯想影響我們對其產品的看法。眾所皆知，克里斯提・魯布托（Christian Louboutin）的細跟高跟鞋有一個特色：鞋底刻意採用一種特殊色調的紅色，而且這個品牌多次嘗試為這種顏色的運用方式申請專利[16]。維珍航空公司（Virgin Airlines）刻意把紅色塑造成一種挑逗的品牌形象。維珍的電視廣告、空安影片、空服員的制服和商標都是採用大紅色。維珍也是第一家推出全機數位聊天室應用程式的航空公司，該程式內建在飛機座椅的螢幕上，讓所有的乘客都可以透過私訊與公開聊天室交流。這個應用程式的名稱是什麼？Red（紅）。

漢堡王、麥當勞、In-N-Out、溫蒂、肯德基和卡樂星（Carl's Jr.）除了都賣速食以外，還有什麼共通點？他們的商標都使用紅色與黃色。第一章提過，藍色有抑制食慾的效果。我們以藍色的碗進食時，攝取量也比用其他顏色的碗少。紅色似乎有相反的效果。行銷人員長期以來都認為，紅色是一種可以刺激生理作用的顏色，它會在潛意識裡傳遞緊迫感，就像黃色會在潛意識裡傳遞友好與快樂的感覺一樣。緊迫感與友好感對速食連鎖店來說是有益的聯想。這裡的科學研究很含糊，但那並未阻止頂尖的速食公司在商標中莫名地使用紅色與黃色。你能想出不是採用紅色或黃色的速食商標嗎？

一般認為橘色會藉由促發身體活動來影響行為。理論上，橘色代表能量，因此代表行動。但直接的科學證據還是很含糊。然而，大大小小的品牌還是採納了這個橘色理論。一家公司甚至直接命名為「橙色理論健身」（Orange Theory Fitness, OTF）。它的產品是什麼？那是一家專做集體健身的健身房。ＯＴＦ以高強度的課程聞名，它的課程把健身愛好者推向他們的體能極限。ＯＴＦ提供每位會員一個心率監測器，並在排行榜上即時公布他們的心率，藉此把健身提升到另一個層次。那些讓心率停留在「燃脂顛峰區」的人，可獲得額外的積分。那一區的名稱是什麼呢？橘區（Orange Zone）。

同樣地，自己動手做（do it yourself, DIY）風潮背後的核心情感是行動。這也難怪，市價超過二千三百三十億美元的一站式ＤＩＹ零售店家得寶（Home Depot）理直氣壯地大舉投資橘色。從門市的商標到內部通道的標誌、收銀台和員工的圍裙等，一切東西都展現出這家公司對橘色以及橘色所象徵的「行動」有多投入。

顏色在一個令人驚訝的領域裡也有影響力：處方藥產業。輝瑞（Pfizer）是全球領先的藥廠，二〇〇三至二〇一七年間，輝瑞推出的單一產品，就為公司帶進二百六十五億美元的營收：威而鋼（Viagra），著名的「藍色小藥丸」。這個藥丸打開一個全新的產品市場。因此，也讓競爭對手紛紛投入製造獲利好的替代品，拜耳（Bayer）和葛蘭素史克（GlaxoSmithKline）成功推出樂威壯（Levitra）與之抗衡。

在開發樂威壯時，他們的市調顯示，消費者對威而鋼的形象沒有共鳴。具體來說，他們覺得藍色的藥錠看起來太涼、太平靜了，與生病劃上等號。差異化策略又進一步強化了這個觀點。什麼顏色比橘色更能促發行動（性慾）呢？所以，樂威壯的商標是橘色，藥錠本身也是橘色。有人問拜耳藥廠的行銷副總裁南茜．布萊恩（Nancy K. Bryan）為什麼採用橘色時，她回答：「橘色充滿活力，精力旺盛。」布萊恩也透露，拜耳內部用來對付威而鋼的宣傳活動名叫：「擊敗藍色」。

製藥巨擘禮來公司（Eli Lilly）也不甘示弱，推出犀利士（Cialis）出來競爭。它的商標是什麼顏色？橘色。盒子呢？橘色。藥錠呢？橘色。但禮來公司在視覺效果上又更進一步：策略性地改變藥錠的形狀，以進一步強調橘色所傳達的行動力。

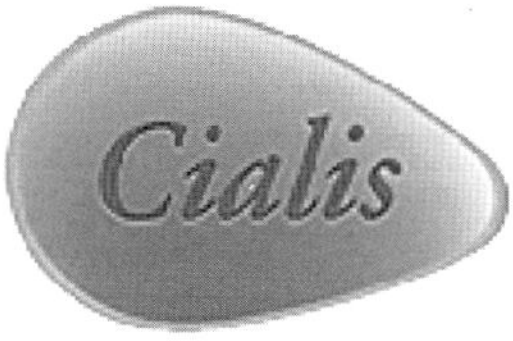

聽覺

聽覺——或者神經學家所說的「聽覺處理」——與視覺一樣有趣。透過一長串近乎死板的流程，耳朵接收來自外界的振動氣波，解讀耳蝸裡的音調、音量等簡單的特徵，然後透過聽覺神經，把這些輸入訊號傳送到大腦，以便做進一步的處理。

相較於視覺刺激，聲音對我們的影響比較隱約，但依然重要。例如飛機的聲音對住在飛行路線下方的人有深刻的影響。研究發現，長期接觸飛機噪音，會損害兒童的閱讀理解及長期記憶，可能也與兒童及成人的血壓上升有關[17]。

在更基本的層面上，特定的聲音會讓人產生特定的印象。事實上，大腦很容易把聲音擬人化——為聲音指派感覺——品牌利用這種傾向塑造或建立他們想要的性格。

看一下下面的物件。想像一個叫 Bouba，另一個叫 Kiki。你認為哪個叫 Bouba，哪個叫 Kiki？

這兩張圖來自「波巴／奇奇效應」（Bouba/Kiki effect）的經典測試。如果你和多數人一樣，很自然會認為左邊那個長刺的東西叫 Kiki，右邊那個渾圓的東西叫 Bouba。Kiki「聽起來」尖銳

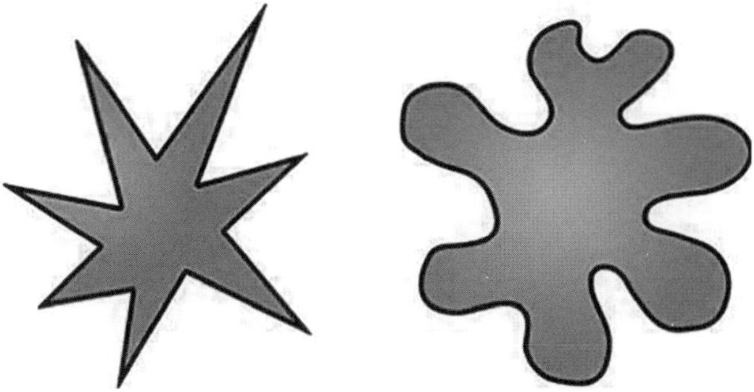

多刺，Bouba 聽起來圓潤如球。

你可能覺得這種效應跟語言有關，所以有文化性，因為這兩個名字和描述它們的形容詞聽起來很像：spiky（尖刺的）像 kiki，bulbous（球狀的）像 bouba。但「波巴／奇奇效應」有驚人的跨語言一致性[18]，那表示這些聲音本身就有意義，即使沒有人知道為什麼。

維珍航空除了以紅色做視覺促發以外，也以聲音做促發，而且那或許才是它們的殺手鐧。每次飛機起降時，維珍航空都會播放特定的音樂，那些音樂聽起來性感、挑逗、時髦且動感。當你把音樂與紅色的燈光、亮紅色的座椅和同樣鮮豔的空服員制服結合時，你會得到一個非常真實、顯而易見的品牌個性。想想看：你挑選一家航空公司、而不是挑另一家的原因是什麼？票價大同小異下，是品牌的主觀、差異化特質吸引你一再挑選它。二〇〇七年維珍美國航空公司成立時，它大膽地在品牌個性方面加倍投入，當時母公司面臨營運困難。但十年後，阿拉斯加航空公司以二十六億美元的高價收購維珍美國航空公司。希望那次收購也包含他們的音樂播放清單！

音樂以某種方式響起時，會深深地影響我們在消費世界中的行為。研究發現，超市裡播放節奏緩慢的音樂時，消費者移動的步調較慢，消費額較多，超市的整體業績較高[19]。音樂還可以透過其他方式改變你的購物偏好。在一系列對照研究中，研究人員發現，酒舖播放的背景音樂對消費者最終購買的葡萄酒有很大的影響。播放德國音樂時，會增加德國葡萄酒的銷量。播放法國音樂，會促使顧客購買法國葡萄酒[20]。儘管有這些顯著的行為影響，但研究人員在購物體驗結束時發放一份問卷做調查，結果顯示，顧客完全沒有意識到背景音樂。類似的發現也出現在餐廳的葡萄酒銷售中（古典音樂和其他的「高級」音樂，會促使用餐者挑選比較貴的葡萄酒）[21]。

好的聲音設計不單只是你聽到的聲音，有時也包括你聽不到的聲音。豪華轎車之所以豪華，其中一個特色是讓乘客聽不到路上、引擎和外面世界的聲音。這與跑車截然不同，跑車的一大魅力是看它開到極限時發出的聲音。當然，如果你像BMW那樣生產豪華跑車，那會是一個問題。BMW的解決方案是什麼呢？以程式設計增強引擎音效，那音效跟著駕駛踩油門的力道而變，並透過喇叭傳遞出去。BMW對這種擴音技術抱持開放的態度，他們並非特例。Lexus也聘請山葉（Yamaha）的樂器部門微調Lexus LFA跑車的引擎聲[22]。

觸覺

人類的觸覺是獨一無二的。對嬰兒來說，皮膚與皮膚的接觸最重要，那樣做促進重要的生理流程，也強化親子關係。這種接觸非常重要，所以美國與許多國家常把剛出生的新生兒放在母親的胸前。

觸摸不僅有助於鞏固情感關係，也影響我們的發展軌跡。在某些關鍵時期無法獲得身體接觸的嬰兒，可能罹患一種罕見的疾病：心理社會性侏儒症，特徵是發育不良。知名作家巴里（J. M. Barrie）因童年創傷而罹患這種病，成為他寫作的主題。他是《彼得潘》（*Peter Pan*）的作者，那本書跟永遠長不大的孩子有關。

隨著我們長大成人，觸覺的重要性逐漸轉弱，但它始終存在。說到行銷與閾中促發時，人際接觸可以對購買產生很大的影響。一項研究發現，店員觸碰顧客的手臂時（當然是有禮的觸碰），消費者更有可能購買商品，並認為整體購物體驗更愉悅[23]。

這只是觸覺影響購買決定的一種方式。以買車為例，在購買前，有很多客觀的方法可以評價一輛車。從靜止瞬間加速到時速一百公里的時間多快、耗油量、幾門、立體音響的功率和價格等。然而，做最後的購買決定時，最具影響力的因素之一是駕駛那輛車的「感覺」。

汽車品牌利用觸覺與質感向潛在買家傳達汽車的性格，以便留下正面的印象。捷豹（Jaguar）把換檔系統從最常見的形式（換檔杆）改成換檔撥片時，吸引了很多關注。此外，換檔撥片的設計通常是隱藏的，藏在扶手裡面。駕駛人坐定位後，汽車「醒來」，換檔撥片上升，好讓駕駛觸摸，把它從停止轉為駕駛。這種新奇的觸摸體驗正是大腦用來評估試駕汽車的資料類型。

亞馬遜那種電子商務公司已經讓博德斯（Borders）、淘兒唱片（Tower Records）等圖書與唱片連鎖業者關門大吉。不過，那些力抗亞馬遜並生存下來、甚至蓬勃發展的公司都加倍投入，為顧客提供亞馬遜及其他電商所欠缺的東西：觸摸產品的能力。消費者可以在百思買（Best Buy）的三星展示會上觸摸及感受新款的Galaxy手機，或在全食超市（Whole Foods）買桃子前先測試桃子的熟度（難怪亞馬遜於二〇一七年八月以一百三十七億美元收購這家連鎖超市）。

嗅覺

你通常不會注意到氣味，但你注意到時，氣味會產生非常特別的影響。嗅覺是看情況而異，與視覺不同。視覺編碼的記憶能持續較久，但嗅覺的記憶比較具體，與情境記憶緊密相連——換句話說，是對特定經歷的記憶，而不是對特定資訊片段的記憶[24]。假如你發現一頂舊的洋基隊（Yankees）棒球帽，你只看它一眼，就會想起整支洋基隊：這個球季打得如何、你是否喜歡球隊教練等。相反地，如果你把它撿起來聞一聞，可能會清楚記得你第一次和父親一起去洋基體育場的情景，那是你們某次到紐約旅行時的一段回憶。

由於人類聞到東西的頻率不如看到東西的頻率，所以相較於對顏色產生聯想，我們更容易對氣味產生聯想。想想你上次走過Subway門市的情景，無論是好是壞，你已經把Subway和它獨特的氣味聯想在一起了，那是一比一的聯想。你見過很多**看起來**有點像Subway的店面，但Subway的味道是獨一無二的。因此，當你再次聞到這種「Subway氣味」時，你只會回想起與Subway有關的嗅覺記憶，想不起其他的記憶。

公司知道嗅覺記憶的特色，因此善用嗅覺對消費體驗的影響。想想房地產使用氣味行銷的經典案例，例如在房屋開放參觀期間，使用松樹、香草或新鮮餅乾的氣味幫忙銷售房屋。早在一九九一年，艾倫・赫希（Alan Hirsch）等研究人員就測試過氣味對購買行為的影響[25]。在一個例子中，科學家把一雙完全一樣的跑鞋放在兩個房間裡。其中一個房間沒有氣味，另一個房間裡充滿花香。受試者探索那兩個房間後，百分之八十四的人說他們比較可能買有香氣那個房間裡的跑鞋。如今，Nike在專賣店裡也實驗香氣。氣味行銷研究機構（Scent Marketing Institute）的總裁史蒂夫・瑟莫夫（Steven Semoff）指出，Nike的氣味實驗使顧客的購買意願增加百分之八十[26]。

肉桂卷專門店Cinnabon根據零售店鎖住香氣的能力來挑選門市地點，因為聞起來像肉桂卷的地方有助於促發路人的購買動機。倫敦的M&M世界商店（M&M World Store）充滿巧克力的味道，這很合理對吧？畢竟他們賣的是巧克力。但是M&M巧克力豆是密封出售的，所以門市需要使用噴霧製造氣味。新加坡航空公司（Singapore Airlines）在感官行銷方面比維珍美國航空公司更勝一籌，他們在餐前提供給乘客的熱毛巾中加入一種特殊的氣味。那是一種混合植物與柑橘的味道，而且它還有一個名稱：史蒂芬佛羅里達香水（Stefan Floridian Waters）。史蒂芬佛羅里達香水提供給大腦的閾中資訊，會喚醒你對這家航空公司的印象。

在另一項研究中，研究人員讓受試者吃一塊脆餅。一半的受試者進食時，周邊可聞到清潔產品的柑橘味；另一半受試者進食時的周邊沒有氣味。結果呢？在有柑橘味的房間裡吃餅乾的人，吃得比較乾淨，雖然他們都表示他們沒意識到氣味[27]。另一項實驗發現，在拉斯維加斯，噴了香氣的吃角子老虎機吸引較多人使用，使用次數比沒有香氣的機器多百分之四十五[28]。同樣地，研究發現，相較於有檸檬味的餐廳，用餐者在有薰衣草味的餐廳裡消費多百分之二十，停留時間也多百分之十五[29]。

一個共同的主題貫穿了我們在此討論的許多研究（即使不是所有的研究）：那就是受試者完全沒有意識到這些感官促發。切記：閾中促發是指你可以透過意識察覺到促發，但你通常不會察覺。研究人員問參受試者為何挑選法國葡萄酒，而不是澳洲葡萄酒時，沒有人說是因為酒舖中播放的音樂。在解釋他們的行為時，沒有受試者提及氣味，或走道的顏色，或其他證明影響其購買的感官因素——因為他們沒有意識到這些因素會影響他們的行為。多數人不會注意到感官促發，更遑論感官促發對其行為產生的影響了，無論那個促發是一首歌、有人摸他們的手臂或是其他的事物。然而，在所有的感官領域，這些微妙的閾中行銷策略都對我們的行為有巨大的影響。

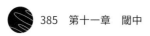

不那麼自由的意志？

這對行銷來說意味著什麼？目前的行銷倫理明確地假設，消費者可以自由地因應任何廣告或活動[30]，儘管廣告多多少少會影響消費者，但消費者擁有最終自主權。事實上，這種消費者自主的假設，讓大家放任許多種行銷實務在市場上運作。這個理論主張，不管行銷手法是什麼（離線廣告、數位行銷或產品定位等），消費者最終都有權**選擇**他要如何因應那種手法。品牌不管使用什麼花招，都無法強迫你買，所以最終決定權是在消費者的手中。但這種消費者自主權的假設合理嗎？

簡言之，不合理。我們並未看到充分的證據顯示，消費者對於按下購買鍵握有完全的掌控權。如果我們不知道那些影響因素（例如房間的氣味、播放的音樂或它們對消費者決定的影響），我們怎麼能說自己握有掌控權呢？

我們需要重新思考行銷本身對心理的影響，尤其是那些超出意識之外的因素對我們的思想、感覺和行為的影響，藉此重新啟動有關行銷倫理的討論。行銷者、消費者和立法者在這方面的討論，必須從人類自主性的科學出發。任何公平的道德架構，都必須包含對這些潛意識力量的瞭解。

想到心理學，你可能會想到佛洛依德。當然，一想到佛洛依德，就會馬上聯想到一系列奇怪的概念。他說，你有咬筆的習慣，是因為對陰莖的迷戀；你成年後愛喝咖啡，意味著你有壓抑的童年創傷。他還說，我們都有和父母做愛的祕密渴望。如果你在多數圈子裡提起佛洛依德，肯定會遭到懷疑，甚至嘲笑。

然而，我們也欠佛洛依德一個公道。畢竟，他是第一個確認在表面的意識之下存在著許多精神生活的傑出思想家，他稱之為潛意識。佛洛依德對現代心理學的最大貢獻及他留下的持久遺澤是：**我們永遠不會知道我們為什麼要做某些事情**。

佛洛依德逝世八十多年後，支持上述那個普遍主張的證據仍不斷增加。例如現在我們知道以下種種現象：患者大腦受損而無法形成有意識的新記憶時（例如第三章提到的蜜雪兒），即使他們對之前的訓練毫無記憶，依然可以透過幾次訓練來改善技巧（例如騎單車）[31]。以極快速度從眼前閃過的字樣（閾下促發），也可以造成微妙的情感與行為變化[32]。某地或某人的相關資訊可能觸發一種無意識的記憶，讓人產生一種怪誕的感覺，儘管當事者並未意識到自己建立那種聯想。另外，還有所謂的「盲視」：表面之下有很多我們沒有意識到的事情。

我們愈仔細觀察，會發現情況變得愈神祕。透過功能性磁振造影等現代技術，我們現在可以檢查大腦執行各種不同的心理功能時的活動。別人做判斷與決定時，偷窺其大腦的運作特別有趣。我們從功能性磁振造影中看到，大部分的決定是在意識之外做的。

有一項如今變成經典的研究，最早是發表在《自然神經科學》（*Nature Neuroscience*）上。約翰—狄倫．海恩斯（John-Dylan Haynes）讓受試者做一個簡單的決定：用右手、還是左手按一個按鈕。他們可以在任何時候做這個決定，但需要注意他們是在哪個時點做決定的。令人驚訝的是，研究人員發現，大腦深處的活動可以在受試者做決定之前，準確地預測出他們的決定。

而且，研究人員不僅可以在受試者知道決定前的一兩秒鐘發現，而是在受試者「做」決定前**整整七秒鐘**就發現了[33]。

造影研究發現，消費世界中也有類似的效應[34]。即使你沒注意到一件產品，你的大腦也在你的意識之外記下那個產品的重要資訊。腦中這個刺激的殘跡，在未來可以精準地預測你對產品的偏好。

海恩斯的研究突顯出我們對大腦的活動有多麼無知，他那種研究為「我們的自由意志是否只是一種幻覺」這種神經哲學爭論，提出令人信服的證據。不過，就目前的討論來說，大家只要注意底下這點就夠了：我們的意識完全不知道驅動我們的想法及行為的一連串神經活動。我們所想的「決定」，其實是一種無意識流程的展開，早在我們意識到之前就發生了。

我們不僅不知道這些潛在的流程，而且隨機因素很容易在不知不覺中改變我們的行為。想像一下，吉兒在大學裡看到一則廣告，她報名參加一個實驗，那個實驗將付給她二十美元，她的任務是衡量面孔。那天，她遲到一會兒，因為走廊上有人不小心撞到她。幸好，實驗者很友善及體諒，讓吉兒鬆了一口氣。實驗者請她坐在一張空的白色桌子前，並解釋實驗的流程。

首先，實驗著要求吉兒看一個人的簡介，連同那個人的照片。接著，實驗者問她一系列的問題，包括她對那個人的看法——他有多友善或多慷慨等。那些問題沒有正確或錯誤的答案，實驗者只對個人判斷感興趣。最後，實驗者請吉兒填寫一份簡短的問卷，裡面包括她自己的年齡、性別和其他人口統計資訊等。問卷的最後一題問道：**為什麼妳會這樣評價那個人？**

「這題是什麼意思，為什麼這樣問？」吉兒說：「我那樣評價是因為我看他的簡介時是那樣想，不然還有什麼其他的因素嗎？」

原來，那個在走廊上撞到她的人——這裡姑且稱他為傑克吧——也是實驗的一部分。這是加州大學博爾德分校的研究人員精心設計的實驗[35]。傑克撞到吉兒，導致手上的報告散落滿地，他請吉兒先幫他拿著手上那杯咖啡，以便彎下腰去撿報告。研究人員請傑克給一半的受試者拿冷咖啡，給另一半的受試者拿熱咖啡。每個受試者拿杯子的時間都不超過一分鐘，但結果卻大不相同。研究發現，那些拿著溫熱杯子的人對別人的評價比較友善慷慨。這個研究最一致的發現是什麼？每一位受試者都沒有想到，他們對實驗中那個面孔的好感與手中那杯咖啡的溫度之間有任何關連。但，他們何必知道呢？

套用佛洛依德的觀點：**我們選的東西，從來不是我們真正挑選的。**

閾中行銷與潛意識行銷一樣有效，甚至效果更好。雖然在閾下行銷與閾中行銷之間劃清倫理界限很重要，同樣重要的是，考慮一般「促發」的倫理道德，無論是閾下促發、還是閾中促發。大腦不斷地吸收資訊，但它會精挑細選它與「你」分享的資訊。它分享的那部分是你的意識體驗；其餘的，雖然你沒有注意到，仍會影響你的思想、情緒與行為。

品牌為了促發你的行為，繞過你，直接與你那個未分享的大腦對話。他們可以利用觸摸促成購買，利用聲音傳達個性，利用氣味區分自己與競爭對手，利用視覺來達成上述的一切。

以大腦無法感知的方式與人類的感官交流——所謂的潛意識行銷——是非法的，但是以我們能夠感知的方式（即使通常是趁著我們不知不覺下）進行交流不是非法的。然而，當證據顯示再小的因素都對購買行為有巨大、隱蔽的影響時，上述那種區隔線就顯得很隨性了。雖然我們喜歡認為我們可以完全掌控消費生活，但科學顯示，事實並非如此。

禁止潛意識行銷是第一步，也是最簡單的一步。第二步是處理閾中行銷，這不是那麼黑白分明的領域，尤其我們甚至可以說，所有的品牌宣傳都涉及閾中促發。它需要透過神經科學的視角處理行銷倫理問題。這也是下一章及本書最後一章的主題，請繼續看下去。

12

行銷的未來

自然界充滿各種有趣的關係，例如有的鳥類敢飛進鱷魚的嘴裡，啄食牠牙齒上的食物；藤壺寄生在鯨魚的身上；有的蜜蜂只為一種花授粉。但是，「最佳搭檔獎」應該頒給樹懶和牠背上的綠藻。樹懶從攝取綠藻獲得營養，而且綠藻也是一種保護色，幫牠躲避潛在的獵食者。綠藻從樹懶身上獲得的回報是能量來源：落在樹懶身上死去的飛蛾。事實上，以不太愛動著稱的樹懶每週都會冒險從樹上下來一次，以便從自己的糞便吸引飛蛾上身，只為了獲得綠藻。樹懶與綠藻真是天生好搭檔！

樹懶與綠藻之間的關係是獨一無二的，兩者的關係演化如此緊密相連：他們都需要彼此，而且他們的互動不僅塑造他們的生命、也幫助他們維生。少了綠藻，樹懶將是完全不同的生物，反之亦然。他們的生命如此地緊密交織，彼此之間的界限很模糊。

消費者與消費之間的關係也是如此地緊密相連。我們需要消費，消費也塑造了我們，因此模糊兩者之間的界限。我們很難知道消費世界與消費者之間的界限在哪裡。你看一部精彩的電影，然後興奮地與好友分享那段經歷時，你是在消費世界中自然地運作，但不知不覺中你也參與最強大的行銷形式：口碑行銷。今天，拜網紅文化的興起所賜，談論你看過的精彩電影可能是一門生意，就看你使用的網路平臺規模及你的說服力而定。誠如美國饒舌歌手 Jay-Z 的名言所述：「我不是生意人，我就是**生意**。」

在這種關係中，我們不是被動的接受者。消費世界是以我們為核心建立，是順著我們建立，就像我們也是順著消費世界所發展。每天，我們使用的產品與技術之所以會生產出來，前提都是因為我們會購買及使用它。每天，我們參與服務，並體驗那些根據我們的心理反應而設計的經驗。消費世界之所以是現在這個樣子，是因為消費者是這個樣子。消費世界的歷史，隨著消費者價值觀的起伏而消長。公司改變方式，主要是因為消費者變了。飲料公司推出比較健康的少糖飲料，是因為消費者對健康的態度變了。美國的轎車變得更小、更省油，是因為消費者的環保態度變了。時尚零售商現在避免走「快時尚」的路線，是因為永續發展的觀點開始影響消費者的偏好。更不用說廣告方式的改變了，消費者主導的變化可說是不勝枚舉。

無論我們喜不喜歡，我們與消費世界的關係都是深刻、動態且複雜的。要維持那種關係的健康，首先要瞭解行銷的本質、心理的性質及我們身為消費者在兩者之間穿梭的定位。

當送子鳥成為演算法

二〇一一年，一位父親前往在地的塔吉特百貨，要求與店長談談。他看到塔吉特百貨寄給女兒的優惠券後，憤怒不已，因為女兒才十幾歲，但那些優惠券都屬於同一主題：奶瓶、尿布、孕婦裝。「她還在讀高中，你們卻寄給她嬰兒服與嬰兒床的優惠券？你們是在鼓勵她懷孕嗎？」但後來，他不得不跟店長道歉。原來，塔吉特知道這位父親所不知道的事情：他的女兒確實懷孕了[1]。

這個實例有趣的地方在於，那個女兒並未瀏覽任何與懷孕有關的商品，而是塔吉特先進的演算法抓到了相關的購買行為模式：比平常買更多的無香精乳液，品項購買略有不同，一些額外的（非產前）維他命。早在二〇一一年，塔吉特就可以根據信用卡的資料、塔吉特優惠券的使用、電郵資料及二十五個資料點，算出可靠的測孕分數。那些用來做預測的資料，大多是來自店內購買，而不是網路瀏覽。而且，這是發生在臉書上市之前、在臉書收購 Instagram 的一年前、在臉書收購 WhatsApp 的三年前、在蘋果推出第一代 Apple Watch 並把智慧型手錶帶入主流市場的三年前。想想現在的塔吉特公司對你的瞭解會有多透徹？

神經行銷的未來

行銷技術的未來與心理學密不可分，因為隨著愈來愈多的資料揭露你的心理，行銷部門只會愈來愈善於說服消費者購買。例如以技術放大「人格科學」的方式。

在以心理學為基礎的「人格理論」世界裡，有一個理論在建模及預測未來行為方面，比其他的理論更強大：OCEAN 分析。OCEAN 這個縮寫，代表五種不同的核心人格特徵：開放（Openness）、盡責（Conscientiousness）、外向（Extraversion）、親和（Agreeableness）、神經質（Neuroticism）。你的 OCEAN 分析結果，就是你在這幾個特徵上的得分。

在對照研究中，OCEAN 分析證明可以有效地預測許多結果，從人際關係的融洽（高親和性）到種族歧視（低開放性）等。它雖

O	C	E	A	N
開放	**盡責**	**外向**	**親和**	**神經質**
你喜歡新的體驗嗎？	你比較喜歡有計畫與秩序嗎？	你喜歡與人相處嗎？	你是否覺得他人的需求比你的需求更重要？	你很容易焦慮嗎？

然不完美，卻是目前最有效的人格測量方法。任何有助於瞭解顧客又可以整合到演算法中的方法，對公司來說都有很大的加分效果。

由於現在有日益複雜的演算法分析愈來愈多扎實的資料，這些模型變得愈來愈詳盡、有效。把你的購買資料與數位資料和人格科學結合起來，公司就享有很大的心理優勢。

這種細膩的人格導向方式，在二〇一六年的美國大選充分發揮了效用。當時川普的競選團隊聘請總部位於英國的劍橋分析公司（Cambridge Analytica）協助影響選情。劍橋分析公司製作一個簡單的調查，有二十七萬人參與調查。調查的實際問題與結果都微不足道，重要的是，參與調查可以取得每位受訪者的臉書用戶資料——所有的按讚、留言、照片和在臉書上的一切軌跡。而且，劍橋分析公司可不止取得那二十七萬人的資料而已，拜臉書的安全漏洞所賜，它也取得那二十七萬人的社交圈資料，所以總計是八千七百萬人的資料[2]，而且那些資料的取得都是合法的。

透過預測分析，他們利用那些資料得出每個人的 OCEAN 人格檔案。接著，他們根據那些人格檔案，以客製化的廣告鎖定潛在的選民。例如那些神經質及盡責度高的人可能比較偏執，就讓他們看一支支持川普的廣告，那支廣告描述小偷闖空門，上面寫著：「憲法第二修正案不光只是一種權利，更是一種保險，請捍衛攜帶武器的權利。」換句話說，每個選民都能看到專為其 OCEAN 檔案設計的廣告。

劍橋分析公司對二〇一六年的美國大選究竟有多大的影響力，我們很難加以量化。但他們的成果依然讓我們預覽令人震驚的廣告未來前景：細膩且個人化，精確度愈來愈高。誠如二〇一五年該公司的執行長亞歷山大．尼克斯（Alexander Nix）所言：「如今的溝通變得愈來愈精準，是為在座的每個人量身打造。」劍橋分析公司藉由結合人格心理學與數位資料，讓我們預覽了未來。

未來，你是對自己行銷

秀督．葛蘭（Shudu Gram）與蜜凱拉．蘇莎（Miquela Sousa）有什麼共通點？她們都是超級名模，在網上分別擁有二十萬與一百六十萬名粉絲。但問題是，她們都不是真人，而是深偽技術（deepfake）——數位技術創造出來的超級名模，消費者相信她們的存在，而且她們還獲得Gucci和Fendi等大品牌的贊助。

既然現代科技已經可以創造出令人信服的深偽技術，那要怎麼阻止別人製造出偽裝成你的冒牌貨呢？這已經不是技術問題，而是時間早晚的問題。例如雷朋（Ray-Ban）在數位廣告中向你展示一個看起來很像你的模特兒戴著它最新推出的飛行員眼鏡。

這種策略肯定會奏效，因為有所謂的「雞尾酒會效應」（cocktail party effect）。想像以下的場景：你在一場擁擠的派對上，與一位好友閒聊近況。你們講得很投入，完全沒注意周遭的嘈雜聲。然後，突然間，在你身後六公尺的地方，你聽到有人提及你的名字。十秒鐘前，你甚至不知道那個人站在那裡，但現在你被他們的對話吸引住了。早在一九五〇年代就有一系列的心理學研究證實了這個效果。

現在，把這種效應與如今出奇精準的臉部辨識技術和未來製造深偽技術的能力結合。最近的研究顯示，我們不僅特別容易注意到自己的名字，也特別容易注意到自己的臉[3]。換句話說，有「視覺的」雞尾酒會效應。

即使你沒有注意到你的臉，大腦也會認出來。如果有人要求你看螢幕上快速移動的許多面孔，你無法描述任一張面孔。但如果你接上一臺腦波圖的機器以偵測大腦接收的資訊，當你的面孔從螢幕上一閃而過時，你的大腦活動會顯示你的注意力在轉移。重要的是，你對其他的面孔都沒反應，只對自己的面孔有反應。

二〇一九年，FaceApp這個程式讓用戶看到自己四、五十歲的老樣子，因此吸引了很多人使用。這雖然很有趣，卻再次引發大家對資安與隱私的擔憂。《富比士》估計，FaceApp目前擁有超過一・五億臉書用戶的大頭照。

雖然（再次）指責臉書的資安失敗很容易，但FaceApp絕對不是唯一對收集臉部資料感興趣的公司。從蘋果的臉部ID到監控用的臉部辨識功能，臉部資料及相關軟體可說是隨處可見。

卡內基美隆大學的資工系教授洛里・克拉諾（Lorrie Cranor）最近告訴《彭博商業週刊》（*Bloomberg Businessweek*）：「臉部辨識技術現在已經變得夠便宜了，你可以在每家星巴克安裝這種技術，等排隊輪到你時，你的咖啡已經準備好了。」

問題不在於廣告商是否會利用我們的臉部資料說服我們，而是他們打算何時這樣做及怎麼做。底下是兩種臆測的做法：

社群媒體行銷。想像一下，你在地鐵上漫無目的地瀏覽動態訊息時，突然看到一個吸引你的廣告。也許你不是那種會點擊廣告的人，但是當那個展示時髦新鞋的模特兒就是你時，你怎麼能不點進廣告呢？

在競爭激烈的注意力經濟中，社群媒體、應用程式上的廣告商為了吸引你的目光，不斷地技術升級。把用戶的臉孔嵌入平臺廣告的技術，將會徹底改變市場，那是一種簡單的品牌差異化工具。切記：你不需要**意識**到那是你的臉。光是你的臉出現在廣告圖像中，就可以在**不知不覺中**驅動你注意它了。

個人化的「換臉」廣告影片。有一種技術可以把你嵌入完整的影片中。例如美國眾議院議長南希．佩洛西（Nancy Pelosi）等政治人物的深偽影片已經引發棘手的道德問題。但是，來自別人的資訊永遠不會像來自你的資訊那麼有吸引力及說服力。FaceSwap 公司的技術把這一切變得很簡單，它可以把圖片與影片中別人的臉換成你的臉。

目前為止，我們看到換臉技術的一些應用是完全無害的，也是網路喜歡的內容類型。例如，二〇一九年夏季，尼克．奧佛曼（Nick Offerman）*的臉被貼到《天才老爸俏皮娃》（*Full House*）的角色上[5]。同樣在二〇一九年，中國陌陌公司（Momo）發布一款名為Zao的應用程式，讓人把自己轉換成知名電影中的主角[6]。這個應用程式的廣告顯示從《全面啟動》（*Inception*）取得幾可亂真的影像，並以另一個人的臉取代李奧納多．狄卡皮歐（Leonardo DiCaprio）飾演的角色[7]。

但未來FaceSwap影片技術很有可能放大現有的行銷策略，使人開始感到不舒服的操縱性。第六章提過，由於人類先天厭惡損失，恐懼是一種強大的驅動力。想像一下，業者以FaceSwp這種超個人化的方式來廣告保險之類的商品。還有什麼東西比你的屍體被人從可怕的車禍殘骸中拖出來的逼真畫面更能引發恐懼？

這波個人化廣告的具體形式還有待觀察，但有一點很明確：使用人臉的個人化行銷時代已經到來。隨之而來的是行銷人員的新商機、監管者的新難題，倫理學家的新挑戰。

消費2.0

資料與心理學將定義下一代的行銷，但消費者呢？消費者需要把自己的行為升級到版本2.0。為了提高警覺及關注個人的最佳利益，消費者需要更瞭解商品的製作，然後以更高的自我意識投入消費世界。

行銷教父菲利普．科特勒（Philip Kotler）寫過一本談行銷的書《行銷管理》（*Principles of Marketing*，是全球大學生及研究生使用的教科書），他把行銷定義為「管理盈利關係」。撇開術語不看，行銷的定義比較人性化，是在交易價值。想要悠遊在未來的世界中，消費者必須瞭解交易的價值是什麼及如何交易。

*在電視劇《公園與遊憩》（*Parks and Recreation*）中因飾演羅恩．斯旺森（Ron Swanson）而聞名。

早在平面設計、社群媒體、產品經理甚至品牌商標出現以前，行銷原本很單純，涉及買賣雙方。賣方有產品，買方有錢（或其他商品）交換此產品。這是生意，價值的交易很簡單。那時，最接近商標的東西是賣家的臉。

久而久之，競爭加劇，差異化的需求也增加了。在價格相等之下，賣方需要提供產品以外的附加價值，以便從買方那裡掙得價值（即付款）。賣家如何招呼顧客、產品種類的多寡和店鋪的整潔度等細節，都變成賣家提供額外價值的方法。

時序快轉到今天，行銷仍是一種價值交易，買家現在稱為「消費者」，「賣家」這個稱呼則涵蓋企業、非營利組織和政府組織——也就是提供及獲得價值的任何組織。唯一進化的是買賣雙方交易價值的方式。

今天的買家常提供超出價格以外的價值。他們可以提供口碑，把推薦碼寄給朋友，在臉書上貼出有關賣家的資訊，或者在 Yelp 上讚賞賣家。考慮到用戶生成內容（user-generated content）為賣家帶來的所有價值，如今的買家簡直是在為賣家提供免費的勞力。所謂的「用戶生成內容」

根本應該稱為「買方生成內容」。每次你在Spotify上創建一個播放清單，在亞馬遜上寫一篇評論，或在Instagram上發布一張照片，都是在付款之外為公司提供**巨大的**價值。雖然亞馬遜和Spotify在沒有買家生成內容下，依然可以繼續營運下去，但是像Instagram那種不是靠用戶付費的公司，在用戶停止提供這種價值後，將不復存在。這個價值交換的新世界為買家帶來巨大的未開發力量。

如今的賣家也提供新的價值，理由跟前幾個世代的賣家提供安全、清潔的購物環境一樣，是出於必要，因為商業環境不斷演變。如今我們能買到的東西，比我們能滿足的需求還多，這表示賣家需要提供更多的價值才能賺到我們的錢。賣方與買方之間每個可能的接觸點，都是賣方提供價值的機會。從電話中的等候音樂到購物袋設計、產品包裝和部落格等，現代的賣家必須更努力地行銷，產生差異化，建立連結。

值得一提的是，儘管本書提到很多公司利用人類的心理盲點謀利的方式，行銷人員確實可以為消費者增加產品的價值。行銷改變我們對現實的觀感，但這不表示我們對行銷的反應是假的或膚淺的。喝酒的人確實覺得以水晶杯啜飲普通的葡萄酒更好喝，那是大腦感受到的。切記：身為人類，我們從來不是直接體驗世界。我們經歷的一切，都是大腦為世界建構的模型。

我們從瞭解一種稀有又昂貴的葡萄酒中所獲得的快樂，跟我們從品嚐葡萄酒時舌尖感受到的快樂一樣真實。

走進蘋果專賣店的感覺，比走進Fry's連鎖電器行的感覺更好。相較於一般跑鞋，新的Nike Joyride跑鞋提供更高一層的不同體驗。Nike品牌建構的背後所投入的一切時間、金錢和努力，都對我們有具體的影響。第一章提過，品牌塑造可以透過類似安慰劑的效果，直接強化我們的體驗。第一章也提到，對照研究顯示，我們得知使用的高爾夫球桿是Nike牌的時候，可以把高爾夫球打得更遠更好，儘管實驗組與對照組所使用的球桿一樣[8]。這種績效的安慰劑效應隨處可見，這一切都要歸功於行銷人員。

換句話說，我們沒必要質疑行銷策略。行銷能夠、也確實提升我們的快樂與滿足感，那是值得讚賞的。有些人真的喜歡晨跑時穿上Nike的感覺（過程中喚起行銷人員努力塑造超級運動員的身分），對他們來說，Nike即使比其他的跑鞋多三十美元，也很值得購買。

在「買方／消費者」與「賣方／企業」的價值交換中，企業的目標是盡量增加他們從消費者獲得的價值。消費者的目標應該也一樣：盡量提高他們從企業獲得的價值。在公平的價值交換中，雙方都很高興。然而，多數的消費者並不知道價值交換的程度。有些人可能不太清楚買家與賣家的角色已經變了。不過，有一些更新、不那麼透明的價值交易正在發生。賣家看得見那些交易，但買家看不見。這導致價值交換變得不公平，一面倒，只對企業有利。當價值交換不公平時，就會出現道德問題。

行銷就是說服

在「消費者與企業」的關係中，說服是關鍵。一種行銷策略（打品牌和廣告等）的成功，取決於它的說服力。說服是讓價值順利成交的關鍵。

任何行銷策略的說服效果，都不是一種全有或全無的二元現象，而是落在一個連續面上。想像一個從〇到十的簡單評級，〇表示對未來的行為毫無影響，十表示對未來的行為一定有影響。在這個連續面的最右邊，一個人在看到廣告後一定會採取賣家想要的行動。在這個連續面的最左邊，行銷策略對預期的行為毫無影響。

討論不公平的價值交易所涉及的道德層面時，這個連續面可為討論提供背景脈絡。你身為消費者，當說服力落在這個連續面上的哪一點時，你會感到不舒服？多數人一想到行銷策略可能對他們的行為產生決定性的影響時，就會馬上感到不舒服，因為那等於扼殺了我們的個人自主權。但是，我們應該在那個連續面的哪裡劃清界限呢？行銷策略的說服力不得超過百分之八十嗎？還是百分之七十？行銷人員的任務是盡量往右邊靠攏。行銷策略的效果太偏向左邊時，對消費者的影響很小或幾乎毫無影響，大家會認為那是很糟的行銷。所以，可接受的界限應該劃在哪裡呢？

如今行銷局勢的變化比以前還快，因為買家與賣家之間的關係也發展得比以前快。本質上來講，買賣方的關係依然是以價值交易為基礎，但交易的價值類型已經變了，而且公司提取價值的方式也變了。

這些變化導致那個說服力連續面出現大幅的轉變，這一切要歸因於數千年來行銷領域的最大變化：個資。

沒有效果	保證有效
0	10

目前，個人技術、數位習慣和消費者的連線生活所提供的資料，比真人或人工智慧能有效處理的還多。但個資收集才剛開始而已，目前為止收集的資料中，有百分之九十是二〇一六年與二〇一七年所收集[9]。隨著時間經過，品牌在處理、瞭解和使用這些資料說服消費者方面，只會做得愈來愈好。

想像你認識最有說服力的人。現在想像他擁有你的數位資料、過去的購物清單和人格類型的資料。想像他也知道你所有的私人簡訊對話與病史。他會變得多有說服力呢？他不太可能無法說服你。雖然**保證有效**的廣告可能永遠不會出現，但公司的說服力軌跡是一條漸近線，愈來愈接近一定有效。

在說服力的連續面上，哪個落點才是「恰當」的？如果行銷人員試圖說服我們做一些符合我們最佳利益的事情（例如多健身、多吃健康膳食），那個落點會不同嗎？行銷倫理是一個複雜的問題，本書作者的研究就是在探究這些議題[10]。⑤ 我們在這個簡短的章節中，僅觸及了變數與因素的皮毛，那些變數與因素應該會影響最新的行銷倫理模型。但有一件事是明確的：行銷人員只會愈來愈擅長行銷，說服力愈來愈強。

有鑑於此，我們身為消費者，該如何邁向未來呢？在錯綜複雜的買賣方關係中，我們身為買家該如何維護自身利益呢？

未來走向：監管與消費者

商業界中出現不公平的價值交易，並不是什麼新鮮事。保護消費者與市場的法律早就存在了。例如反托拉斯法（Antitrust laws）是避免消費者及整個經濟受到業者壟斷的影響，因為壟斷扼殺了競爭，讓業者得以有恃無恐地占消費者的便宜。儘管近百年來大家都知道壟斷的危險，這個大數據時代又帶來了一系列新的擔憂，需要加以監管。像「劍橋分析」醜聞這樣的例子，把資料隱私的問題暴露無遺。儘管如此，我們依然不確定這會促成任何監管措施。民選官員對人工智慧等新技術的瞭解似乎非常貧乏。

在塑造未來的用戶資料收集與使用方面，監管無疑會扮演關鍵要角，但是在平衡企業與消費者之間的價值交易方面，最大的責任依然是由消費者承擔。藉由改變我們重視的價值，以及我們從哪裡獲得什麼價值，我們有出奇強大的力量可以塑造買賣關係，進而在企業與消費者之間拿捏平衡。

當然，監管的角色很重要，但最大的責任還是由消費者承擔。我們很容易指責臉書：「你們在製造讓人上癮的產品，濫用資料。」但一支手指指著臉書的同時，也有三支手指指著我們自己。臉書這樣的資料公司不是非營利組織；他們需要賺錢才能生存。管理一個有近二十三億網民的數位國家並不是免費的。如果消費者不願花錢使用臉書、Instagram 和 WhatsApp 等平臺，這些公司必須找到其他的生財之道。例如從你的注意力中挖掘資料，然後把那些資料賣給行銷者。

俗話說：「天下沒有白吃的午餐。」數位世界裡沒有免費的應用程式。現在是消費者擺脫「免費」魔力的時候了。如果你沒有用現金支付，你就是用你和行銷人員重視的物品支付：你的注意力、你的資料，或者兩者兼有。我們愈早意識到這點，就能愈早有效地駕馭我們與消費世界的關係。

我們不是被動的接受者，我們有能力改變我們與消費世界的關係本質——迫使消費世界為我們做調整。如果我們當下馬上放棄科技，把智慧型手機扔進海裡，這將在消費世界中掀起巨大的波瀾。蘋果也許在市值方面領先全球，但即使是蘋果，也需要做重大的變革才能生存，更遑論持盈保泰。公司對顧客的需要，更甚至顧客對公司的需要。

我們可以從食品飲料業獲得一些靈感，要求公司開誠布公地揭露，他們從公司與消費者的價值交易中得到什麼。如今菸酒產品都附有健康警告，電影與電玩都有年齡限制。然而，十幾歲的孩子可以自由地下載社群媒體應用程式，在無人監督下任意地串流、滑動螢幕和按讚。業者應該公開揭露它如何從消費者的身上擷取價值，作為公司自身價值的一部分，而不是把擷取價值的方式隱藏在使用條款中。

尤其，科技產品往往沒有清楚告知，消費者到底為公司提供什麼價值。在一段交易關係中，一方不知道實際交易的是什麼，這種關係顯然是不道德。你永遠不會簽下一份以你不懂的語言所寫的婚前協定，但你每次在密密麻麻的使用條款下還是按下「同意」鍵。

無論我們喜不喜歡，我們與消費世界有著很深的關係。意識到這點其實可以帶給我們很大的力量。你是這個交易中的一方，你的重視決定了這個關係。改變你認為有價值的東西及你提供價值的方式，就能改變這種交易。身為買家，你可以要求賣家調整，並提供一種更平衡互惠的關係。也許消費世界可以成為你這個樹懶的綠藻。

從前面幾百頁的閱讀中，你學會怎麼看穿看不見的東西，你已經獲得盲視的力量。你學到心理上看不見的怪癖，也知道大腦遇到品牌時會發生什麼。你已經看到一些人類心理學的主要矛盾：痛苦與愉悅、邏輯與情感、觀感與現實、人對危險與安全的關注。你現在瞭解記憶、決策、同理心、關連、講故事、潛意識傳訊、注意力和體驗的神經科學在消費主義的背景下如何運作。

我們只想請你幫個忙：把這本書傳給其他的消費者，甚至（尤其是！）行銷人員，讓他們也獲得這些知識，以便更瞭解行銷活動的心理後果。

你已經從飛機上的乘客晉升為飛行員，能夠以自己的方式在消費世界中穿梭。恭喜你！現在你想飛到哪裡，都由你作主了！

致謝

如果你夠幸運，人生中會有幾次遇到天時地利人和的時刻。對我們來說，遇到經紀人麗莎·加拉格爾（Lisa Gallagher）就是一例。麗莎去墨西哥度假的途中，突然想要查一下電子郵件，於是我們就和她相遇了。我們打從心底感謝麗莎，謝謝她相信我們，為我們做好準備，幫我們釐清觀點。寫書出版是一項團隊合作，麗莎肯定我們，徵召我們加入。

麗莎徵召我們加入團隊，編輯莉亞·威爾遜（Leah Wilson）則是我們的教練。把原始素材塑造成真正有價值的東西是極大的挑戰，莉亞是這方面的專家。我們急切地等待（並慶祝）她的每次修改，因為我們知道每次修改都讓本書變得更好。我們第一次與莉亞通電話時，請她一定要直言不諱，她確實這樣做了，不厭其煩地為我們一再修改。當我們因為太貼近研究而不見樹也不見林時，她幫我們見樹又見林。謝謝她展現的理性，也謝謝她在我們難以抉擇時，幫我們做出定奪，謝謝莉亞教練！我們總是把這本書稱為「我們的孩子」，我們想不到比她更適合接生這孩子的人了。

感謝格倫·耶費特（Glenn Yeffeth）與 BenBella 團隊的其他成員。非常感謝你們接納兩位寫作新手，讓我們感覺像 A 咖一樣。謝謝格倫從第一天就肯定我們的願景，謝謝格倫和辛勤工作的 BenBella 團隊讓這個願景成真。給任何正在閱讀這篇謝辭的作家：你很難找到像 BenBella 這樣關心作家的出版商了。

我們還要感謝琳·梅爾瓦尼（Lyn Melwani）。如果這世上有所謂的最佳學員獎，我們會把它重命名為「最佳琳獎」。妳對成長有無盡的渴望，我們很幸運在這次出版過程中獲得你的大力相助！

感謝艾倫·約翰遜（Alan Johnson）與卡米拉·席爾瓦（Camila Silva）的創作力與靈感。當我們需要救援時，你們總是鼎力相助。你們的審美力促成了讀者現在手中的這本書。希望你們為此感到自豪，我們確實為此感到驕傲。

最後，我們要感謝幾位頂尖的實習生：瓦萊里亞・埃斯帕薩（Valeria Esparza）、伯爾・斯杜賓（Per Stubing）、約瑟芬・加特斯（Josephine Gatus）、卡羅爾・阿倫卡（Carol Alencar）。很高興有你們陪伴這次旅程，希望你們也喜歡！

麥特想在此感謝他的妻子馬琳（Marlene）。如果沒有馬琳的愛、支持、耐心與幽默，這本書不可能出版。他也想感謝兒子聖雅各（Santiago）的鼓勵與好奇，及聖雅各為每個人帶來的歡笑。感謝岳父陳喬（Chencho）與岳母木蘭（Magnolia）的支持與關懷，及耐心照顧聖雅各。麥特也想再次感謝父母史丹（Stan）與珊迪（Sandy）一直鼓勵他寫作，感謝弟弟艾倫・強森（Alan Johnson）為這本書的封面提出的創意見解，及對心理學與藝術的互動所提出的有趣觀點。

普林斯想在此感謝希瑟・哈欽森（Heather Hutchinson）在緊湊的寫作期間所展現的無窮耐

心。感謝父母薩特南．古曼（Satnam）和露比．古曼（Ruby Ghuman）的堅定支持。感謝世上最善良的姐姐斯薇蒂．古曼（Sweety Ghuman）提醒他在工作與娛樂之間拿捏平衡。感謝「MySpace Top 8」的不斷鼓勵，沒有你們，這本書不可能完成，你們都知道我指的是誰。特別感謝法拉茲．埃拉希（Faraz Ellahie）在語氣與幽默方面提供的寶貴意見。感謝狗女兒施梅克爾（Schmeckle）這個繆斯女神，謝謝牠一直躺在我的大腿上，為寫作提供各種可能的情感支援。最後，感謝勒布朗．詹姆士加盟湖人隊，為湖人隊帶來榮耀。

注釋

前言・盲視的威力

1. B. De Gelder, M. Tamietto, G. van Boxtel, R. Goebel, A. Sahraie, J. van den Stock, B.M.C. Steinen, L. Weiskrantz, A. Pegna, "Intact navigation skills after bilateral loss of striate cortex," Current Biology 18(2009):R1128–R1129.

第1章・吃菜單

1. J. Bohannon, R. Goldstein, and A. Herschkowitsch, "Can People Distinguish Pâté From Dog Food?" (American Association of Wine Economists Working Paper No. 36, April 2009), https://www.wine-economics.org/dt_catalog/working-paper-no-36/.
2. G. Morrot, F. Brochet, & D. Dubourdieu, "The Color of Odors." Brain & Language 79 (2001): 309–20.
3. H. McGurk and J. MacDonald J., "Hearing Lips and Seeing Voices," Nature 264, no. 5588 (1976): 746–48, doi:10.1038/264746a0.
4. Sixesfullofnines, "McGurk effect – Auditory Illusion – BBC Horizon Clip," video, 0:54, November 6, 2011, https://www.youtube.com/watch?v=2k8fHR9jKVM.
5. M. Nishizawa, W. Jiang, and K. Okajima, "Projective-AR System for Customizing the Appearance and Taste of Food," in Proceedings of the 2016 Workshop on Multimodal Virtual and Augmented Reality (MVAR '16) (New York: ACM, 2016), 6, doi:10.1145/3001959.3001966.
6. G. Huisman, M. Bruijnes, and D. K. J. Heylen, "A Moving Feast: Effects of Color, Shape and Animation on Taste Associations and Taste Perceptions," in Proceedings of the 13th International Conference on Advances in Computer Entertainment Technology (ACE 2016) (New York: ACM, 2016), 12, doi:10.1145/3001773.3001776.
7. M. Suzuki, R. Kimura, Y. Kido, et al., "Color of Hot Soup Modulates Postprandial Satiety, Thermal Sensation, and Body Temperature in Young Women," Appetite 114 (2017): 209–16.
8. Angel Eduardo, "George Carlin - Where' s the Blue Food?," video, 1:09, May 25, 2008. https://www.youtube.com/watch?v=l04dn8Msm-Y
9. Author Matt had this precise scenario play out when he was living abroad in China. On a trip to Hangzhou, he was enjoying a very well-prepared meal and was thoroughly impressed by the flavorful dishes, especially his main entrée. Not wanting to be rude, he dug into it the meat in front of him without asking what it was. Then, a colleague revealed what the dish was—horse face. Suddenly, the entree tasted much different.
10. Wan-chen Lee, Jenny Mitsuru Shimizu, Kevin M. Kniffin, et al., "You Taste What You See: Do Organic Labels Bias Taste Perceptions?" Food Quality and Preference 29, no. 1 (2013): 33–39, doi:10.1016/j.foodqual.2013.01.010.
11. James C. Makens, "Effect of Brand Preference upon Consumers' Perceived Taste of Turkey Meat," Journal of Applied Psychology 49, no. 4 (1964):

261–63.
12. H. Plassmann, J. O' Doherty, B. Shiv, et al., "Marketing Actions Can Modulate Neural Representations of Experienced Pleasantness," Proceedings of the National Academy of Sciences of the USA 105 (2008): 1050.
13. Jeffrey R. Binder and Rutvik H. Desai, "The Neurobiology of Semantic Memory," Trends in Cognitive Sciences 15, no. 11 (2011): 527–36,
14. Karalyn Patterson, Peter J. Nestor, and Timothy T. Rogers, "Where Do You Know What You Know? The Representation of Semantic Knowledge in the Human Brain," Nature Reviews Neuroscience 8 (2007): 976–87.
15. R. Lambon and A. Matthew, "Neural Basis of Category-Specific Semantic Deficits for Living Things: Evidence from Semantic Dementia, HSVE and a Neural Network Mod- el," Brain 130, no. 4 (2007): 1127–37.
16. J. R, Saffran, R. N. Aslin, and E. L. Newport, "Statistical Learning in 8-Month Olds," Science 274, no. 5294 (1996): 1926–28.
17. Interbrand, "Best Global Brands 2019 Ranking," accessed October 28, 2019, https:// www.interbrand.com/best-brands/best-global-brands/2019/ranking/.
18. S.I. Lee, interview with the authors in San Francisco, November 2018.
19. S. M. McClure, J. Li, D. Tomlin, et al., "Neural Correlates of Behavioral Preference for Culturally Familiar Drinks," Neuron 44 (2004): 379–87.
20. Yann Cornil, Pierre Chandon, and Aradhna Krishna, "Does Red Bull Give Wings to Vodka? Placebo Effects of Marketing Labels on Perceived Intoxication and Risky Attitudes and Behaviors," Journal of Consumer Psychology 27, no. 4 (2017): 456–65.
21. Pascal Tétreault, Ali Mansour, Etienne Vachon-Presseau, et al., "Brain Connectivity Predicts Placebo Response across Chronic Pain Clinical Trials, PLoS Biology, October 27, 2016, https://doi.org/10.1371/journal.pbio.1002570.
22. T. D. Wager and L. Y. Atlas, "The Neuroscience of Placebo Effects: Connecting Context, Learning and Health," Nature Reviews: Neuroscience 16, no. 7 (2015): 403–18.
23. Gary Greenberg, "What If the Placebo Effect Isn' t a Trick?" New York Times, Novem- ber 7, 2018, https://www.nytimes.com/2018/11/07/magazine/placebo-effect-medicine. html.
24. A. M. Garvey, F. Germann, and L. E. Bolton, "Performance Brand Placebos: How Brands Improve Performance and Consumers Take the Credit," Journal of Consumer Research 42, no. 6 (2016): 931–51.

第二章・促銷

1. C. Escera, K. Alho, I. Winkler, et al., "Neural Mechanisms of Involuntary Attention to Acoustic Novelty and Change," Journal of Cognitive Neuroscience 10 (1998): 590–604.
2. M. Banks and A. P. Ginsburg, "Early Visual Preferences: A Review and New Theoretical Treatment," in Advances in Child Development and Behavior, ed. H. W. Reese (New York: Academic Press, 1985), 19: 207–46.
3. L. B. Cohen, "Attention-Getting and Attention-Holding Processes of Infant Visual Pref- erences," Child Development 43 (1972): 869–79.

4. M. Milosavljevic, V. Navalpakkam, C. Koch, et al., "Relative Visual Saliency Differences Induce Sizable Bias in Consumer Choice," Journal of Consumer Psychology 22, no. 1 (2012): 67–74, https://doi.org/10.1016/j.jcps.2011.10.002.
5. Milosavljevic et al., "Relative Visual Saliency Differences."
6. Felicity Murray, "Special Report: Vodka Packaging Design," thedrinksreport, September 13, 2013, https://www.thedrinksreport.com/news/2013/15045-special-report-vod- kapackaging-design.html.
7. Katie Calautti, phone interview with the authors, February 28, 2019.
8. William Poundstone, Priceless: The Myth of Fair Value (and How to Take Advantage of It) (New York: Hill and Wang, 2011), 15; Brian Wansink, Robert J. Kent, and Stephen J. Hoch, "An Anchoring and Adjustment Model of Purchase Quantity Decisions," Journal of Marketing Research 35 (February 1998): 71–81.
9. Wansink, Kent, and Hoch, "Anchoring and Adjustment Model."
10. Macegrove, "Cadbury' s Gorilla Advert," video, 1:30, Aug 31, 2017, https://www.youtube.com/watch?v=TnzFRV1LwIo.
11. Nikki Sandison, "Cadbury' s Drumming Gorilla Spawns Facebook Group," Campaign, September 11, 2007, https://www.campaignlive.co.uk/article/cadburys-drumming-goril-la-spawns-facebook-group/737270.
12. "Cadbury' s Ape Drummer Hits the Spot," Campaign Media Week, September 25, 2007, https://www.campaignlive.co.uk/article/brand-barometer-cadburys-ape-drummer- hits-spot/740054.
13. A. Gallagher, R. Beland, P. Vannasing, et al., "Dissociation of the N400 Component between Linguistic and Non-linguistic Processing: A Source Analysis Study," World Journal of Neuroscience 4 (2014): 25–39.
14. M. Kutas and K. D. Federmeier, "Thirty Years and Counting: Finding Meaning in the N400 Component of the Event-Related Brain Potential (ERP)," Annual Review of Psychology 62 (2011): 621–47.
15. Dan Hughes, "6 of the Most Memorable Digital Marketing Campaigns of 2018...So Far," Digital Marketing Institute, accessed November 28, 2019, https://digitalmarket- inginstitute.com/en-us/the-insider/6-of-the-most-memorable-digital-marketing-cam-paigns-of-2018.
16. Daniel J. Simons and Daniel T. Levin, "Failure to Detect Changes to People during a Re- al-World Interaction," Psychonomic Bulletin and Review 5, no. 4 (1998): 644–49, https:// msu.edu/course/psy/802/snapshot.afs/altmann/802/Ch2-4a-SimonsLevin98.pdf.
17. Daniel Simons, "The 'Door' Study," video, 1:36, March 13, 2010, https://www.youtube. com/watch?v=FWSxSQsspiQ.
18. Daniel J. Simons and Christopher F. Chabris, "Gorillas in our midst: sustained inattentional blindness for dynamic events," Perception 28 (1999): 1059–74, http://www. chabris.com/Simons1999.pdf.
19. Daniel Simons, "Selective Attention Test," video, 1:21, March 10, 2010, https://www. youtube.com/watch?v=vJG698U2Mvo.

第三章・塑造時刻

1. D. I. Tamir, E. M. Templeton, A. F. Ward, et al., “Media usage diminishes Memory for Experiences,” Journal of Experimental Social Psychology 76 (2018): 161–68.
2. L. A. Henkel, “Point-and-Shoot Memories: The Influence of Taking Photos on Memory for a Museum Tour,” Psychological Science 25, no. 2 (2014): 396–402.
3. A. Barasch, G. Zauberman, and K. Diehl, “Capturing or Changing the Way We (Never) Were? How Taking Pictures Affects Experiences and Memories of Experiences,” Europe- an Advances in Consumer Research 10 (2013): 294.
4. C. Diemand-Yauman, D. M. Oppenheimer, and E. B. Vaughan, “Fortune Favors the Bold (and the Italicized): Effects of Disfluency on Educational Outcomes,” Cognition 118 (2011): 114–18.
5. RMIT University, “Sans Forgetica” (typeface download page), 2018, http://sansforgetica. rmit/.
6. “Sans Forgetica: New Typeface Designed to Help Students Study,” press release, RMIT University, October 26, 2018, https://www.rmit.edu.au/news/all-news/2018/oct/ sans-forgetica-news-story.
7. E. Fox, R. Russo, R. Bowles, et al., “Do Threatening Stimuli Draw or Hold Visual Atten- tion in Subclinical Anxiety?” Journal of Experimental Psychology: General 130, no. 4 (2001): 681–700, doi:10.1037/0096-3445.130.4.681.
8. E. A. Kensinger and S. Corkin, “Memory Enhancement for Emotional Words: Are Emo- tional Words More Vividly Remembered Than Neutral Words?” Memory and Cognition 31 (2003):1169–80.
9. Paulo Ferreira, Paulo Rita, Diogo Morais, et al., “Grabbing Attention While Reading Website Pages: The Influence of Verbal Emotional Cues in Advertising,” Journal of Eye Tracking, Visual Cognition and Emotion (June 2, 2011), https://revistas.ulusofona.pt/ index.php/JETVCE/article/view/2057.
10. Jonathan R. Zadra and Gerald L. Clore, “Emotion and Perception: The Role of Affective Information,” Wiley Interdisciplinary Reviews: Cognitive Science 2, no. 6 (2011): 676–85, https://www.ncbi.nlm.nih.gov/pmc/articles/PMC3203022/.
11. A. D. Vanstone and L. L. Cuddy, “Musical Memory in Alzheimer Disease,” Aging, Neuropsychology, and Cognition 17(1): 2010; 108–28.
12. A. Baird and S. Samson, “Memory for Music in Alzheimer’ s Disease: Unforgettable?” Neuropsychology Review 19, no. 1 (2009): 85–101.
13. D. J. Levitin, This Is Your Brain on Music: The Science of a Human Obsession (New York: Dutton/Penguin, 2006).
14. T. L. Hubbard, “Auditory Imagery: Empirical Findings,” Psychological Bulletin 136 (2010): 302–29.
15. Andrea R. Halpern and James C. Bartlett, “The Persistence of Musical Memories: A Descriptive Study of Earworms,” Music Perception: An Interdisciplinary Journal 28, no. 4 (2011): 425–32.
16. Ronald McDonald House Charities, “Our Relationship with McDonald’ s,” accessed October 28, 2019, https://www.rmhc.org/our-relationship-with-mcdonalds.

17. "Ronald McDonald School Show Request," n.d., accessed October 28, 2019, https:// www.mcdonaldssocal.com/pdf/School_Show_Request_Form.pdf.
18. D. Kahneman, D. L. Fredrickson, C. A. Schreiber, et al., "When More Pain Is Preferred to Less: Adding a Better End," Psychological Science 4 (1993): 401–5.
19. Event Marketing Institute, EventTrack 2015: Event & Experiential Marketing Industry Forecast & Best Practices Study (Norwalk, CT: Event Marketing Institute, 2015), http:// cdn.eventmarketer.com/wp-content/uploads/2016/01/EventTrack2015_Consumer.pdf.
20. Google.org, "Impact Challenge Bay Area 2015," accessed October 28, 2019, https://im- pactchallenge.withgoogle.com/bayarea2015.
21. Tony Chen, Ken Fenyo, Sylvia Yang, et al., "Thinking inside the Subscription Box: New Research on E-commerce Consumers," McKinsey, February 2018, https://www. mckinsey.com/industries/high-tech/our-insights/thinking-inside-the-subscrip- tion-box-new-research-on-ecommerce-consumers
22. Gerken, Tom (Sep 2018), "Kevin Hart: Fans kicked out for using mobile phones at gigs," BBC News, accessed October 28, https://www.bbc.com/news/world-us-cana- da-45395186.
23. Katie Calautti, phone interview with the authors, February 28,2019.
24. Music Industry Research Association and Princeton University Survey Research Center, "Inaugural Music Industry Research Association (MIRA) Survey of Musicians," June 22, 2018, https://img1.wsimg.com/blobby/go/53aaa2d4-793a-4400-b6c9- 95d6618809f9/downloads/1cgjrbs3b_761615.pdf
25. RIAA, "U.S. Sales Database," accessed October 28, 2019, https://www.riaa.com/u-s- sales-database/.
26. Statista, "Music Events Worldwide," accessed October 28, 2019, https://www.statista. com/outlook/273/100/music-events/worldwide.

第四章・記憶合成

1. Linda Rodriguez McRobbie, "Total Recall: The People Who Never Forget," The Guard- ian, February 8, 2017, https://www.theguardian.com/science/2017/feb/08/total-recall-the-people-who-never-forget.
2. Valerio Santangelo, Clarissa Cavallina, Paola Colucci, et al., "Enhanced Brain Activity Associated with Memory Access in Highly Superior Autobiographical Memory," Proceedings of the National Academy of Sciences 115, no. 30 (July 9, 2018), doi:10.1073/ pnas.1802730115.
3. Bart Vandever, "I Can Remember Every Day of My Life," BBC Reel, February 28, 2019, https://www.bbc.com/reel/video/p0722s3y/-i-can-remember-every-day-of-my-life-.
4. "Coca Cola Commercial - I'd Like to Teach the World to Sing (In Perfect Harmony) - 1971," YouTube video, 0:59, posted by "Shelly Kiss," December 29, 2008, https://www. youtube.com/watch?v=ib-Qiyklq-Q.
5. Shelly Kiss, "Coca Cola Commercial - I'd Like to Teach the World to Sing (In Per- fect Harmony) – 1971," video, 0:59, December 29, 2008, https://www.youtube.com/ watch?v=ib-Qiyklq-Q.
6. Accenture. "Who Are the Millenial Shoppers? And What Do They Really Want?", accessed December 2, 2019, https://www.accenture.com/us-en/insight-outlook-who-are- millennial-shoppers-what-do-they-really-want-retail.

7. Andrew Webster, "Nintendo NX: Everything We Know So Far," The Verge, September 23, 2016, https://www.theverge.com/2016/4/27/11516888/nintendo-nx-new-console- news-date-games.

8. InternetExplorer, "Microsoft's Child of the 90s Ad for Internet Explorer 2013," video, 1:40, Jan 23, 2013, https://www.youtube.com/watch?v=qkM6RJf15cg.

9. "Elizabeth Loftus: How Can Our Memories Be Manipulated?" NPR, TED Radio Hour, October 13, 2017, https://www.npr.org/2017/10/13/557424726/elizabeth-lof- tus-how-can-our-memories-be-manipulated.

10. E. F. Loftus and J. E. Pickrell, "The Formation of False Memories," Psychiatric Annals 25, no. 12 (1995): 720–25.

11. Lawrence Patihis, Steven J. Frenda, Aurora K. R. LePort, et al., "False Memories in Su- perior Autobiographical Memory," Proceedings of the National Academy of Sciences of the USA, 110, no. 52 (December 24, 2013): 20947–952, doi:10.1073/pnas.1314373110.

12. Daniel M. Bernstein, Nicole L.M. Pernat, and Elizabeth F. Loftus, "The False Memory Diet: False Memories Alter Food Preferences," Handbook of Behavior, Food and Nutrition (January 31, 2011): 1645–63.

13. John Glassie, "The False Memory Diet," New York Times, December 11, 2005, https:// www.nytimes.com/2005/12/11/magazine/falsememory-diet-the.html.

14. Kathryn Y. Segovia and Jeremy N. Bailenson, "Virtually True: Children's Acquisition of False Memories in Virtual Reality," Media Psychology 12 (2009): 371–93, https://vhil. stanford.edu/mm/2009/segovia-virtually-true.pdf.

15. D. R. Godden and A. D. Baddeley, "Context-Dependent Memory in Two Natural Environments: On Land and Underwater," British Journal of Psychology, 66 (1975): 325–331. doi:10.1111/j.2044-8295.1975.tb01468.x.

16. Hajo Adam and Adam D. Galinsky, "Enclothed Cognition," Journal of Experimental Social Psychology 48, no. 4 (July 2012): 918–25.

17. Jason Notte, "5 Champagne Beers for New Year's Toasting," The Street, December 21, 2011, https://www.thestreet.com/story/11350740/1/5-champagne-beers-for-new-years- toasting.html.

18. Alix Spiegel, "What Vietnam Taught Us about Breaking Bad Habits," NPR Shots, January 2, 2012), https://www.npr.org/sections/health-shots/2012/01/02/144431794/what- vietnam-taught-us-about-breaking-bad-habits.

19. "Drug Facts: Heroin," National Institute on Drug Abuse, June 2019, http://www.drug- abuse.gov/publications/drugfacts/heroin.

20. B. P. Smyth, J. Barry, E. Keenan, et al., "Lapse and Relapse Following Inpatient Treatment of Opiate Dependence," Irish Medical Journal 103, no. 6 (2010): 176–79.

21. Wendy Wood and David T. Neal, "The Habitual Consumer," Journal of Consumer Psychology 19 (2009): 579–92, https://dornsife.usc.edu/assets/sites/545/docs/Wendy_ Wood_Research_Articles/Habits/wood.neal.2009._the_habitual_consumer.pdf.

22. P. B. Seetheraman, "Modeling Multiple Sources of State Dependence in Random Utility Models: A Distributed Lag Approach," Journal of Marketing Science 23, no. 2 (2004): 263–71.

23. Verena Vogel, Heiner Evanschitzky, and B. Ramaseshan, "Customer Equity Drivers and Future Sales," Journal of Marketing 72, no. 6 (2008): 98–108.
24. L. Festinger and J. M. Carlsmith, "Cognitive Consequences of Forced Compliance," Journal of Abnormal and Social Psychology 58 (1959): 203–10.
25. "Nissan Xterra Commercial (2002)," YouTube video, 0:29, posted by "Vhs Vcr," Novem- ber 23, 2016, https://www.youtube.com/watch?v=SVmn_tlxpYU.
26. M. Moscovitch, "Confabulation," in Memory Distortion, ed. D. L. Schacter, J. T. Coyle, G. D. Fischbach et al. (Cambridge, MA: Harvard University Press, 1995), 226–51.
27. Sandra Blakeslee, "Discovering That Denial of Paralysis Is Not Just a Problem of the Mind," New York Times, August 2, 2019, https://www.nytimes.com/2005/08/02/sci- ence/discovering-that-denial-of-paralysis-is-not-just-a-problem-of-the.html.
28. T. Feinberg, A. Venneri, and A. M. Simone A.M. et al., "The Neuroanatomy of Aso- matognosia and Somatoparaphrenia," Journal of Neurology, Neurosurgery & Psychia- try 81 (2010): 276–81.
29. Petter Johansson, Lars Hall, Sverker Sikström, et al., "Failure to Detect Mismatches between Intention and Outcome in a Simple Decision Task," Science, October 2005, 116–19.
30. L. Hall, P. Johansson, B. Tärning, et al., "Magic at the Marketplace: Choice Blindness for the Taste of Jam and the Smell of Tea," Cognition 117 (2010): 54–61, doi: 10.1016/j. cognition.2010.06.010
31. Anat Keinan, Ran Kivetz, and Oded Netzer, "The Functional Alibi," Journal of the Association for Consumer Research 1, no. 4 (2016), 479–96.
32. Rory Sutherland, Alchemy: The Dark Art and Curious Science of Creating Magic in Brands, Business, and Life (New York: William Morrow), loc. 3645, Kindle.
33. Ruth Westheimer, "You' ve Decided to Break Up with Your Partner. Now What?," Time, January 4, 2018, http://time.com/5086205/dr-ruth-breakup-advice/.

第五章・兩種思維

1. Daniel Kahneman and Shane Frederick, "Representativeness Revisited: Attribute Substi- tution in Intuitive Judgment," in Heuristics and Biases: The Psychology of Intuitive Judg- ment, ed. Thomas Gilovich, Dale Griffin, and Daniel Kahneman (New York: Cambridge University Press), 49–81.
2. Kara Pernice, "F-Shaped Pattern of Reading on the Web: Misunderstood, But Still Relevant (Even on Mobile)," Nielsen Norman Group, November 12, 2017, https://www. nngroup.com/articles/f-shaped-pattern-reading-web-content/.
3. SimilarWeb, "Youtube.com Analytics – Market Share Stats & Traffic Ranking," accessed October 2019, SimilarWeb.com/website/youtube.com.
4. P. Covington, J. Adams, and E. Sargin, "Deep Neural Networks for YouTube Recommendations," in Proceedings of the 10th ACM Conference on Recommender Systems (New York: ACM, 2016), 191–98.
5. A. Alter, Irresistible: The Rise of Addictive Technology and the Business of Keeping Us Hooked (New York: Penguin, 2016).

6. J. Koblin, "Netflix Studied Your Binge-Watching Habit. That Didn't Take Long," New York Times, June 9, 2016, https://www.nytimes.com/2016/06/09/business/media/netflix- studied-your-binge-watching-habit-it-didnt-take-long.html.
7. E. J. Johnson, J. Hershey, J. Meszaros, et al., "Framing, Probability Distortions, and Insurance Decisions," Journal of Risk and Uncertainty 7 (1993): 35–51, doi:10.1007/ BF01065313.
8. James C. Cox, Daniel Kreisman, and Susan Dynarski, "Designed to Fail: Effects of the Default Option and Information Complexity on Student Loan Repayment," National Bureau of Economic Research Working Paper No. 25258, November 2018, https://www. nber.org/papers/w25258.
9. S. Davidai, T. Gilovich, and L. Ross, "The Meaning of Default Options for Potential Organ Donors," Proceedings of the National Academy of Sciences of the USA 109, no. 38 (2012): 15201–205.
10. Jennifer Levitz, "You Want 20% for Handing Me a Muffin? The Awkward Etiquette of iPad Tipping," Wall Street Journal, October 17, 2018, https://www.wsj.com/articles/ you-want-20-for-handing-me-a-muffin-the-awkward-etiquette-of-ipad-tipping- 1539790018?mod=e2fb.
11. Phil Barden, Decoded: The Science Behind Why We Buy (Hoboken, NJ: John Wiley & Sons), 150, Kindle.
12. Daniel Burstein, "Customer-First Marketing Chart: Why Customers Are Satisfied (and Unsatisfied) with Companies," Marketing Sherpa, February 21, 2017, https://www. marketingsherpa.com/article/chart/why-customers-are-satisfied.
13. NPR/Marist Poll results, April 25–May 2, 2018, accessed October 28, 2019, http:// maristpoll.marist.edu/wp-content/misc/usapolls/us180423_NPR/NPR_Marist%20 Poll_Tables%20of%20Questions_May%202018.pdf#page=2.
14. J. Clement, "Online shopping behavior in the United States - Statistics & Facts." Statista Report, August 30, 2019, https://www.statista.com/topics/2477/online-shopping-be- havior/.
15. Sapna Maheshwari, "Marketing through Smart Speakers? Brands Don't Need to Be Asked Twice," New York Times, December 2, 2018, https://www.nytimes. com/2018/12/02/business/media/marketing-voice-speakers.html.
16. "Cavs Player Timofey Mozgov Accidentally Speaks Russian," YouTube video, 0:34, posted by FOX Sports, March 19, 2015, https://www.youtube.com/watch?v=mL-2wnGbDQSs.
17. T. W. Watts and G. J. Duncan, "Controlling, Confounding, and Construct Clarity: A Response to Criticisms of 'Revisiting the Marshmallow Test'" (2019), https://doi. org/10.31234/osf.io/hj26z.
18. Aimee Picchi, "The American Habit of Impulse Buying," CBS News, January 25, 2016, https://www.cbsnews.com/news/the-american-habit-of-impulse-buying/.
19. Sienna Kossman, "Survey: 5 in 6 Americans admit to impulse buys," CreditCards.com, January 25, 2016, https://www.creditcards.com/credit-card-news/impulse-buy-survey. php.
20. Phillip Hunter, "Your Decisions Are What You Eat: Metabolic State Can Have a Serious Impact on Risk-Taking and Decision-Making in Humans and Animals," European Molecular Biology Organization 14, no. 6 (2013): 505–8.

21. S. Danziger, J. Levav, J., and L. Avnaim-Pesso, “Extraneous Factors in Judicial Deci- sions,” Proceedings of the National Academy of Sciences of the USA 108, no. 17 (2011): 6889–94.
22. Though see for a critique Keren Weinshall-Margel and John Shapard, “Overlooked Factors in the Analysis of Parole Decisions,” Proceedings of the National Academy of Sciences of the USA 108 no. 42 (2011): E833, https://www.pnas.org/content/108/42/ E833.long.
23. Malcolm Gladwell, “The Terrazzo Jungle,” The New Yorker, March 15, 2004, https:// www.newyorker.com/magazine/2004/03/15/the-terrazzo-jungle.
24. “The Gruen Effect,” May 15, 2015, in 99% Invisible, produced by Avery Trufelman, MP3 audio, 20:10, https://99percentinvisible.org/episode/the-gruen-effect/.
25. David Derbyshire, “They Have Ways of Making You Spend,” Telegraph, December 31, 2004, https://www.telegraph.co.uk/culture/3634141/They-have-ways-of-making-you- spend.html.
26. A. Selin Atalay, H. Onur Bodur, and Dina Rasolofoarison, “Shining in the Center: Central Gaze Cascade Effect on Product Choice,” Journal of Consumer Research 39, no. 4 (December 2012): 848–66.
27. LivePerson, The Connecting with Customers Report: A Global Study of the Drivers of a Successful Online Experience,” November 2013, https://docplayer.net/8484776-The- connecting-with-customers-report-a-global-study-of-the-drivers-of-a-successful-on- line-experience.html.
28. “Ebates Survey: More Than Half (51.8%) of Americans Engage in Retail Thera- py—63.9% of Women and 39.8% of Men Shop to Improve Their Mood,” Business Wire, April 2, 2013, http://www.businesswire.com/news/home/20130402005600/en/ Ebates-Survey-51.8-Americans-Engage-Retail-Therapy%E2%80%94.
29. Selin Atalay and Margaret G. Meloy, “Retail Therapy: A Strategic Effort to Improve Mood,” Psychology & Marketing 28, no. 6 (2011): 638–59.
30. Emma Hall, “IPA: Effective Ads Work on the Heart, Not on the Head,” Ad Age, July 16, 2017, https://adage.com/article/print-edition/ipa-effective-ads-work-heart- head/119202/.
31. Francisco J. Gil-White, “Ultimatum Game with an Ethnicity Manipulation,” in Foun- dations of Human Sociality: Economic Experiments and Ethnographic Evidence from Fifteen Small-Scale Societies, ed. Joseph Henrich, Robert Boyd, Samuel Bowles, et al. (New York: Oxford University Press, 2004), https://www.oxfordscholarship.com/view/1 0.1093/0199262055.001.0001/acprof-9780199262052-chapter-9.
32. Carey K. Morewedge, Tamar Krishnamurti, and Dan Ariely, “Focused on Fairness: Alcohol Intoxication Increases the Costly Rejection of Inequitable Rewards,” Journal of Experimental Social Psychology 50 (2014): 15–20.
33. J. A. Neves. “Factors influencing impulse buying behaviour amongst Generation Y students,” accessed December 2, 2019, https://pdfs.semanticscholar.org/4e37/7f- c1680020a106de47f9996e8fea07a6f9e8.pdf/.
34. Brian Boyd, “Free Shipping & Free Returns,” Clique (website), April 15, 2016, http:// cliqueaffiliate.com/free-shipping-free-returns/.
35. Sarah Getz, “Cognitive Control and Intertemporal Choice: The Role of Cognitive Control in Impulsive Decision Making” (PhD diss., Princeton University, September 2013), http://arks.princeton.edu/ark:/88435/dsp019s161630w.

36. S. J. Katz and T. P. Hofer, "Socioeconomic Disparities in Preventive Care Persist Despite Universal Coverage: Breast and Cervical Cancer Screening in Ontario and the United States," JAMA 1994;272(7):530–534.
37. Manju Ahuja, Babita Gupta, and Pushkala Raman, "An Empirical Investigation of Online Consumer Purchasing Behavior," Communications of the ACM 46, no. 12 (December 2003): 145–51. doi:https://doi.org/10.1145/953460.953494.
38. Anandi Mani, Sendhil Mullainathan, Eldar Shafir, et al., "Poverty Impedes Cognitive Function," Science 341, no. 6149 (2013): 976–80.
39. Jiaying Zhao, Skype interview with the authors, December 7, 2018.
40. New York Stock Exchange, PGR stock pricing, January 1996–January 1997.
41. Emily Peck, Felix Salmon, and Anna Szymanski, "The Dissent Channel Edition," Sep- tember 29, 2018, in The Slate Money Podcast, MP3 audio, 59:44, http://www.slate.com/ articles/podcasts/slate_money/2018/09/slate_money_on_thinking_in_bets_why_elon_ musk_should_get_some_sleep_and.html.
42. N. Mazar, D. Mochon, and D. Ariely, "If You Are Going to Pay within the Next 24 Hours, Press 1: Automatic Planning Prompt Reduces Credit Card Delinquency," Journal of Consumer Psychology 28, no. 3 (2018): https://doi.org/10.1002/jcpy.1031.

第六章・愉悅－痛苦＝購買

1. Artangel, "Michael Landy: Break Down," February 10–24, 2001, https://www.artangel. org.uk/project/break-down/.
2. Alastair Sooke, "The Man Who Destroyed All His Belongings," BBC Culture, July 14, 2016, http://www.bbc.com/culture/story/20160713-michael-landy-the-man-who-de- stroyed-all-his-belongings.
3. A. Pertusa, R. O. Frost, M. A. Fullana, et al., "Refining the Boundaries of Compulsive Hoarding: A Review," Clinical Psychology Review 30, no. 4 (2010): 371–86, doi:10.1016/j.cpr.2010.01.007.
4. B. Knutson, S. Rick, G. E. Wimmer, et al., "Neural Predictors of Purchases," Neuron 53, no. 1 (2007): 147–56, http://doi.org/10.1016/j.neuron.2006.11.010.
5. Silvia Bellezza, Joshua M. Ackerman, and Francesca Gino, "Be Careless with That! Avail- ability of Product Upgrades Increases Cavalier Behavior Toward Possessions," Journal of Marketing Research 54, no. 5 (2017): 768–84.
6. "EA SPORTS FIFA Is the World' s Game," BusinessWire, press release, September 5, 2018, https://www.businesswire.com/news/home/20180905005646/en/.
7. Gregory S. Burns, Samuel M. McLure, Giuseppe Pagnoni, et al., "Predictability Modulates Human Brain Response to Reward," Journal of Neuroscience 21, no. 8 (2001): 2793–98.
8. Jerry M. Burger and David F. Caldwell, "When Opportunity Knocks: The Effect of a Per- ceived Unique Opportunity on Compliance," Group Processes & Intergroup Relations 14, no. 5 (2011): 671–80, http://gpi.sagepub.com/content/14/5/671.full.pdf+html.

9. Clive Schlee, "Random Acts of Kindness," Preta Manger website, April 27, 2015, https:// www.pret.com/en-us/random-acts-of-kindness.
10. Ryan Spoon, "Zappos Marketing: Surprises & Delights," Business Insider, March 11, 2011, https://www.businessinsider.com/zappos-marketing-surprises-and-de- lights-2011-3.
11. Stan Phelps, "Zappos Goes Door to Door Surprising and Delighting an Entire Town for the Holidays," Forbes, December 9, 2015, https://www.forbes.com/sites/ stanphelps/2015/12/09/zappos-goes-door-to-door-surprising-and-delighting-an-en- tire-town-for-the-holidays/#3058e0f4f6ca.
12. Mauro F. Guillén and Adrian E. Tschoegl, "Banking on Gambling: Banks and Lot- tery-Linked Deposit Accounts," Journal of Financial Services Research 21, no. 3 (2002): 219–231, http://www-management.wharton.upenn.edu/guillen/PDF-Documents/ Gambling_JFSR-2002.pdf.
13. Shankar Vedantam, "'Save To Win' Makes Saving as Much Fun as Gambling," NPR Hidden Brain, January 6, 2014, https://www.npr.org/2014/01/06/260119038/save-to- win-makes-saving-as-much-fun-as-gambling.
14. Barry Schwartz, "More Isn' t Always Better," Harvard Business Review, June 2006, https://hbr.org/2006/06/more-isnt-always-better.
15. S. S. Iyengar and M. R. Lepper, "When Choice Is Demotivating: Can One Desire Too Much of a Good Thing?" Journal of Personality and Social Psychology 79, no. 6 (2000): 995–1006.
16. Alexander Chernev, U. Böckenholt, and J. K. Goodman, "Choice Overload: A Conceptual Review and Meta-analysis," Journal of Consumer Psychology 25 (2015): 333–58.
17. Sarah C. Whitley, Remi Trudel, and Didem Jurt, "The Influence of Purchase Motivation on Perceived Preference Uniqueness and Assortment Size Choice," Journal of Consumer Research 45, no. 4 (2018): 710–24, doi: 10.1093/jcr/ucy031.
18. Thomas T. Hills, Takao Noguchi, and Michael Gibbert, "Information Overload or Search-Amplified Risk? Set Size and Order Effects on Decisions from Experience," Psychonomic Bulletin & Review 20, no. 5 (October 2013): 1023–1031, doi:10.3758/ s13423-013-0422-3.
19. Accenture, "Accenture Study Shows U.S. Consumers Want a Seamless Shopping Expe- rience Across Store, Online and Mobile That Many Retailers Are Struggling to Deliver," press release, April 15, 2013, http://newsroom.accenture.com/news/accenture-study- shows-us-consumers-want-a-seamless-shopping-experience-across-store-online-and- mobile-that-many-retailers-are-struggling-to-deliver.htm.
20. Corporate Executive Board, "Consumers Crave Simplicity Not Engagement," press re- lease, May 8, 2012, https://www.prnewswire.com/news-releases/consumers-crave-sim- plicity-not-engagement-150569095.html.
21. Flixable, "Netflix Museum," n.d., accessed October 29, 2019, https://flixable.com/net- flix-museum/.
22. Yangjie Gu, Simona Botti, and David Faro, "Turning the Page: The Impact of Choice Closure on Satisfaction," Journal of Consumer Research 40, no. 2 (August 2013): 268–83.
23. Statistic Brain Research Institute, "Arranged/Forced Marriage Statistics," n.d., accessed October 29, 2019, https://www.statisticbrain.com/arranged-marriage-statistics/.
24. Divorcescience, "World Divorce Statistics—Comparisons Among Countries," n.d. accessed October 29, 2019, https://divorcescience.org/for-students/

world-divorce-sta-tistics-comparisons-among-countries/.

25. P. C. Regan, S. Lakhanpal, and C. Anguiano, "Relationship Outcomes in Indian-Amer-ican Love-Based and Arranged Marriages," Psychological Reports 110, no. 3 (2012): 915–24, doi:10.2466/21.02.07.PR0.110.3.915-924.
26. Tor Wager, "Functional Neuroanatomy of Emotion: A Meta-Analysis of Emotion Activation Studies in PET and fMRI," NeuroImage 16, no. 2 (June 2002): 331–48, doi:10.1006/nimg.2002.1087.
27. D. Prelec and G. F. Loewenstein, "The Red and the Black: Mental Accounting of Savings and Debt," Marketing Science 17 (1998): :4–28 (reference list).
28. Visa, "Visa Inc. at a Glance," n.d., accessed October 29, 2019, https://usa.visa.com/dam/ VCOM/download/corporate/media/visa-fact-sheet-Jun2015.pdf.
29. BNP Paribas, "Diversification of Payment Methods—A Focus on Dematerialization," June 29, 2018, https://group.bnpparibas/en/news/diversification-payment-meth-ods-a-focus-dematerialization.
30. George Loewenstein, "Emotions in Economic Theory and Economic Behavior," American Economic Review 90, no. 2 (2000): 426–32, doi:10.1257/aer.90.2.426.
31. Alberto Alesina and Francesco Passarelli, "Loss Aversion in Politics," National Bureau of Economic Research Working Paper No. 21077, April 2015, https://www.nber.org/ papers/w21077.
32. F. Harinck, E. Van Dijk, I. Van Beest, et al., "When Gains Loom Larger Than Losses: Reversed Loss Aversion for Small Amounts Of Money," Psychological Science 18, no. 12 (2007): 1099–1105, doi:10.1111/j.1467-9280.2007.02031.x.
33. Lü Dongbin, The Secret of the Golden Flower, http://thesecretofthegoldenflower.com/ index.html.
34. Daugirdas Jankus. Effects of cognitive biases and their visual execution on consumer behavior in e-commerce platforms. Master' s Thesis (2016): ISM Vadybos ir ekonomikos universitetas.

第七章・・上癮2.0

1. HFR. "25 Shocking Caffeine Addiction Statistics," accessed October 28, 2019, https:// healthresearchfunding.org/shocking-caffeine-addiction-statistics/.
2. HealthReseachFunding.org, "7 Unbelievable Nicotine Addiction Statistics," n.d., accessed October 29, 2019, https://healthresearchfunding.org/7-unbelievable-nicotine-ad- diction-statistics/.
3. Statista, "Tobacco Products Report 2019—Cigarettes," n.d., accessed October 29, 2019, https://www.statista.com/study/48839/tobacco-products-report-cigarettes/.
4. Alexa, "Top Sites in the United States," https://www.alexa.com/topsites/countries/US.
5. Alex Hern, "Facebook should be 'regulated like the cigarette industry', says tech CEO," accessed December 2, 2019, https://www.theguardian.com/technology/2018/jan/24/ facebook-regulated-cigarette-industry-salesforce-marc-benioff-social-media.

6. G. S. Berns and S. E. Moore, “A Neural Predictor of Cultural Popularity,” Journal of Consumer Psychology 22 (2012): 154–60.
7. Daniel J. Lieberman and Michael E. Long, The Molecule of More: How a Single Chemi- cal in Your Brain Drives Love, Sex, and Creativity—and Will Determine the Fate of the Human Race (Dallas: BenBella, 2018), 6.
8. Áine Doris, “Attention Passengers: your Next Flight Will Likely Arrive Early. Here' s Why,” KelloggInsight, November 6, 2018, https://insight.kellogg.northwestern.edu/arti- cle/attention-passengers-your-next-flight-will-likely-arrive-early-heres-why.
9. Debi Lilly, phone interview with the authors, March 6, 2019.
10. “#4: Oprah Relives the Famous Car Giveaway | TV Guide' s Top 25 | Oprah Winfrey Network,” YouTube video, 5:01, posted by OWN, September 25, 2012, https://www. youtube.com/watch?v=WmCQ-V7c7Bc.
11. OWN, “#4: Oprah Relives the Famous Car Giveaway | TV Guide' s Top 25 | Oprah Winfrey Network,” video, 5:05, September, 25, 2012, https://www.youtube.com/ watch?v=WmCQ-V7c7Bc.
12. Michael D. Zeiler, “Fixed and Variable Schedules of Response Independent Reinforce- ment,” Journal of the Experimental Analysis of Behavior 11, no. 40 (1968): 405–14.
13. R. Schull, “The Sensitivity of Response Rate to the Rate of Variable-Interval Rein- forcement for Pigeons and Rats: A Review,” Journal of the Experimental Analysis of Behavior 84, no. 1 (2005): 99–110.
14. Olivia Solon, “Ex-Facebook President Sean Parker: Site Made to Exploit Human ‘Vul- nerability,’ ” The Guardian, November 9, 2017, https://www.theguardian.com/technolo- gy/2017/nov/09/facebook-sean-parker-vulnerability-brain-psychology.
15. Ruchi Sanghvi, “Yesterday Mark reminded it was the 10 year anniversary of News Feed,” Facebook, September 6, 2016, https://www.facebook.com/ruchi/ posts/10101160244871819.
16. Shea Bennett, “Users Spend More Time on Pinterest Than Twitter, LinkedIn and 258 Google+ Combined,” Adweek, February 18, 2012, http://www.adweek.com/digital/usa- social-network-use/#/.
17. B. Zeigarnik, “On Finished and Unfinished Tasks,” in A Sourcebook of Gestalt Psychology, ed. W. D. Ellis (New York: Humanities Press, 1967), 300–14.
18. The Numbers, “Box Office History for Marvel Cinematic Universe Movies,” accessed December 2, 2019, https://www.the-numbers.com/movies/franchise/Marvel-Cinemat- ic-Universe.
19. Michael Sebastian, “Time Inc. Locks in Outbrain' s Headline Recommendations in $100 Million Deal,” Ad Age, November 18, 2014, http://adage.com/article/media/time-deal- outbrain-worth-100-million/295889/.
20. Craig Smith, “38 Amazing BuzzFeed Statistics and Facts (2019),” DMR by the Numbers, September 6, 2019, https://expandedramblings.com/index.php/business-directo- ry/25012/buzzfeed-stats-facts/.
21. Sam Kirkland, “Time.com' s Bounce Rate Down by 15 Percentage Points Since Adopt- ing Continuous Scroll,” Poynter, July 20, 2014, https://www.

poynter.org/news/time- coms-bounce-rate-down-15-percentage-points-adopting-continuous-scroll.

22. Bianca Bosker, “The Binge Breaker: Tristan Harris Believes Silicon Valley Is Addicting Us to Our Phones. He’s Determined to Make It Stop,” The Atlantic, November 2016, https://www.theatlantic.com/magazine/archive/2016/11/the-binge-breaker/501122/.
23. Tristan Harris, “A Call to Minimize Users’ Distraction & Respect Users’ Attention, by a Concerned PM & Entrepreneur” (slide deck), February 2013, LinkedIn SlideShare, uploaded by Paul Mardsen, August 13, 2018, https://www.slideshare.net/paulsmarsden/ google-deck-on-digital-wellbeing-a-call-to-minimize-distraction-and-respect-us- ers-attention.
24. Brian Resnick, “What Smartphone Photography Is Doing to Our Memories,” Vox, March 28, 2018, https://www.vox.com/science-and-health/2018/3/28/17054848/smart- phones-photos-memory-research-psychology-attention.
25. Devin Coldewey, “Limiting Social Media Use Reduced Loneliness and Depression in New Experiment,” TechCrunch, November 9, 2018, https://techcrunch. com/2018/11/09/limiting-social-media-use-reduced-loneliness-and-depres- sion-in-new-experiment/.
26. Haley Sweetland Edwards, “You’re Addicted to Your Smartphone. This Company Thinks It Can Change That,” Time, April 12, 2018, updated April 13, 2018, http://amp. timeinc.net/time/5237434/youre-addicted-to-your-smartphone-this-company-thinks- it-can-change-that.
27. Digital Detox Retreats (website), accessed October 29, 2019, http://digitaldetox.org/ retreats/.
28. Molly Young, “What an Internet Rehabilitation Program Is Really Like,” Allure, January 21, 2018, https://www.allure.com/story/internet-addiction-rehab-program.
29. Adi Robertson, “Google’s CEO Had to Remind Congress That Google Doesn’t Make iPhones,” The Verge, December 11, 2018, https://www.theverge. com/2018/12/11/18136377/google-sundar-pichai-steve-king-hearing-granddaugh- ter-iphone-android-notification.
30. Nicolas Thompson, “Our Minds Have Been Hijacked by Our Phones. Tristan Harris Wants to Rescue Them,” Wired (July 26, 2017), https://www. wired.com/story/our- minds-have-been-hijacked-by-our-phones-tristan-harris-wants-to-rescue-them/.
31. “Venture Investment in VR/AR Startups,” PitchBook, n.d., accessed October 29, 2019, https://files.pitchbook.com/png/Venture_investment_in_VR_AR.png.
32. Bernard Yack, The Problems of a Political Animal: Community, Justice, and Conflict in Aristotelian Political Thought (Berkeley: University of California Press, 1993).

第八章．為什麼我們會喜歡某些東西？

1. Jennifer Thorpe, “Champions of Psychology: Robert Zajonc,” Association for Psycho- logical Science, January 2005, https://www. psychologicalscience.org/observer/champi-ons-of-psychology-robert-zajonc.
2. Margalit Fox, “Robert Zajonc, Who Looked at Mind’s Ties to Actions, Is Dead at 85,” New York Times, December 6, 2008, https://www.nytimes. com/2008/12/07/education/07zajonc.html.

3. R. B. Zajonc, “Mere Exposure: A Gateway to the Subliminal,” Current Directions in Psychological Science 10, no. 6 (2001): 224.
4. R. F. Bornstein, “Exposure and Affect: Overview and Meta-analysis of Research, 1968–1987,” Psychological Bulletin, 106 (1989): 265–89.
5. Robert B. Zajonc “Attitudinal Effects Of Mere Exposure,” Journal of Personality and Social Psychology 9, no. 2, Pt. 2 (1968): 1–27. doi:10.1037/h0025848.
6. Zajonc, “Mere Exposure.”
7. Jan Conway, “Coca-Cola Co.: Ad Spend 2014–2018,” Statista, August 9, 2019, https:// www.statista.com/statistics/286526/coca-cola-advertising-spending-worldwide/.
8. Aleksandra, “63 Fascinating Google Search Statistics,” SEO Tribunal, September 26, 2018, https://seotribunal.com/blog/google-stats-and-facts/.
9. Robert F. Bornstein and Paul R. D’Agostino, “Stimulus Recognition and the Mere Exposure Effect,” Journal of Personality and Social Psychology 63, no. 4 (1992): 545–52, https://faculty.washington.edu/jdb/345/345%20Articles/Chapter%2006%20Born- stein%20&%20D%27Agostino%20(1992).pdf.
10. Joseph E. Grush, “Attitude Formation and Mere Exposure Phenomena: A Nonartifactual Explanation of Empirical Findings,” Journal of Personality and Social Psychology 33, no. 3 (1976): 281–90, http://psycnet.apa.org/record/1976-22288-001.
11. Sylvain Delplanque, Géraldine Coppin, Laurène Bloesch, et al., “The Mere Exposure Effect Depends on an Odor’s Initial Pleasantness,” Frontiers in Psychology, July 3, 2015, https://doi.org/10.3389/fpsyg.2015.00920.
12. A. L. Alter and D. M. Oppenheimer, “Predicting Short-Term Stock Fluctuations by Us- ing Processing Fluency,” Proceedings of the National Academy of Sciences of the USA 103, no. 24 (2006): 9369–72, doi:10.1073/pnas.0601071103.
13. Michael Bernard, Bonnie Lida, Shannon Riley, et al., “A Comparison of Popular Online Fonts: Which Size and Type Is Best?” Usability News 4, no. 1 (2018), https:// pdfs.semanticscholar.org/21a3/2bc134881ef07726c0e45e3d01923418f14a.pdf ?_ ga=2.217085078.1679975153.1572354996-1611920395.1572354996.
14. Christian Unkelbach, “Reversing the Truth Effect: Learning the Interpretation of Pro- cessing Fluency in Judgments of Truth,” Journal of Experimental Psychology: Learning, Memory, and Cognition 33, no. 1 (2007): 219–30, doi:10.1037/0278-7393.33.1.219.
15. Karen Riddle, “Always on My Mind: Exploring How Frequent, Recent, and Vivid Television Portrayals Are Used in the Formation of Social Reality Judgments,” Media Psychology 13 , no. 2 (2010): 155–79, doi:10.1080/15213261003800140.
16. Stephanie Clifford, “Video Prank at Domino’s Taints Brand,” New York Times, April 15, 2019, https://www.nytimes.com/2009/04/16/business/media/16dominos.html.
17. “Domino’s President Responds to Prank Video,” YouTube video, 2:01, posted by “swift- tallon,” April 18, 2009, https://www.youtube.com/watch?v=dem6eA7-A2I.
18. Cornelia Pechmann and David W. Stewart, “Advertising Repetition: A Critical Review of Wearin and Wearout,” Current Issues and Research in Advertising 11, nos. 1–2 (1988): 285–329.

19. R. F. Bornstein, “Exposure and Affect: Overview and Meta-analysis of Research, 1968– 1987,” Psychological Bulletin 106 (1989): 265–89, doi:10.1037/0033-2909.106.2.265.
20. R. Bornstein and P. D’Agostino, “Stimulus Recognition and Mere Exposure,” Journal of Personality and Social Psychology 63 (1992):4;545-552.
21. Stewart A. Shapiro and Jesper H. Nielsen, “What the Blind Eye Sees: Incidental Change Detection as a Source of Perceptual Fluency,” Journal of Consumer Research 39, no. 6 (April 2013): 1202–1218.
22. Bornstein and D’Agostino, “Stimulus Recognition and Mere Exposure.”
23. Derek Thompson, “The four-letter code to selling just about anything,” The Atlantic, January 2017,
24. https://nypost.com/2015/02/14/fifty-shades-of-grey-whips-sex-toy-sales-into-a-frenzy/.

第九章・同理心與共鳴

1. This refers to the broad, “language-sensitive” network of the brain, spanning the left temporal cortex, auditory cortex, and Broca’s area, as described in Hasson’s work, and consistent with E. Fedorenko and N. Kanwisher, “Functionally Localizing Lan- guage-Sensitive Regions in Individual Subjects with fMRI,” Language and Linguistics Compass 5, no. 2 (2011): 78–94.
2. G. Stephens, L. Silbert, and U. Hasson, “Speaker–Listener Neural Coupling Underlies Successful Communication,” Proceedings of the National Association of Sciences of the USA 107, no. 32 (2010): 14425–30.
3. M. Pickering and S. Garrod, “Toward a Mechanistic Psychology of Dialogue,” Behavioral and Brain Sciences 27, no. 2 (2004): 169–90. http://www.psy.gla.ac.uk/~simon/CD8063. Pickering_1-58.pdf
4. Scott Neuman, “Company’s Line of Rainbow Themed Swastika T-Shirts Back-fires,” NPR The Two-Way, August 7, 2017, http://www.npr.org/sections/thet-wo-way/2017/08/07/542068985/companys-line-of-rainbow-themed-swastika-t-shirts- backfires.
5. Libby Hill, “Pepsi Apologizes, Pulls Controversial Kendall Jenner Ad,” Los Angeles Times, April 5, 2019, https://www.latimes.com/entertainment/la-et-entertainment-news-up-dates-april-2017-htmlstory.html#pepsi-apologizes-pulls-controversial-kendall-jen-ner-ad.
6. L. Steinberg and K. C. Monahan, “Age Differences in Resistance to Peer Influence,” Developmental Psychology 43 (2007): 1531–43.
7. David Bambridge, Teenagers: A Natural History (London: Portobello Books, 2009).
8. Nielsen, “Nielsen Unveils First Comprehensive Study on the Purchasing Power and In- fluence of the Multicultural Millennial,” press release, January 18, 2017, http://www.niel- sen.com/us/en/press-room/2017/nielsen-unveils-first-comprehensive-study-on-the-pur- chasing-power-of-multicultural-millennial.html.
9. Claire Suddath, “Harley-Davidson Needs a New Generation of Riders,” Bloomberg Businessweek, August 23, 2018, https://www.bloomberg.com/news/features/2018-08-23/harley-davidson-needs-a-new-generation-of-riders.

10. Robert Ferris, “Harley-Davidson’s electric motorcycle signals a big change for the legendary, but troubled, company,” CNBC, November 11, 2018, https://www.cnbc. com/2018/11/09/harley-davidsons-electric-motorcycle-is-a-big-change-for-the-com- pany.html.
11. L. Fogassi, P. F, Ferrari, B. Gesierich, et al., “Parietal Lobe: From Action Organization to Intention Understanding,” Science 308, no. 5722 (2005): 662–67.
12. Pier Francesco Ferrari and Giacomo Rizolatti, “Mirror Neurons: Past and Present,” Philosophical Transactions of the Royal Society of London B: Biological Sciences 369, no. 1644 (2014): 20130169, https://doi.org/10.1098/rstb.2013.0169.
13. M. Iacoboni, “Imitation, Empathy, and Mirror Neurons,” Annual Review of Psychology 60 (2009): 653–70.
14. S. Bekkali, G. J. Youssef, P. H. Donaldson, et al., “Is the Putative Mirror Neuron System Associated with Empathy? A Systematic Review and Meta-Analysis,” PsyArXiv Pre- prints (March 20, 2019), https://doi.org/10.31234/osf.io/6bu4p.
15. “Taste the Feeling - Sam Tsui, Alyson Stoner, Josh Levi, Alex G. Diamond, & KHS,” YouTube video, 3:11, posted by Kurt Hugo Schneider, August 13, 2016, https://www. youtube.com/watch?v=5-uXzOW6SLo.
16. Adobe Marketing Cloud, “8 Marketers Doing Big Data Right,” Mashable, May 6, 2013, https://mashable.com/2013/05/06/cmo-data/#2rNcAJeGpPq5.
17. Binkley, Christina, “More Brands Want You to Model Their Clothes,” The Wall Street Journal, May 15, 2013, https://www.wsj.com/articles/ SB10001424127887324216004578 483094260521704.
18. L. Budell L., et al “Mirroring Pain in the Brain: Emotional Expression Versus Motor Imitation,” PLoS One 10, no. 2 (2015): e0107526.
19. P. Slovic, “ ‘If I Look at the Mass I Will Never Act”: Psychic Numbing and Genocide,” Judgment and Decision Making 2 (2007): 79–95.
20. P. Slovic and D. Västfjäll, “The More Who Die, the Less We Care: Psychic Numbing and Genocide,” in Imagining Human Rights, ed. S. Kaul & D. Kim (Berlin: De Gruyter, 2015), 55–68.
21. Wendy Koch, “Lives of Indelible Impact,” USA Today, May 29, 2007.
22. M. Johnson, L. Detter, and P. Ghuman. “Individually Driven Narratives Facilitate Emo- tion and Consumer Demand,” The European Conference on Media, Communications & Film: Official Conference Proceedings, 2018.
23. M. Fidelman, “5 of the Best Sports Marketing Campaigns That Went Viral in 2015,” Forbes, June 9, 2015, https://www.forbes.com/sites/ markfidelman/2015/06/09/ here-are-5-of-the-best-sports-marketing-campaigns-that-went-viral-in-2015/#7d- c3a18a401d.
24. C. Nass, Y. Moon, B. Fogg, et al., “Can Computer Personalities Be Human Personali- ties?” International Journal of Human–Computer Studies 43 (1995): 223–39; C. Nass, Y. Moon, and P. Carney, “Are People Polite to Computers? Responses to Comput- er-Based Interviewing Systems,” Journal of Applied Social Psychology 29, no. 5 (1999): 1093–1110; C. Nass and Y. Moon, “Machines and Mindlessness: Social Responses to Computers,” Journal of Social Issues 56, no. 1 (2000): 81–103.
25. P. Karr-Wisniewski and M. Prietula, “CASA, WASA, and the Dimensions of Us,” Com- puters in Human Behavior 26 (2010): 1761–71.
26. R. Sager, “Do Celebrity Endorsements Actually Work?” MarketWatch, March 11, 2011, http://www.marketwatch.com/story/do-celebrity-endorsements-

work-1300481444531.

27. Kit Yarrow, Decoding the New Consumer Mind: How and Why We Shop and Buy (Hoboken, NJ: John Wiley & Sons), 145, Kindle.
28. Johnny Green, “Under Armour - Misty Copeland - I Will What I Want,” video, 1:40, March 15, 2016, https://www.youtube.com/watch?v=zWJ5_HiKhNg.

第十章・萬物的本質

1. Mattha Busby, “Woman Who Bought Shredded Banksy Artwork Will Go Through with Purchase,” The Guardian, October 11, 2018, https://www.theguardian.com/artandde- sign/2018/oct/11/woman-who-bought-shredded-banksy-artwork-will-go-through-with-sale.
2. Elizabeth Chuck, “Purchaser of Banksy Painting That Shredded Itself Plans to Keep It,” NBC News, October 12, 2018, https://www.nbcnews.com/news/world/purchaser- banksy-painting-shredded-itself-plans-keep-it-n91941.1.
3. B. M. Hood and P. Bloom, “Children Prefer Certain Individuals over Perfect Duplicates,” Cognition 106, no. 1 (2008): 455–62, doi10.1016/j.cognition.2007.01.012.
4. Chris Dwyer, “How a ‘Chef’ Can Sway Fine Diners into Preferring Inferior Food,” August 20, 2015, http://www.cnn.com/travel/article/chef-fools-diners-taste-test/index.html.
5. Brian Wansink, Collin R. Payne, and Jill North, “Fine as North Dakota Wine: Sensory Expectations and the Intake of Companion Foods,” Physiology & Behavior 90, no. 5 (2007): 712–16.
6. Eustacia Huen, “How Stories Can Impact Your Taste in Food,” Forbes, September 29, 2018, https://www.forbes.com/sites/eustaciahuen/2018/09/29/sto- ry-food/#7c34f5393597.
7. Anna Bernasek and D. T. Morgan, All You Can Pay: How Companies Use Our Data to Empty Our Wallets (New York: Hachette Book Group, 2015).
8. “Perrier Orson Welles,” YouTube video, 0:29, posted by Retronario, March 9, 2014, https://www.youtube.com/watch?v=2qHv4yh4R9c.
9. Bruce G. Posner, “Once Is Not Enough: Why the Marketing Genius Who Made Perrier a Household Word Has Fizzled as a Small-Business Consultant,” Inc., October 1, 1996, https://www.inc.com/magazine/19861001/7075.html.
10. Retrontario, “Perrier Orson Welles 1979,” video, 0:29, March 9, 2014. https://www. youtube.com/watch?v=2qHv4yh4R9c.
11. Nestlé, “Perrier: Perrier Brand Focus,” n.d., accessed November 1, 2019, https://www. nestle.com/investors/brand-focus/perrier-focus.
12. Dan Shapley, “Almost Half of All Bottled Water Comes from the Tap, but Costs You Much More,” Good Housekeeping, August 12, 2010, https://www.goodhousekeeping. com/home/a17834/bottled-water-47091001/.
13. Posner, “Once Is Not Enough.”
14. “Significant Objects,” website, accessed November 1, 2019, http://significantobjects. com/.

15. “5 minutes with . . . a 1926 Bottle of The Macallan Whisky,” Christie’s, December 12, 2018, https://www.christies.com/features/5-minutes-with-a-1926-bottle-of-The-Macal-lan-whisky-9384-1.aspx.
16. “Lot 312: The Macallan 1926, 60 Year-Old, Michael Dillon” (auction listing), Christie’s, accessed November 1, 2019, https://www.christies.com/lotfinder/wine/the-macallan- 1926-60-year-old-michael-dillon-6180404-details.aspx?from=salesummary&intObjec-tID=6180404&lid=1.
17. Dean Small, phone interview with the authors, February 13, 2019.
18. “Bertha Benz: The Journey That Changed Everything,” YouTube video, 4:02, posted by Mercedes-Benz, March 6, 2019, https://www.youtube.com/watch?v=vsGrFYD5Nfs.
19. “Mercedes Benz - Company History Commercial,” YouTube video, 0:33, posted by “TheRealBigBlack,” November 30, 2019, https://www.youtube.com/watch?v=ynzZxHy- 9jrs.
20. “Macy’s 150 Years Commercial,” YouTube video, 1:00, posted by “Frenite,” https://www. youtube.com/watch?v=4oORxFJJc88.
21. Emily Glazer, “Wells Fargo to Pay $185 Million Fine over Account Openings,” Wall Street Journal, September 8, 2016, https://www.wsj.com/articles/wells-fargo-to-pay- 185-million-fine-over-account-openings-1473352548?mod=article_inline.
22. “Wells Fargo Re-established 2018,” Vimeo video, 1:01, posted by “craigknelson,” https:// vimeo.com/270298076.
23. “The Fédération Internationale de l’Automobile (FIA),” FIA Heritage Museums website, , accessed November 1, 2019, fiaheritagemuseums.com.
24. Evangeline Holland, “The Spirit of Ecstasy,” Edwardian Prominence (blog), May 3, 2008, http://www.edwardianpromenade.com/love/the-spirit-of-ecstasy/.
25. Daniel Kahneman, Alan B. Krueger, David Schkade, et al., “A Survey Method for Char- acterizing Daily Life Experience: The Day Reconstruction Method,” Science 306, no. 5702 (December 3, 2004): 1776–1780.
26. Amir Mandel, “Why Nobel Prize Winner Daniel Kahneman Gave Up on Happiness,” Haaretz, October 7, 2018, https://www.haaretz.com/israel-news/.premium.MAGA- ZINE-why-nobel-prize-winner-daniel-kahneman-gave-up-on-happiness-1.6528513.

第十一章・閾中

1. William M. O’Barr, “‘Subliminal’ Advertising,” Advertising & Society Review 6, no. 4 (2005), doi:10.1353/asr.2006.0014.
2. J. A. Krosnick, A. L. Betz, L. J. Jussim, et al., “Subliminal Conditioning of At- titudes,” Personality and Social Psychology Bulletin 18, no. 2 (1992): 152–62, doi:10.1177/0146167292182006.
3. Omri Gillath, Mario Mikulincer, Gurit E. Birnbaum, et al., “Does Subliminal Exposure to Sexual Stimuli Have the Same Effects on Men and Women?” The Journal of Sex Re- search 44, no. 2 (2007): 111–21, doi:10.1080/00224490701263579.
4. J. Karremans, W. Stroebe, and J. Claus, “Beyond Vicary’s Fantasies: The Impact of Sub- liminal Priming and Brand Choice,” Journal of Experimental Social Psychology 42, no. 6 (2006): 792–98. doi:10.1016/j.jesp.2005.12.002.

5. Federal Communications Commission, "Press Statement of Commissioner Gloria Tristani, Re: Enforcement Bureau Letter Dismissing a Request by Senators Ron Wyden and John Breaux for an Investigation Regarding Allegations of the Broadcast of Sublim- inal Advertising Provided by the Republican National Committee," press release, March 9, 2001, https://transition.fcc.gov/Speeches/Tristani/Statements/2001/stgt123.html.
6. Committee on Advertising Practice, BCAP Code: The UK Code of Broadcast Advertis- ing, "03 Misleading Advertising," section 3.8, n.d., accessed November 1, 2019, https:// www.asa.org.uk/type/broadcast/code_section/03.html.
7. "Subliminal Message in KFC Snacker," YouTube Video, 0:12, posted by "defying11," May 18, 2008, https://www.youtube.com/watch?v=zrRDEjPoeGw.
8. A. A. Karim, B. Lützenkirchen, E. Khedr, et al., "Why Is 10 Past 10 the Default Setting for Clocks and Watches in Advertisements? A Psychological Experiment," Frontiers in Psychology 8 (2017): 1410, https://doi.org/10.3389/fpsyg.2017.01410.
9. R. B. Zajonc. "Mere Exposure: A Gateway to the Subliminal." Current Directions in Psychological Science, 10(6) (2001): 224-228.
10. Associated Press, " 'Transformers' a GM Ad in Disguise," NBC News, July 3, 2007, http://www.nbcnews.com/id/19562215/ns/business-autos/t/transformers-gm-ad-dis- guise/.
11. Michael L. Maynard and Megan Scale, "Unpaid Advertising: A Case of Wilson the Vol- leyball in Cast Away," Journal of Popular Culture 39, no. 4 (2006), https://onlinelibrary. wiley.com/doi/abs/10.1111/j.1540-5931.2006.00282.x.
12. Sarah Whitten, "Starbucks Got an Estimated $2.3 Billion in Free Advertising from 'Game of Thrones' Gaffe, and It Wasn't Even Its Coffee Cup," CNBC, May 7, 2019, https://www.cnbc.com/2019/05/07/starbucks-got-2point3-billion-in-free-advertising- from-game-of-thrones-gaffe.html.
13. "U.S. Product Placement Market Grew 13.7% in 2017, Pacing for Faster Growth in 2018, Powered by Double-Digit Growth in Television, Digital Video and Music Inte- grations," PRWeb, press release, June 13, 2018, https://www.pqmedia.com/wp-content/ uploads/2018/06/US-Product-Placement-18.pdf.
14. Nicolas Guéguen, "Color and Women Hitchhikers' Attractiveness: Gentlemen Drivers Prefer Red," Color Research & Application 37 (2012): 76–78, doi:10.1002/col.20651.
15. Nicolas Guéguen and Céline Jacob, "Clothing Color and Tipping: Gentlemen Patrons Give More Tips to Waitresses with Red Clothes," Journal of Hospital- ity & Tourism Research, April 18, 2012, http://jht.sagepub.com/content/ear- ly/2012/04/16/1096348012442546.
16. Elizabeth Paten, "Can Christian Louboutin Trademark Red Soles? An E.U. Court Says No," New York Times, February 6, 2018, https://www.nytimes.com/2018/02/06/busi- ness/christian-louboutin-shoes-red-trademark.html.
17. Stephen A. Stansfeld and Mark P. Matheson, "Noise Pollution: Non-auditory Effects on Health," British Medical Bulletin 68, no. 1 (2003): 243–57, https://doi.org/10.1093/ bmb/ldg033.
18. Torø Graven and Clea Desebrock, "Bouba or Kiki with and Without Vision: Shape-Au-dio Regularities and Mental Images," Acta Psychologica 188 (2018): 200–12.

19. Ronald E. Milliman, "Using Background Music to Affect the Behavior of Supermarket Shoppers," Journal of Marketing 46, no. 3 (1982): 86–91.
20. Adrian C. North, David J. Hargreaves, and Jennifer McKendrick, "The Influence of In-Store Music on Wine Selections Article," Journal of Applied Psychology 84, no. 2 (1999): 271–76.
21. Adrian C. North, Amber Shilcock, and David J. Hargreaves, "The Effect of Musical Style on Restaurant Customers' Spending," Environment and Behavior 35, no. 5 (2003): 712–18.
22. K. C. Colwell, "Faking It: Engine-Sound Enhancement Explained," Car and Driver, April 2012, https://www.caranddriver.com/features/faking-it-engine-sound-enhance- ment-explained-tech-dept.
23. M. Lynn, J. Le, and D. Sherwyn, "Reach Out and Touch Your Customers," Cornell Hotel and Restaurant Administration Quarterly, 39(3) (1998): 60–65.
24. Christopher Bergland, "The Neuroscience of Smell Memories Linked to Place and Time," Psychology Today, July 31, 2018, https://www.psychologytoday.com/us/blog/ the-athletes-way/201807/the-neuroscience-smell-memories-linked-place-and-time.
25. N. R. Keinfield, "The Smell of Money," New York Times, October 25, 1992, https:// www.nytimes.com/1992/10/25/style/the-smell-of-money.html.
26. "The Smell of Commerce: How Companies Use Scents to Sell Their Products," The In- dependent, August 16, 2011 https://www.independent.co.uk/news/media/advertising/ the-smell-of-commerce-how-companies-use-scents-to-sell-their-products-2338142. html.
27. Geke D. S. Ludden and Hendrik N. J. Schifferstein, "Should Mary smell like biscuit? In-vestigating scents in product design," International Journal of Design 3(3) (2009): 1–12.
28. Hancock, G.D. (2009). The Efficacy of fragrance use for enhancing the slot machine gaming experience of casino patrons.
29. N. Gueguen and C. Petr, "Odors and consumer behavior in a restaurant," International Journal of Hospitality Management 25 (2) (2006): 335–339.
30. P. E. Murphy, "Research in Marketing Ethics: Continuing and Emerging Themes," Recherche et Applications En Marketing (English edition) 32, no. 3 (2017): 84–89.
31. B. Milner, "The Medial Temporal-Lobe Amnesic Syndrome," Psychiatric Clinics of North America 28 (2005): 599–611.
32. A. J. Marcel, "Conscious and Unconscious Perception: Experiments on Visual Masking and Word Recognition," Cognitive Psychology 15 (1983): 197–237.
33. C. S. Soon, M. Brass, H.-J. Heinze, et al., "Unconscious Determinants of Free Decisions in the Human Brain," Nature Neuroscience 11, no. 5 (2008): 543–45, doi:10.1038/ nn.2112.
34. A. Tusche, S. Bode, and J. Haynes, "Neural Responses to Unattended Products Predict Later Consumer Choices," The Journal of Neuroscience 30, no. 23 (2000): 8024–31.
35. L. E. Williams and J. A. Bargh, "Experiencing Physical Warmth Promotes Interpersonal Warmth," Science 322 (2008): 606–7.

第十二章・行銷的未來

1. Charles Duhigg, "How Companies Learn Your Secrets," New York Times, February 16, 2012, https://www.nytimes.com/2012/02/19/magazine/shopping-habits.html.
2. Associated Press and NBC News, "Facebook to send Cambridge Analytica Data-Use Notices to 87 Million Users Monday," NBC News, April 9, 2018, https://www.nbcnews. com/tech/social-media/facebook-send-cambridge-analytica-data-use-notices-mon- day-n863811.
3. M. Wojcik, M. Nowicka, M. Bola, and A. Nowicka, "Unconcious Detection of One' s Own Image," Psychological Science 30:4 (2019): 471-480
4. Joel Stein, "I Tried Hiding From Silicon Valley in a Pile of Privacy Gadgets," Bloomberg Businessweek, August 8, 2019, https://www.bloomberg.com/news/features/2019-08- 08/i-tried-hiding-from-silicon-valley-in-a-pile-of-privacy-gadgets.
5. DrFakenstein, "Full House of Mustaches - Nick Offerman [deepfake]," video, 1:01, Au- gust 11, 2019, https://www.youtube.com/watch?v=aUphMqs1vFw.
6. Grace Shao and Evelyn Cheng, "The Chinese face-swapping app that went viral is taking the danger of 'deepfake' to the masses," CNBC, September 4, 2019, https://www.cnbc. com/2019/09/04/chinese-face-swapping-app-zao-takes-dangers-of-deepfake-to-the- masses.html.
7. NBC News Now "The Future Is Zao: How A Chinese Deepfake App Went Viral," video, 3:12, September 4, 2019, https://www.youtube.com/watch?v=dJYTMhKXCAc.
8. A. M. Garvey, F. Germann, and L. E. Bolton, "Performance Brand Placebos: How Brands Improve Performance and Consumers Take the Credit," Journal of Consumer Research 42, no. 6 (2016): 931–51.
9. Domo, "Data Never Sleeps 5.0," infographic, n.d., accessed November 1, 2019, https:// www.domo.com/learn/data-never-sleeps-5.
10. M. Johnson, P. Ghuman, and R. Barlow, "Psychological Coordinates of Marketing Eth-ics for the Modern World" (forthcoming); see http://www.popneuro.com.

關於作者

一位行銷人員與一位科學家走進酒吧……

一位行銷人員與一位科學家走進酒吧，更具體地說，他們是走進舊金山的一家酒吧。十年前，他們是加州大學聖地牙哥分校（University of California, San Diego）的同窗好友。

大學畢業後，他們的人生有截然不同的發展。那位科學家在普林斯頓大學取得認知神經科學的博士學位，過去十八個月一直在上海擔任顧問。那位行銷人員剛剛登上《舊金山紀事報》（*San Francisco Chronicle*）的〈重量級人物〉（Movers & Shakers）專欄，是上市金融科技公司OFX的全球行銷長。

但是，他們在那次關鍵性的酒吧對話中發現，其實他們正朝著同樣的根本目標前進：他們都想瞭解及預測人類行為。那位神經學家環顧舊金山，心想：「為什麼人類的大腦會讓人願意花二十美元買一份沙拉，只因為沙拉貼上了『手作』的標籤？」行銷人員心想：「這正是他們可以為沙拉標價三十美元的原因。」

這是本書兩位作者的故事：行銷人員古曼與神經學家強森博士。他們攜手合作，開設神經行銷學的大學與研究所課程，且開發現代行銷的倫理架構，並針對消費行為做了初步研究。如今，他們是舊金山霍特國際商學院（Hult International Business School）的全職教授，也為從業人員舉辦研討會，讓他們以合乎道德的方式把神經科學應用在商業上。

他們兩人最重要的合作就是這本書，這本書結合他們逾二十五年的經驗，但這段旅程不止於此。消費世界不斷地演變，神經科學界持續破解更多的大腦奧祕。如果你想要持續學習，可以上 Pop Neuro 部落格（https://www.popneuro.com/ neuromarketing-blog）吸收消費心理學的內容。如果你想進一步瞭解如何以合乎道德的方式，把神經科學應用在商業上，請參閱 https://www.popneuro.com/neuromarketing-bootcamp。

感謝你購買這本書，我們希望這本書持續為你的消費生活增添價值。歡迎大家透過 hello@popuro.com 來信發問與賜教。

方向 74

盲視效應

找出左右大腦消費行為的關鍵，破解行銷手法，與品牌平起平坐

Blindsight：The (Mostly) Hidden Ways Marketing Reshapes Our Brains

作　　者：麥特·強森博士（Matt Johnson, PhD）、普林斯·古曼（Price Ghuman）
譯　　者：洪慧芳
責任編輯：李依庭
校　　對：李依庭、林佳慧
封面設計：張巖
美術設計：Yuju
寶鼎行銷顧問：劉邦寧

發 行 人：洪祺祥
副總經理：洪偉傑
副總編輯：林佳慧
法律顧問：建大法律事務所
財務顧問：高威會計師事務所
出　　版：日月文化出版股份有限公司
製　　作：寶鼎出版
地　　址：台北市信義路三段 151 號 8 樓
電　　話：(02)2708-5509 ／傳　　真：(02)2708-6157
客服信箱：service@heliopolis.com.tw
網　　址：www.heliopolis.com.tw
郵撥帳號：19716071 日月文化出版股份有限公司

總 經 銷：聯合發行股份有限公司
電　　話：(02)2917-8022 ／傳　　真：(02)2915-7212
製版印刷：中原造像股份有限公司
初　　版：2021 年 8 月
定　　價：499 元
I S B N：978-986-0795-15-8

國家圖書館出版品預行編目資料

盲視效應：找出左右大腦消費行為的關鍵，破解行銷手法，與品牌平起平坐 / 麥特·強森（Matt Johnson）、普林斯·古曼（Price Ghuman）著；洪慧芳譯 . -- 初版 . -- 臺北市：日月文化出版股份有限公司，2021.08
448 面；14.7×21 公分 . -（方向；74）
譯自：Blindsight：The (Mostly) Hidden Ways Marketing Reshapes Our Brains
ISBN 978-986-0795-15-8（平裝）
1. 消費者行為 2. 消費心理學
496.34　　110010218

日月文化集團
HELIOPOLIS
CULTURE GROUP
客服專線 02-2708-5509
客服傳真 02-2708-6157
客服信箱 service@heliopolis.com.tw

廣告回函
台灣北區郵政管理局登記證
北台字第 000370 號
免貼郵票

日月文化集團 讀者服務部 收

10658 台北市信義路三段151號8樓

對折黏貼後，即可直接郵寄

日月文化網址：**www.heliopolis.com.tw**

最新消息、活動，請參考 FB 粉絲團

大量訂購，另有折扣優惠，請洽客服中心（詳見本頁上方所示連絡方式）。

大好書屋　寶鼎出版　山岳文化

EZ TALK　EZ Japan　EZ Korea

大好書屋・寶鼎出版・山岳文化・洪圖出版　EZ叢書館　EZKorea　EZTALK　EZJapan

日月文化集團
HELIOPOLIS
CULTURE GROUP

感謝您購買 盲視效應：找出左右大腦消費行為的關鍵，破解行銷手法，與品牌平起平坐

為提供完整服務與快速資訊，請詳細填寫以下資料，傳真至02-2708-6157或免貼郵票寄回，我們將不定期提供您最新資訊及最新優惠。

1. 姓名：＿＿＿＿＿＿＿＿　　性別：□男　□女
2. 生日：＿＿＿年＿＿＿月＿＿＿日　　職業：
3. 電話：（請務必填寫一種聯絡方式）
（日）＿＿＿＿＿＿（夜）＿＿＿＿＿＿（手機）＿＿＿＿＿＿
4. 地址：□□□＿＿＿＿＿＿＿＿
5. 電子信箱：＿＿＿＿＿＿＿＿
6. 您從何處購買此書？□＿＿＿＿＿＿縣/市＿＿＿＿＿＿書店/量販超商
□＿＿＿＿＿＿網路書店　□書展　□郵購　□其他
7. 您何時購買此書？　年　月　日
8. 您購買此書的原因：（可複選）
□對書的主題有興趣　□作者　□出版社　□工作所需　□生活所需
□資訊豐富　□價格合理（若不合理，您覺得合理價格應為＿＿＿＿）
□封面/版面編排　□其他＿＿＿＿＿＿
9. 您從何處得知這本書的消息：　□書店　□網路／電子報　□量販超商　□報紙
□雜誌　□廣播　□電視　□他人推薦　□其他
10. 您對本書的評價：（1.非常滿意 2.滿意 3.普通 4.不滿意 5.非常不滿意）
書名＿＿＿　內容＿＿＿　封面設計＿＿＿　版面編排＿＿＿　文/譯筆＿＿＿
11. 您通常以何種方式購書？□書店　□網路　□傳真訂購　□郵政劃撥　□其他
12. 您最喜歡在何處買書？
□＿＿＿＿＿＿縣/市＿＿＿＿＿＿書店/量販超商　□網路書店
13. 您希望我們未來出版何種主題的書？＿＿＿＿＿＿
14. 您認為本書還須改進的地方？提供我們的建議？

悅讀的需要，出版的方向